"双一流"建设精品出版工程
"十三五"国家重点出版物出版规划项目
先进制造理论研究与工程技术系列

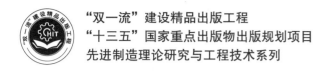

U0184763

可 靠 性 与 智 能 维 护

RELIABILITY AND INTELLIGENT MAINTENANCE　　（第2版）

闫纪红　王鹏翔　编著

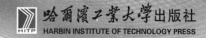

哈爾濱工業大學出版社
HARBIN INSTITUTE OF TECHNOLOGY PRESS

内 容 简 介

本书系统地介绍了可靠性、维修性及预测性智能维护的基本概念、基本理论及其工程应用。在第2版中特别增加了大数据智能维护技术一章,主要为学生和本书读者介绍最新的智能维护技术,以及服务于我国智能制造高水平人才培养需求。全书内容共有三部分:第一部分为可靠性工程,包括基础知识、常用分布函数、可靠性系统、可靠性设计、故障模式影响及危害性分析、故障树分析等;第二部分为智能维护系统,包括维护管理系统、维修性和可用性、预测性智能维护等;第三部分为相关技术论题,包括智能维护集成工具关键技术与大数据环境下的智能维护关键技术。

本书可作为高等院校机械工程、电气工程等相关学科或专业的研究生、本科生教材,也可作为从事可靠性与智能维护研究的科研人员的参考书。

图书在版编目(CIP)数据

可靠性与智能维护/闫纪红,王鹏翔编著. —2 版
. —哈尔滨:哈尔滨工业大学出版社,2020.9
(先进制造理论研究与工程技术系列)
ISBN 978-7-5603-8917-2

Ⅰ.①可⋯　Ⅱ.①闫⋯ ②王⋯　Ⅲ.①可靠性工程
Ⅳ.①TB114.3

中国版本图书馆 CIP 数据核字(2020)第 124345 号

策划编辑　张　荣　田新华
责任编辑　张　荣　鹿峰　李　鹏
出版发行　哈尔滨工业大学出版社
社　　址　哈尔滨市南岗区复华四道街 10 号　邮编150006
传　　真　0451-86414749
网　　址　http://hitpress.hit.edu.cn
印　　刷　黑龙江艺德印刷有限责任公司
开　　本　787mm×1092mm　1/16　印张14.75　字数373千字
版　　次　2012 年 9 月第 1 版　2020 年 9 月第 2 版
　　　　　2020 年 9 月第 1 次印刷
书　　号　ISBN 978-7-5603-8917-2
定　　价　58.00 元

第 2 版前言

可靠性工程作为一门独立学科受到重视已经有五十多年的历史,可靠性工程不只应用于航空、航天、兵器、船舶、核工业、电子等领域,而且在机械、汽车、冶金、建筑、石油化工等民用工业中也逐渐得到应用。可靠性理论及应用是以产品的寿命特征作为主要研究对象的一门新兴的边缘交叉学科,它涉及基础科学、技术科学和管理科学的许多领域,其推广和应用已给企业和社会带来了巨大的经济效益。

智能维护属于预测性维护,智能维护系统的采用将大大促进国家的经济发展。智能维护技术的出现进一步提高了企业设备的开动率,并且随着技术的发展,将使企业的制造设备达到近乎于零的故障停机性能。智能预诊技术为智能维护的实施提供了依据。只有以准确的预诊结果为基础,智能维护才有现实的意义。预诊技术越来越受到研究者和工业界的重视。各个国家先后成立了 PHM(Prognostic and Health Management)委员会,致力于预诊技术的研究和预诊产品的开发。

我国的可靠性、维修性及预测性智能维护起步较晚,无论从发展需求还是与国外水平相比都有明显的差距。为适应当前装备建设的新形势,尽快扭转我国与国外水平的差距,首先必须加强对可靠性、维修性及预测性智能维护工作的管理,大力发展相关方面的技术,同时也必须重视专业人才培训,这对促进我国可靠性、维修性综合保障工程的深入发展,更有效地提高装备质量具有重要的意义。鉴于这一目的,我们参考国内外有关文献,结合编者在预测性智能维护方面的研究成果,编写了本书。

随着大数据技术在机械行业的普及,如何实现设备健康状态监测技术的高精度、高可靠性和强适应性是一个巨大的挑战,大数据环境下的设备智能维护技术已成为目前热点。因此,本书在第 2 版内容中增加了大数据智能维护技术一章,将最新的大数据制造中的智能维护技术展现给读者。

本书较为系统地介绍了可靠性、维修性和预测性智能维护的基本概念、基本理论及其工程应用。本书分为三部分,共由 9 章组成:第一部分包括第 1~4 章,主要介绍了可靠性基础知识、常用分布函数、可靠性系统、可靠性设计、故障模式影响及危害性分析、故障树分析等内容;第二部分包括第 5~7 章,主要介绍了智能维护系统,是本书的核心内容,结合编者在智能维护方面的研究成果编写而成,包括维护管理系统、维修性和可用性、预测性智能维护等内容;第三部分包括第 8、9 两章,主要介绍了智能维护集成工具关键技术、大数据环境下的智能维护关键技术等内容。

本书注重内容的新颖性,反映预测性智能维护的最新研究状况和发展趋势;内容论述循序渐进,由浅入深,理论联系实际,并在论述中结合编者在智能预诊方面的研究实例,帮助读者进一步理解预测性智能维护的实际应用。本书是可靠性与智能维护方面较为合适的基础性的入门书。本书可作为高等院校机械工程、电气工程等相关学科或专业的研究生、本科生教材,也可作为从事可靠性与智能维护研究的科研人员的参考书。

本书参阅了国内外可靠性理论与应用方面的大量文献和书籍,在编者对预测性智能维护方面研究成果的基础上,加以系统整理和精心编写而成。本书内容一直在哈尔滨工业大学研究生、高年级本科生中讲授使用,并在此基础上广泛吸取许多读者的建议,经过全面修改和补充而成。在此谨向广大读者表示深切的谢意。

本书由哈尔滨工业大学工业工程系主任闫纪红教授(1~7章)、王鹏翔教授(8、9章)编写。智能维护工程实验室博士生王子鹏,硕士生胡媛媛、薛剑、梁赟、刘环宇等在本书第2版编写过程中做了大量的资料收集工作,在此一并感谢。

由于编者水平有限,书中不妥之处在所难免,敬请读者指正。

作　者

2020 年 6 月于哈尔滨

目　　录

第一部分　可靠性工程

第1章　可靠性概论 ·· 1

1.1　可靠性的基本概念 ·· 1

1.1.1　可靠性的发展历程 ··· 1

1.1.2　可靠性技术研究的重要性 ··································· 4

1.1.3　可靠性的定义 ··· 4

1.2　可靠性的特征量 ·· 6

1.2.1　可靠度与不可靠度 ··· 6

1.2.2　失效密度函数 ··· 8

1.2.3　失效率 ··· 9

1.2.4　失效率 $\lambda(t)$ 与可靠度 $R(t)$、失效概率函数 $f(t)$ 的关系 ······· 11

1.2.5　失效率曲线 ·· 11

1.2.6　平均寿命 ·· 13

1.2.7　可靠寿命 ·· 14

1.2.8　有效度(可用度)特征量 ···································· 15

1.3　概率的基本概念及基本运算 ····································· 15

1.3.1　随机事件的概念 ·· 15

1.3.2　随机事件的概率 ·· 15

1.3.3　概率运算的基本公式 ······································ 16

习题一 ·· 20

第2章　可靠性问题中常用的分布函数 ································· 21

2.1　二项分布 ·· 21

2.2　泊松分布 ·· 21

2.3　指数分布 ·· 22

2.4　正态分布 ·· 24

2.4.1　标准正态分布 ·· 25

2.4.2　截尾正态分布 ·· 27

2.5　对数正态分布 ·· 28

2.6　韦布尔分布 ·· 29

2.7　次序统计分布 ·· 33

2.8　极值分布 ·· 34

2.8.1　Ⅰ型极大值分布 ……………………………………………………………… 35

2.8.2　Ⅰ型极小值分布 ……………………………………………………………… 36

习题二 ……………………………………………………………………………………… 36

第3章　可靠性系统 ……………………………………………………………………… 37

3.1　串联系统 ……………………………………………………………………………… 38

3.2　并联系统 ……………………………………………………………………………… 39

3.3　混联系统 ……………………………………………………………………………… 42

3.3.1　串-并联系统 …………………………………………………………………… 43

3.3.2　并-串联系统 …………………………………………………………………… 44

3.4　表决系统 ……………………………………………………………………………… 45

3.5　储备系统 ……………………………………………………………………………… 47

3.5.1　储备单元完全可靠的储备系统 ……………………………………………… 48

3.5.2　储备单元不完全可靠的储备系统 …………………………………………… 50

3.6　复杂系统 ……………………………………………………………………………… 51

习题三 ……………………………………………………………………………………… 52

第4章　可靠性设计 ……………………………………………………………………… 54

4.1　可靠性预计 …………………………………………………………………………… 54

4.1.1　单元可靠性预计 ……………………………………………………………… 56

4.1.2　系统可靠性预计 ……………………………………………………………… 56

4.2　可靠性分配 …………………………………………………………………………… 62

4.2.1　平均分配法 …………………………………………………………………… 62

4.2.2　加权分配法 …………………………………………………………………… 63

4.2.3　再分配法 ……………………………………………………………………… 64

4.2.4　代数分配法 …………………………………………………………………… 65

4.2.5　相对失效率与相对失效概率法 ……………………………………………… 67

4.2.6　按可靠度变化率的分配方法 ………………………………………………… 69

4.2.7　动态规划分配法 ……………………………………………………………… 70

4.3　故障分析 ……………………………………………………………………………… 71

4.3.1　FMECA 列表分析法 …………………………………………………………… 71

4.3.2　FMECA 矩阵分析方法 ………………………………………………………… 74

4.4　系统安全与故障分析树 ……………………………………………………………… 75

4.4.1　系统安全 ……………………………………………………………………… 75

4.4.2　故障树分析 …………………………………………………………………… 75

习题四 ……………………………………………………………………………………… 87

第二部分　智能维护系统

第5章　维护管理系统介绍 ……………………………………………………………… 89

5.1　设备维护管理发展历程 ……………………………………………………………… 89

　　5.1.1　维护管理的阶段划分 ……………………………………………… 89

　　5.1.2　维护管理的发展 …………………………………………………… 90

　　5.1.3　欧美国家设备维护管理现状 ………………………………………… 90

　　5.1.4　我国设备维护管理现状 ……………………………………………… 91

　5.2　设备维护管理模型 ………………………………………………………… 94

　5.3　设备维护管理系统的构建 ………………………………………………… 98

　　5.3.1　维护管理系统结构 …………………………………………………… 98

　　5.3.2　维护管理的理论层面 ………………………………………………… 99

　　5.3.3　维护管理的应用实现层面 …………………………………………… 101

　习题五 …………………………………………………………………………… 109

第6章　维修性、维修和可用性 ………………………………………………… 110

　6.1　维修性的概念 …………………………………………………………… 110

　6.2　停机时间分析 …………………………………………………………… 111

　6.3　维修性参数 ……………………………………………………………… 112

　6.4　维修时间分布 …………………………………………………………… 114

　　6.4.1　维修时间服从指数分布 ……………………………………………… 115

　　6.4.2　维修时间服从对数正态分布 ………………………………………… 115

　6.5　维修类型 ………………………………………………………………… 116

　6.6　预防性维修策略 ………………………………………………………… 117

　6.7　维修费用 ………………………………………………………………… 120

　6.8　维修优化 ………………………………………………………………… 122

　　6.8.1　最优更换时间 ………………………………………………………… 123

　　6.8.2　修理与更换 …………………………………………………………… 124

　6.9　维修性验证 ……………………………………………………………… 125

　6.10　可用性 ………………………………………………………………… 126

　　6.10.1　概念及内涵 ………………………………………………………… 127

　　6.10.2　指数可用度模型 …………………………………………………… 128

　　6.10.3　系统可用度 ………………………………………………………… 129

　6.11　后勤保障 ……………………………………………………………… 132

　习题六 …………………………………………………………………………… 137

第7章　预测性智能维护 ………………………………………………………… 139

　7.1　原理与优势 ……………………………………………………………… 139

　7.2　信号处理与在线监测技术 ……………………………………………… 141

　　7.2.1　信号处理 ……………………………………………………………… 141

　　7.2.2　在线监测 ……………………………………………………………… 148

　7.3　数据融合技术 …………………………………………………………… 150

　　7.3.1　数据融合的级别 ……………………………………………………… 150

　　7.3.2　数据融合的技术和方法 ……………………………………………… 151

　7.4　数据挖掘 ………………………………………………………………… 154

7.4.1　数据挖掘的分类 ··· 156

7.4.2　数据挖掘的智能计算方法 ··· 163

7.4.3　数据挖掘的支撑技术 ·· 165

7.4.4　数据挖掘与统计分析 ·· 167

7.5　智能预诊技术 ·· 168

7.5.1　预诊方法在转子不平衡中的应用 ····································· 171

7.5.2　预诊信息的 Web 发布 ··· 176

习题七 ··· 178

第三部分　相关技术论题

第 8 章　智能维护集成工具关键技术 ··· 179

8.1　基于 J2EE 的智能维护集成工具 ··· 179

8.1.1　基于 J2EE 的智能预诊集成工具构成 ······························· 179

8.1.2　基于 J2EE 的智能预诊实现 ·· 180

8.2　基于 J2EE 平台的智能维护关键技术 ··· 181

8.2.1　Java 和 Matlab 交互实现预诊算法 ····································· 181

8.2.2　JSP 技术数据库技术及数据库连接池技术 ························· 183

8.2.3　Ajax 异步刷新技术 ··· 184

8.2.4　Jfree Chart 绘图技术 ·· 185

8.2.5　Joone 开源神经网络技术 ··· 187

8.3　基于 J2EE 的智能维护集成工具开发 ··· 189

8.3.1　基于 J2EE 的智能维护集成工具结构设计 ························· 190

8.3.2　实时动态监测模块 ·· 191

8.3.3　数据查询模块与数据表分页 ·· 192

8.3.4　特征提取模块 ··· 193

8.3.5　特征选择模块 ··· 195

8.3.6　智能预诊模块 ··· 196

习题八 ··· 198

第 9 章　基于大数据的智能维护技术 ··· 199

9.1　大数据智能维护 ·· 199

9.1.1　大数据的概念 ··· 199

9.1.2　大数据下智能维护的发展现状 ··· 200

9.1.3　案例——GE 公司 Predix 大数据平台 ································· 200

9.2　挖掘工业大数据价值的核心技术——CPS ·································· 202

9.2.1　CPS 的定义与内涵 ·· 202

9.2.2　工业 4.0 对未来工厂的透明化——突破制造业中的不确定性 ··· 203

9.2.3　工业 4.0 需要预测制造系统 ··· 204

9.3　基于大数据的深度学习技术 ··· 205

9.3.1　深度学习理论 ……………………………………………………… 205
9.3.2　深度置信网络 ……………………………………………………… 206
9.3.3　卷积神经网络 ……………………………………………………… 209
9.3.4　基于深度学习的故障诊断 …………………………………………… 211
9.4　基于大数据的刀具磨损状态智能诊断 ………………………………… 213
9.4.1　刀具监测方法 ……………………………………………………… 213
9.4.2　刀具监测数据信号采集系统 ………………………………………… 214
9.4.3　基于深度学习融合算法的刀具监测 ………………………………… 217
习题九 ………………………………………………………………………… 221
参考文献 ……………………………………………………………………… 222

第一部分　可靠性工程

第1章　可靠性概论

1.1　可靠性的基本概念

1.1.1　可靠性的发展历程

可靠性是产品的重要质量指标,它标志着产品不会丧失工作能力的可能程度。可靠性概念的产生,可以追溯到 1939 年,当时美国航空委员会提出飞机事故率的概念和指标要求,这是最早的飞机安全性和可靠性定量指标。在早期,人们对"可靠性"这一概念的理解仅仅从定性方面,没有数值量度。但是为了更好地表达可靠性的准确含义,应有定量的尺度来衡量它。在第二次世界大战后期,德国火箭专家 R. Lusser 首先提出概率乘积法则,将系统的可靠度看作其各子系统的可靠度乘积,从而算得 V-II 型火箭诱导装置的可靠度为 75%,首次定量地表达了产品的可靠性。但是从 20 世纪 50 年代初期开始,在可靠性的测定中更多地引进了统计方法和概率概念以后,定量的可靠性才得到广泛应用,可靠性问题才作为一门新的学科被系统地加以研究。可靠性技术是以提高产品质量为核心,以概率论、数理统计为基础,综合应用电子学、物理学、化学、机械工程学、现代管理学等各领域知识的一门综合性和边缘性学科。

美国对可靠性的研究始于第二次世界大战,当时雷达系统发展迅速而电子元件却屡出故障。因此,早期的可靠性研究,重点放在故障占大半的电子管方面,不仅重视其电气性能,而且重视其耐震、耐冲击等可靠性方面的研究。1942 年美国麻省理工学院(MIT)对真空管的可靠性作了深入的调查研究。1952 年 11 月美国成立了"电子设备可靠性顾问团"(Advisory Group on Reliability of Electronic Equipment——AGREE)。该团对电子产品的设计、试制、生产、储存、运输、使用等各个方面的可靠性问题,进行了全面的调查研究,并于 1957 年 6 月发表了著名的《军用电子设备的可靠性报告》。该论文除论述了产品在上述各个环节中的可靠性问题外,还比较完整地论述了可靠性的理论基础及研究方法。1954 年美国召开了第一届可靠性与质量管理学术会议。1962 年又召开了第一届可靠性与可维修性学术会议及第一届电子设备故障物理学术会议,将对可靠性的研究扩展到对可维修性的研究,进而深入到研究产品故障的机理方面。

美国对于机械可靠性的研究,开始于 20 世纪 60 年代初期,其发展与航天计划有关。当时在航天方面由于机械故障引起的事故多、损失大,于是美国宇航局(NASA)从 1965 年开始进行机械可靠性研究。例如,用超载负荷进行机械产品的可靠性试验验证;在随机动载荷下研究机械结构和零件的可靠性;将预先给定的可靠度目标直接落实到应力分布和强度分布都随时间变化的机械零件的设计中去等。

日本在 1956 年由美国引进可靠性技术。1958 年日本科学技术联盟设立了可靠性研究委员会。1960 年在日本成立了可靠性及质量控制专门小组。1971 年日本召开了第一届可靠性学术讨论会。日本将可靠性技术推广应用到民用工业部门并取得很大成功,大大地提高了其产品的可靠度,使其可靠性产品,例如汽车、彩电、照相机、收录机、电冰箱等,畅销到全世界,带来巨大的经济效益。日本人曾预见今后产品竞争的焦点在于可靠性。

英国于 1962 年出版了《可靠性与微电子学》(*Reliability and Microelectronics*)杂志。法国国立通讯社也在这一年成立了"可靠性中心",进行数据的收集与分析,并于 1963 年出版了《可靠性》杂志。苏联在 20 世纪 50 年代就开始了对可靠性理论的研究,1964 年,当时的苏联及东欧各国在匈牙利召开了第一届可靠性学术会议,至 1977 年已先后召开了四次这样的会议。

国际电子技术委员会(IEC)于 1965 年设立了可靠性技术委员会,1977 年又更名为可靠性与可维修性技术委员会。它对可靠性的定义、用语、书写方法、可靠性管理、数据收集等方面,进行了国际的协调工作。

20 世纪 60 年代以来,空间科学和宇航技术的发展提高了可靠性的研究水平,扩展了其研究范围。对可靠性的研究,已经从电子、宇航、核能等尖端工业部门扩展到电机与电力系统、机械、动力、土木等一般产业部门,以及工业产品的各个领域。当今,提高产品的可靠性已经成为提高产品质量的关键。今后只有提高那些高可靠性的产品及其企业,才能在激烈的竞争中生存下来。不仅如此,国外还把对产品可靠性的研究工作提高到节约资源和能源的高度来认识。这不仅是因为高可靠性产品的使用期长,而且通过可靠性设计,可以有效地利用材料,减少加工工时,获得体积小、质量轻的产品。

在我国,最早是由电子工业部门开始开展可靠性方面工作的,在 20 世纪 60 年代初进行了有关可靠性评估的开拓性工作。70 年代初,航天部门首先提出了电子元器件必须经过严格筛选。70 年代中期,由于中日海底电缆工程的需要,提出可靠性元器件验证试验的研究,促进了我国可靠性数学的发展。从 1984 年开始,在国防科工委的统一领导下,结合中国国情并积极汲取国外的先进技术,组织制定了一系列关于可靠性的基础规定和标准。1985 年 10 月国防科工委颁发的《航空技术装备寿命与可靠性工作暂行规定》是我国航空工业的可靠性工程全面进入工程实践和系统发展阶段的一个标志。1987 年 5 月,国务院、中央军委颁发《军工产品质量管理条例》明确了在产品研制过程中要运用可靠性技术。1987 年 12 月和 1988 年 3 月先后颁发的国家军用标准《装备维修性通用规范》(GJB 368—78)和《装备研制与生产的可靠性通用大纲》(GJB 450—88),可以说是目前我国军工产品可靠性技术具有代表性的基础标准。

进入 21 世纪,我国军工产品可靠性标准的制定更加具体全面。2004 年,中国人民解放军总装备部批准了《装备可靠性工作通用要求》(GJB 450A—2004),对《装备研制与生产的可靠性通用大纲》标准进行替代,主要由原来的研制与生产扩展为论证、研制、生产和使用。2006 年与 2008 年又分别颁布了《电子设备可靠性预计手册》(GJB/Z 299C—2006)与《导弹和运载火箭用液压泵可靠性要求和试验方法》(GJB 6399—2008)国家军方标准。

与此同时,各有关工业部门、军兵种越来越重视可靠性管理,加强可靠性信息数据和学术交流活动。全国军用电子设备可靠性数据交换网已经成立,全国性和专业系统性的各级可靠性学会相继成立,这些都进一步促进了我国可靠性理论与工程研究的深入开展。

在现代生产中,可靠性技术已经贯穿于产品的初期研制、设计、制造、试验、使用、运输、保管及维修保养等各个环节。

从经济学的观点来讲,为了减少维修费用,提高产品的利用率,高可靠性是非常必要的。但也不是可靠性最好时总的消耗费用一定最低,因为还有产品的制造成本问题,需要综合考虑、优化选择,以找出使总费用最低的最佳可靠度。

利用概率论的方法可以把产品发生故障的规律作为随机现象来研究。所以,通常所说的可靠度,一般不是指某一特定的可靠程度,而是针对该种型号产品总体的可靠程度而言。当然,就单件产品而言,如果能在其长期运行的条件下,观测其故障规律,则不仅能够估计出一些产品的可靠性,也能估计出该产品总体的可靠性。

可靠性理论在其发展过程中形成了以下 3 个主要领域。

1. 可靠性数学

可靠性数学是可靠性研究的最重要的理论基础之一。它主要研究与解决各种可靠性问题的数学方法模型,研究可靠性的定量规律;属于应用数学范畴,涉及概率论、数理统计、随机过程、运筹学及拓扑学等数学分支;应用于可靠性的数学收集、数据分析、系统设计及寿命试验等方面。

2. 可靠性物理

可靠性物理又称失效物理,是研究失效的物理原因与数学物理模型以及检测方法与纠正措施的一门可靠性理论。它使可靠性工程从数理统计方法发展到以理化分析为基础的失效分析方法。它是从本质、机理方面探究产品的不可靠因素,从而为研制、生产高可靠性产品提供科学的依据。

3. 可靠性工程

可靠性工程是对产品(零部件、元器件、总成设备或系统)的失效及其发生的概率进行统计、分析,对产品进行可靠性设计、可靠性预计、可靠性试验、可靠性评估、可靠性检验、可靠性控制、可靠性维修及失效分析的一门包含了许多工程技术的边缘性工程学科。它立足于系统工程方法,运用概率论与数理统计等数学工具(属可靠性数学),对产品的可靠性问题进行定量的分析;采用失效分析方法(可靠性物理)和逻辑推理对产品故障进行研究,找出薄弱环节,确定提高产品可靠性的途径,并综合地权衡经济、功能等方面的得失,将产品的可靠性提高到满意程度的一门学科。它包括了对产品可靠性进行工作的全过程,即从对零件、部件和系统等产品的可靠性方面的数据进行收集与分析做起,对失效机理进行研究,在这一基础上对产品进行可靠性设计;采用能确保可靠性的制造工艺进行制造;完善质量管理与质量检验以保证产品的可靠性;进行可靠性试验来保证和评价产品的可靠性;以合理的包装和运输方式来保证产品的可靠性;指导用户对产品的正确使用、提供优良的维修保养和社会服务来维持产品的可靠性。即可靠性工程包括了对零件、部件和系统等产品的可靠性数据的收集与分析,可靠性设计、预测、试验、管理、控制和评价。

在可靠性工程中,很重视对现场使用的数据和实验数据的收集与交换。许多国家都有全国性的数据收集与交换组织,建立各种数据库,因为数据是可靠性设计和可靠性研究的基础。在整个可靠性工程中,都是通过可靠性数据和信息反馈来改进产品可靠性的。

可靠性设计是可靠性工程的一个重要分支,因为产品的可靠性在很大程度上取决于设计的正确性。在可靠性设计中要规定可靠性和维修性的指标,并使其达到最优。

可靠性预计是可靠性设计的重要内容之一,它是一种预报方法,在设计阶段即从所得的失效率数据预报零部件和系统实际可能达到的可靠度,预报这些零件、部件和系统在规定的条件下和规定的时间内完成规定功能的概率。在设备设计的初期,及时完成可靠性预计工作,可以了解该设备中各零部件之间可靠度的相互关系,找出提高整个设备的可靠度的有效途径。

可靠性设计的另一重要内容是可靠性的分配,它是将系统规定的容许失效概率合理地分配给该系统的零部件。在可靠性设计中采用最优化方法进行系统的可靠性分配是当前可靠性研究的重要方向之一,称为可靠性优化设计。

　　由于在不同的领域中可靠性工程所处理的具体问题有所不同,内容也有差异,但都是以系统、综合的方法,以长远眼光来研究问题,不仅重视技术,也重视管理,以取得系统的最大经济效益和运行的安全可靠为目的。

1.1.2　可靠性技术研究的重要性

　　"可靠性"顾名思义,指的是"安全性""无故障",人们进行的一切生产实践都是被期盼为安全和成功。比如一台设备被期望安全运转,一座建筑被期望长期牢固,一项工程被期望顺利完成。

　　在工程中可靠性是用以衡量产品质量的动态指标。一台设备或系统的性能,可以用性能指标来描述,如发动机的输出功率、机床主轴转速和进刀量、汽车的行驶速度等。而可靠性则描述了设备或系统在特定条件下保持规定性能指标的能力,该种能力就是质量。就是说具有同样性能指标的产品,它们的寿命和故障率却可能不同。在现代科技飞速发展、新型产品不断涌现的国际化市场中,只有那些具有高可靠性指标的产品和生产企业,才能在日益激烈的市场竞争中存活下来。所以,可靠性的研究具有十分重要的意义。可靠性的重要性具体体现在以下几个方面。

　　1. 可靠性高的产品具有安全性

　　提高产品的可靠性,可以防止事故和故障的发生,尤其是避免灾难性事故的发生。1986年,美国"挑战者"号航天飞机由于一个密封圈失效,起飞76 s后爆炸,造成12亿美元的经济损失;1992年,我国发射"澳星"时,由于一个零件的故障,使"澳星"发射失败,造成巨大经济损失;2003年,美国"哥伦比亚"号太空船在返回地面大气层时,由于机身上的一块隔热板被外挂油箱的脱落泡绵击中而刺穿,太空船烧成火球后解体。现代高科技产品,由于其功能的严格性和结构的复杂性,对安全性提出了更高的要求。如"阿波罗"号宇宙飞船,具有720万个零件,有120所大学15 000多个研究部门约42万人参与研制,如此规模庞大、内容复杂的工程,任一环节的失误都可能导致严重后果,必须运用可靠性技术与工程管理才能保证其安全性。

　　2. 可靠性高的产品具有实用性

　　提高产品的可靠性,可以减少停机时间和维护人员,提高产品使用率。现代产品工作环境变得更加严酷,从陆地、海洋到太空,严酷的环境对系统高可靠性、高安全性等综合特性提出了挑战,系统要求的持续无故障任务时间加长,如太空探测器的长时间无故障飞行要求,潜水机器人、人造心脏、心脏起搏器的长期安全工作等,迫使系统必须有良好的可靠性。

　　3. 可靠性高的产品能创造大的经济效益

　　产品可靠性的提高使得维修费及停机检查损失费减少,使产品生产和使用的总费用降低;产品可靠性的提高可减少系统中的备用台数,降低了设备投资;产品用可靠性设计可以设计出相对体积小、质量小的产品,避免了用传统经验方法估算安全系数取值偏大而造成材料的浪费。更重要的是,可靠性高的产品可以提高品牌和企业信誉,具有竞争力,从而占领市场,取得战略性成功和巨大的经济效益。

1.1.3　可靠性的定义

　　最早的可靠性定义是由美国的 AGREE 在 1957 年的报告中提出来的。1966 年美国的MIL-STA-721B 又较正规地给出了传统的或经典的可靠性定义,即"产品在规定的条件下和规定的时间内完成规定功能的能力"。它为世界各国的标准所引用。

在上述可靠性定义中,含有以下因素。

1. 对象

可靠性问题的对象是产品,它是泛指的,可以是元件、组件、零件、部件、总成、机器、设备,甚至整个系统。研究可靠性问题时首先要明确对象,不仅要确定具体的产品,而且还应该明确它的内容和性质。如果研究对象是一个系统,不仅包括硬件,而且也包括软件和人的判断和操作等因素在内,则需要从人-机系统的观点去观察和分析问题。

2. 使用条件

使用条件包括运输条件、储存条件、使用时的环境条件(如温度、压力、湿度、载荷、振动、腐蚀、磨损等)、使用方法、维修水平、操作水平以及运输、储存与运行条件,对可靠性都会产生很大影响。

3. 使用期限

与可靠性关系非常密切的是关于使用期限的规定,因为可靠度是一个有时间性的定义。可靠性对时间性的要求一定要明确。时间可以是区间$(0,t)$,也可以是区间(t_1,t_2)。有时对某些产品给出相当于时间的一些其他指标可能会更明确,例如对汽车的可靠性可规定行驶里程(距离);有些产品的可靠性则规定周期、次数等会更恰当。

4. 规定功能

研究可靠性要明确产品的规定功能的内容。一般来说,所谓"完成规定功能"是指在规定的使用条件下能维持所规定的正常工作而不失效(不发生故障),即研究对象(产品)能在规定的功能参数下正常运行。应注意,"失效"不一定仅仅指产品不能工作,因为有些产品虽然还能工作,但由于其功能参数已漂移到规定界限之外了,即不能按规定正常工作,也视为失效。要弄清该产品的功能是什么,其失效或故障(丧失规定功能)又是怎样定义的。

5. 概率

"可靠度"是可靠性的概率表示,把概念性的可靠性用具体的数学形式——概率表示,这就是可靠性技术的出发点。因为用概率来定义可靠度后,对元件、组件、零件、部件、总成、机器、设备、系统等产品的可靠程度的测定、比较、评价、选择等才有了共同的基础,对产品的可靠性方面的质量管理才有了保证。

因此,讨论产品的可靠性问题时,必须明确对象、使用条件、使用期限、规定的功能等因素,而用概率来度量产品的可靠性时就是产品的可靠度。可靠性定量表示的另一特点是其随机性。因此,广泛采用概率论和数理统计方法来对产品的可靠性进行定量计算。

产品运行时的可靠性,称为工作可靠性(Operational Reliability),它包含了产品的制造和使用两方面因素,且分别用固有可靠性和使用可靠性来反映。

固有可靠性(Inherent Reliability)是指在生产过程中已经确立了的可靠性。它是产品内在的可靠性,是生产厂在模拟实际工作条件的标准环境下,对产品进行检测并给以保证的可靠性。它与产品的材料、设计与制造工艺及检验精度等有关。

使用可靠性(Use Reliability)与产品的使用条件密切相关,受到使用环境、操作水平、保养与维修等因素的影响。使用者的素质对使用可靠性影响很大。

对于实行维修制度的产品,一旦发生故障或失效,总是修复后再使用。因此,对于这类产品不发生故障或可靠性好固然很重要,发生故障或失效后能迅速修复以维持良好而完善的状态也很重要。产品的这种易于维修的性能,通常称为产品的维修性。

维修性和维修度的提出,使得可靠性与可靠度又有广义与狭义之分,一般谈到可靠性,是指上述的狭义可靠性。

广义可靠性(Generalized Reliability)是指在其整个寿命期限内完成规定功能的能力。它包括可靠性(即狭义可靠性)与维修性。由此可见,广义可靠性对于可能维修的产品和不可能维修的产品有不同的意义。对于可能维修的产品来说,除了要考虑提高其可靠性外,还应考虑提高其维修性,而对于不可能维修的产品来说,由于不存在维修的问题,只需考虑提高其可靠性即可。

与广义可靠性相对应,不发生故障的可靠度(即狭义可靠度)与排除故障(或失效)的维修度合称为广义可靠度。

因此,可靠性与维修性都是相对于失效或故障而言的。不言而喻,明确失效(故障)的定义,研究失效(故障)的类型和原因,对于研究可靠性和维修性及广义可靠性等都很重要。

失效(Failure),对于可修复的产品,统称为故障,其定义为产品丧失规定的功能。这不仅指规定功能的丧失,亦包括规定功能的降低等。

1.2　可靠性的特征量

在上一节中,我们讨论了可靠性的定义,说明了可靠性是产品的一种基本属性。这种属性不仅要定性,还要定量表示。在产品可靠性研究中,和其他的产品技术指标一样,必须要有一个数量指标,这个数量指标称为可靠性指标。

可靠性特征量是用来表示产品总体可靠性高低的各种可靠性数量指标的总称。

可靠性特征量的实际数值称为真值,它是一个很难求得的理论值。因为不同的计算和统计方法得到的同一个特征量可能有不同的数值。真值在理论上是严密的,唯一存在的,但实际上是难知的。在实际的可靠性工作中,特征量通常是通过若干个样本试验所得的观测数据,经过一定的数理统计而得到的数值,这个值仅是对真值的估计,称为特征量估计值。这种估计值可以是多种方法估计得到的,如点估计、单边估计和双边估计等。如果这个估计值是按国家规定标准所给出的要求值(即理论希望的真值)的估计值,那么这个估计值又称为特征量的观测值。这种观测值是比较容易计算的,也是可靠性工作者用各种方法,使之接近真值而努力的方向。还有一种是借助前人经验、手册而得到的,常称为预计值。对主要的可靠性特征量在下面进行一一介绍。

1.2.1　可靠度与不可靠度

可靠度(Reliability)是"产品在规定条件下和规定时间内完成规定功能的概率"。显然,规定的时间越短,产品完成规定功能的可能性越大;规定的时间越长,产品完成规定功能的可能性就越小。可见,可靠度是时间 t 的函数,故也称为可靠度函数,记为 $R(t)$,通常表示为

$$R(t) = P(T \geqslant t) \quad 0 \leqslant t \leqslant +\infty \tag{1.1}$$

式中,t 为规定的时间;T 为产品寿命。根据可靠度的定义可知,$R(t)$ 描述了产品在 $(0, t)$ 时间段内完成规定功能的概率。

　　与可靠度相对应的是不可靠度,表示产品在规定的条件下和规定的时间内不能完成规定的功能的概率,因此又称为失效概率,记为 F。失效概率 F 也是时间 t 的函数,故又称为失效概率函数或不可靠度函数,并记为 $F(t)$。它也是累积分布函数,故又称为累积失效概率。显然,它与可靠度成互补关系,即

$$R(t)+F(t)=1$$
$$F(t)=1-R(t)=1-P(T<t) \tag{1.2}$$

　　由定义知,可靠度与不可靠度都是对一定时间而言,若所指时间不同,则同一产品的可靠度值也就不同。

　　假如在 $t=0$ 时有 N 件产品开始工作,而到 t 时刻有 $n(t)$ 个产品失效,仍有 $N-n(t)$ 个产品继续工作,则 $R(t)$ 和 $F(t)$ 的估计值(观测值)为

$$R(t)=\frac{N-n(t)}{N} \tag{1.3}$$

$$F(t)=\frac{n(t)}{N} \tag{1.4}$$

【例1.1】　有 50 个在恒定载荷条件下运行的某规格轴承,运行记录见表1.1,求这个规格轴承分别在 100 h 和 400 h 时的可靠度观测值和不可靠度观测值。

　　解　按照式(1.3)可得两个时刻的可靠度观测值为

$$R(100)=\frac{N-n(100)}{N}=\frac{34}{50}=0.68$$

$$R(400)=\frac{N-n(400)}{N}=\frac{22}{50}=0.44$$

表 1.1　运行时间及失效数

运行时间/h	10	25	50	100	150	250	350	400	500	600	700	1 000
失效数/个	4	2	3	7	5	3	2	2	0	0	0	0

　　产品开始工作($t=0$)时,都是好的,故有 $n(t)=n(0)=0,R(t)=R(0)=1,F(t)=F(0)=0$。随着工作时间的增加,产品的失效数就不断增多,可靠度就相应降低。当产品的工作时间 t 趋向于无穷大时,所有的产品不管其寿命有多长,最后都要失效的。因此,$n(t)=n(\infty)=N$,故 $R(t)=R(\infty)=0,F(t)=F(\infty)=1$,即可靠度函数 $R(t)$ 在 $[0,+\infty)$ 时间区间内为递减函数,而 $F(t)$ 为递增函数。如图 1.1(a)所示,$F(t)$ 与 $R(t)$ 的形状正好相反。

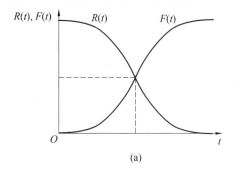
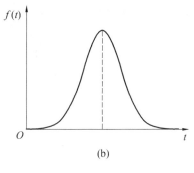

图 1.1　可靠度、不可靠度及失效密度函数

1.2.2 失效密度函数

如果 $F(t)$ 为可微的，即 $\mathrm{d}F(t)/\mathrm{d}t$ 存在，那么称 $f(t)=\mathrm{d}F(t)/\mathrm{d}t$ 为失效密度函数（图 1.1(b)），因此有

$$f(t)=\frac{\mathrm{d}F(t)}{\mathrm{d}t}=-\frac{\mathrm{d}R(t)}{\mathrm{d}t} \tag{1.5}$$

$$F(t)=\begin{cases}\int_0^t f(t)\,\mathrm{d}t & t\geqslant 0\\[2mm] 0 & t<0\end{cases} \tag{1.6}$$

它的估计值可以表示为

$$f(t)=\frac{\Delta r(t)}{n\cdot\Delta t} \tag{1.7}$$

式(1.7)的意义如下：

(1)对不可修复产品，指直到规定的时间区间$(0,t]$终了时刻 t 开始的单位时间内失效数 $\Delta r(t)/\Delta t$ 与观测时间内失效间隔工作总次数 n 之比，其中 $\Delta r(t)$ 是$(t,t+\Delta t]$内的失效产品数。

(2)对可修复产品，指一个或多个产品的失效间隔工作时间到达规定时间 t 后，单位事件的失效次数 $\Delta r(t)/\Delta t$ 与观测时间内失效间隔工作总次数 n 之比，其中 $\Delta r(t)$ 是$(t,t+\Delta t]$内的故障次数。

由式(1.2)得

$$R(t)=1-F(t)=\int_0^\infty f(t)\,\mathrm{d}t-\int_0^t f(t)\,\mathrm{d}t=\int_t^\infty f(t)\,\mathrm{d}t$$

例 1.1 中 10 h、25 h 时的失效概率密度为

$$f(10)=\frac{\Delta r(10)}{n\Delta t}=\frac{2}{50(25-10)}\approx2.67\times10^{-3}$$

$$f(25)=\frac{\Delta r(25)}{n\Delta t}=\frac{3}{50(50-25)}=2.4\times10^{-3}$$

如果将表 1.2 所列的轴承寿命分成一定寿命区间，并记录在每个寿命区间中的失效数，则可得表 1.3。可见，如果投入 60 个样品($N=60$)进行试验并使其全部失效，则在每个寿命区间中的失效数是不同的。例如，在$(1.1\sim2)\times10^6$循环次数中其失效数为 $n_f=4$，则在该区间的失效频率为

$$f_n(t)=\frac{4}{60}\approx0.067$$

就是说，在该寿命区间内的失效数占全部失效数的 6.7% 。由于概率的稳定性该值在一定程度上反映了失效寿命随机变量 T 在这个区间上的概率。

表 1.2　轴承寿命分组试验记录

组序	试验数/个	平均寿命/10^6 次
1	10	2.9
2	10	8.1
3	10	0.7
4	10	0.9
5	10	10.0
6	10	4.5

表 1.3　轴承寿命列表

寿命区间/10^6 次	失效数/个	频率
0 ~ 1	0	0.00
1.1 ~ 2	4	0.007
2.1 ~ 3	8	0.133
3.1 ~ 4	10	0.167
4.1 ~ 5	8	0.133
5.1 ~ 6	8	0.133
6.1 ~ 7	7	0.116
7.1 ~ 8	7	0.116
8.1 ~ 9	5	0.083
9.1 ~ 10	3	0.050
总计	60	

以失效时间 t 表示横坐标,失效数 n_f 失效频率 $f_n(t)$ 表示纵坐标,则可画出表 1.3 中数据的频数或图 1.2 中频率的直方图。

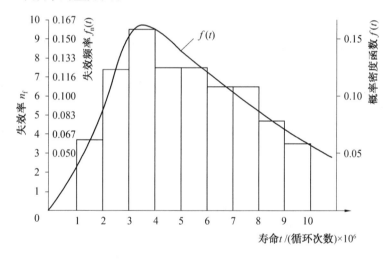

图 1.2　频率的直方图

为了使其概率规律更精确些,可以投入更多的样品进行试验。在图 1.2 直方图上时间间隔(寿命区间)可以缩得足够小,从而可将其失效频率的各点连接成一条光滑曲线,即概率密度曲线。它所对应的函数称为概率密度函数 $f(t)$。该函数反映了零件寿命及其失效概率之间的变化规律。

1.2.3　失效率

失效率(Failure Rate)又称为故障率,其定义为工作到某时刻 t 时尚未失效(故障)的产品,在 t 时刻以后的下一个单位时间内发生失效(故障)的概率。失效率的观测值即为某时刻 t 以后的下一个单位时间内失效的产品数与工作到该时刻尚未失效的产品数之比。

设有 N 个产品,从 $t=0$ 开始工作,到时刻 t 时产品的失效数为 $n(t)$,而到时刻 $(t+\Delta t)$ 时产品的失效数为 $n(t+\Delta t)$,即在 $[t, t+\Delta t]$ 时间区间内有 $\Delta n(t) = n(t+\Delta t) - n(t)$ 个产品失效,则定义该产品在 $[t, t+\Delta t]$ 时间区间内的平均失效率为

$$\overline{\lambda}(t) = \frac{n(t+\Delta t) - n(t)}{[N - n(t)]\Delta t} = \frac{\Delta n(t)}{[N - n(t)]\Delta t} \tag{1.8}$$

而当产品数 $N \to \infty$，时间区间 $\Delta t \to 0$ 时，则瞬时失效率或简称失效率（故障率）的表达式为

$$\lambda(t) = \lim_{\substack{N \to \infty \\ \Delta t \to 0}} \overline{\lambda}(t) = \lim_{\substack{N \to \infty \\ \Delta t \to 0}} \frac{\Delta n(t)}{[N - n(t)]\Delta t} \tag{1.9}$$

因失效率 $\lambda(t)$ 是时间 t 的函数，故又称 $\lambda(t)$ 为失效率函数，也称为风险函数（记为 $h(t)$）。

平均失效率的积分表示为

$$m(t) = \frac{1}{t}\int_0^t \lambda(t)\,\mathrm{d}t \tag{1.10}$$

对于一般寿命问题，若寿命分布的定义范围为 $t \geqslant r$，而 $r \neq 0$，则将式（1.9）改写为

$$m^*(t) = \frac{1}{t-r}\int_r^t \lambda(t)\,\mathrm{d}t \tag{1.11}$$

更加合适。

累积失效率可定义为

$$M(t) = tm(t) = \int_0^t \lambda(t)\,\mathrm{d}t \tag{1.12}$$

失效率是产品可靠性常用的数量特征之一，失效率越高，则可靠性越低。

失效率的单位多用时间的倒数表示，如用 $10^{-5}/\mathrm{h}$ 表示。对于可靠性高、失效率低的产品，则采用 Fit(Failure Unit) $= 10^{-9}/\mathrm{h} = 10^{-6}/10^3\mathrm{h}$ 为单位。有时不用时间的倒数而用与其相当的"动作次数""转数""距离"等的倒数更适宜些。

【例1.2】 今有某种零件 100 个，已工作了 6 年，工作满 5 年时共有 3 个失效，工作满 6 年时共有 6 个失效。试计算这批零件工作满 5 年时的失效率。

解 按式（1.8），时间以年（a）为单位，则 $\Delta t = 1\ \mathrm{a}$

$$\overline{\lambda}(5) = \frac{\Delta n(t)}{[N - n(t)]\Delta t} = \frac{6-3}{(100-3)\times 1} \approx 0.0309/\mathrm{a} = (3.09\%)/\mathrm{a}$$

如果时间用 $10^3\mathrm{h}$ 为单位，则 $\Delta t = 1\ \mathrm{a} = 8.76\times 10^3\mathrm{h}$，因此

$$\overline{\lambda}(5) = \frac{6-3}{(100-3)\times 8.76\times 10^3\mathrm{h}} \approx (0.35\%)/(10^3\mathrm{h}) = 3.5/(10^6\mathrm{h})$$

如果对这批零件测得多年的失效数据并按上法求出 $\overline{\lambda}(1)$，$\overline{\lambda}(2)$，$\overline{\lambda}(3)$，…，则可绘出 $\overline{\lambda}(t)$ 随时间 t 的变化曲线，称为该批零件的失效率曲线。

失效率 $\lambda(t)$ 是系统、机器、设备等产品一直到某一时刻 t 为止尚未发生故障的可靠度 $R(t)$ 在下一单位时间内可能发生故障的条件概率。换句话说，$\lambda(t)$ 表示在某段时间 t 圆满地工作的百分率 $R(t)$ 在下一个瞬间将以何种比率发生失效或故障。因此，失效率的表达式为

$$\lambda(t) = \frac{\mathrm{d}F(t)/\mathrm{d}t}{R(t)} = \frac{-\mathrm{d}R(t)/\mathrm{d}t}{R(t)} = \frac{f(t)}{R(t)} \tag{1.13}$$

或

$$\lambda(t) = \frac{-\mathrm{d}\ln R(t)}{\mathrm{d}t} \tag{1.14}$$

由式（1.13）可知，$\lambda(t)$ 是瞬时失效率（或瞬时故障率、风险函数），亦可称为 $R(t)$ 条件下的 $f(t)$。

若可靠度函数 $R(t)$ 或不可靠度函数 $F(t) = 1 - R(t)$ 已求出，则可按式（1.13）求出 $\lambda(t)$。

反之,如果失效率函数 $\lambda(t)$ 已知,由式(1.14)亦可求得 $R(t)$,即

$$R(t) = \exp\left[-\int_0^t \lambda(t)\,\mathrm{d}t\right] \tag{1.15}$$

即可靠度函数 $R(t)$ 是把 $\lambda(t)$ 由 0 到 t 进行积分之后作为指数的指数型函数。

失效率函数有三种类型,即随时间的增长而增长的、随时间的增长而下降的和与时间无关而保持一定值的。

当 $\lambda(t) = \lambda = \mathrm{const}$ 时,式(1.15)变为

$$R(t) = \mathrm{e}^{-\lambda t} \tag{1.16}$$

1.2.4　失效率 $\lambda(t)$ 与可靠度 $R(t)$、失效概率函数 $f(t)$ 的关系

将式(1.8)的分子、分母除以产品总数 N,并用 $\lambda(t)$ 代表 $\bar{\lambda}(t)$,则有

$$\lambda(t) = \frac{\Delta n(t)}{[N-n(t)] \cdot \Delta t} = \frac{\Delta n(t)/N}{\Delta t} \cdot \frac{1}{[N-n(t)]/N} = \frac{\mathrm{d}F(t)}{\mathrm{d}t} \cdot \frac{1}{R(t)} = \frac{f(t)}{R(t)} \tag{1.17}$$

由式(1.17)可知,失效率 $\lambda(t)$ 可称为 $R(t)$ 条件下的 $f(t)$,是产品工作到某一时刻止保持的可靠度 $R(t)$ 在下一个单位时间内可能发生故障的条件概率。

由式(1.17)有

$$\lambda(t) = \frac{f(t)}{R(t)} = \frac{F'(t)}{R(t)} = -\frac{R'(t)}{R(t)} = -\frac{\mathrm{d}R(t)}{R(t)} \cdot \frac{1}{\mathrm{d}t}$$

可得

$$\lambda(t)\,\mathrm{d}t = -\frac{\mathrm{d}R(t)}{R(t)}$$

将上式积分

$$\int_0^t \lambda(t)\,\mathrm{d}t = -\ln R(t)$$

即

$$R(t) = \mathrm{e}^{\left(-\int_0^t \lambda(t)\,\mathrm{d}t\right)} \tag{1.18}$$

由式(1.18)可知,如已知失效率函数 $\lambda(t)$,可求得可靠度函数 $R(t)$。

【例 1.3】　某电子元件的可靠度函数为 $R(t) = \mathrm{e}^{-\lambda t}$,求其失效率 $\lambda(t)$。

解　据式(1.2)　　　　　　　$F(t) = 1 - R(t) = 1 - \mathrm{e}^{-\lambda t}$

据式(1.5)　　　　　　　$f(t) = \frac{\mathrm{d}F(t)}{\mathrm{d}t} = \lambda \mathrm{e}^{-\lambda t}$

据式(1.17)　　　　　　$\lambda(t) = \frac{f(t)}{R(t)} = \frac{\lambda \mathrm{e}^{-\lambda t}}{\mathrm{e}^{-\lambda t}} = \lambda$

1.2.5　失效率曲线

在 1.2.3 节中,我们知道失效率函数有三种形态,因此,对应的失效率曲线一般就可分为递减型失效率 DFR(Decreasing Failure Rate)曲线,恒定型失效率 CFR(Constant Failure Rate)曲线,递增型失效率 IFR(Increasing Failure Rate)曲线。在图 1.3 中所示的 3 组曲线情况中,失效率可分别称为早期失效型、偶然失效型和耗损失效型。

产品的可靠性取决于产品的失效率,而产品的失效率随工作时间的变化具有不同的特点,根据长期以来的理论研究和数据统计,发现由许多零件构成的机器、设备或系统,在不进行预

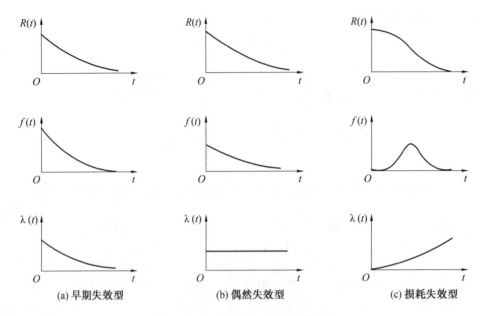

(a) 早期失效型　　　　　(b) 偶然失效型　　　　　(c) 损耗失效型

图 1.3　$R(t)$、$f(t)$、$\lambda(t)$ 之间的关系

防性维修时,或者对于不可修复的产品,其失效率曲线的典型形态如图 1.4 所示,由于它的形状与浴盆的剖面相似,所以又称为浴盆曲线(Bath-Tub Curve),它明显地分为三段,分别对应元件在其全部工作过程中的 3 个不同阶段或时期。

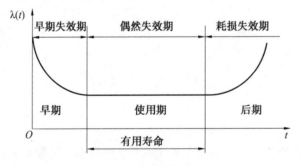

图 1.4　设备故障率曲线

　　第一段曲线是元件的早期失效期。元件在开始使用时,它的失效率很高,但随着产品工作时间的增加,失效率迅速降低,失效率属于递减型——DFR 型。这一阶段产品失效的原因大多是由于设计、原料和制造过程中的缺陷造成的。这个时期的长短随设备或系统的规模和上述情况的不同而异。为了缩短这一阶段的时间,产品应在投入运行以前进行试运转,以便及早发现、修正和排除缺陷;或通过试验进行筛选,剔除不合格品,以便改善其技术状况。

　　第二段曲线是元件的偶然失效期,也称随机失效期。这一阶段的特点是失效率较低且较稳定,往往可近似看作常数,失效率属于恒定型——CFR 型。产品可靠性指标所描述的也就是这个时期,这一时期是产品的良好使用阶段。人们总是希望延长这一时期,即希望在容许的费用内延长使用寿命。产品的寿命试验、可靠性试验,一般都是在偶然失效期进行的。产品的失效是由多种而又不太严重的偶然因素引起的,通常是产品设计余度不够,造成产品随机失效,研究这一时期的失效原因,对提高产品的可靠性具有重要意义。由于在这一阶段中,产品失效率近似为一个常数,故设 $\lambda(t) = \lambda$(常数)。由可靠度计算公式得 $R(t) = \exp(-\int_0^t \lambda(t)) =$

$e^{-\lambda t}$，这表明元件的可靠度与元件的失效率成指数关系。

第三段曲线是元件的耗损失效期。这一阶段的失效率随时间延长而急速增加，元件的失效率属于递增型——IFR(Increasing Failure Rate)型。到了这一阶段，大部分元件都要开始失效，其失效是由于全局性的原因造成的，说明元件的损伤已经严重，寿命即将终止。当某种硬件的失效率已达到不能允许值时，就应进行更换或维修，这样可延长使用寿命，推迟耗损失效期的到来。

可靠性研究虽涉及上述三种失效类型或三种失效期，但着重研究的是随机失效，因为它发生在设备的正常使用期间。这里必须指出，浴盆曲线的观点反映的是不可修复且较为复杂的设备或系统在投入使用后失效率的变化情况。一般情况下，凡是由于单一的失效机理而引起失效的零件、部件，应归于 DFR 型。只有在稍复杂的设备或系统中，由于零件繁多且对它们的设计、使用材料、制造工艺、工作(应力)条件、使用方法等不同，失效因素各异，才形成包含上述三种失效类型的浴盆曲线。

1.2.6　平均寿命

平均寿命的含义是寿命的数学期望，平均寿命是一个标志产品平均能工作多长时间的特征量。如显像管、电视机、空调、计算机等常用平均寿命作为可靠性指标。

不可修复(指失效后无法修复或不修复而进行替换)产品的平均寿命是指产品失效前的平均工作时间，记为 MTTF(Mean Time To Failure)；可修产品的平均寿命是指相邻两次故障间的平均工作时间，称为平均无故障工作时间或平均故障间隔时间，记为 MTBF(Mean Time Between Failures)。

如果仅考虑首次失效前的一段工作时间，那么二者就没有什么区别了，所以我们将二者统称为平均寿命，记为 θ。若产品总体的失效密度函数 $f(t)$ 已知，由概率论中数学期望的定义

$$\theta = \int_0^{+\infty} t f(t)\,\mathrm{d}t \tag{1.19}$$

进一步推导，得

$$\theta = \int_0^{+\infty} t f(t)\,\mathrm{d}t = \int_0^{+\infty} t\,\mathrm{d}F(t) = -\int_0^{+\infty} t\,\mathrm{d}R(t) =$$
$$\left[-tR(t) \right]_0^{+\infty} + \int_0^{+\infty} R(t)\,\mathrm{d}t = \int_0^{+\infty} R(t)\,\mathrm{d}t \tag{1.20}$$

由此可见，在一般情况下，将可靠度函数在 $[0, +\infty)$ 区间上进行积分，便可得到产品总体的平均寿命。

当 $\lambda(t) = \lambda = \mathrm{const}$ 时，式(1.16)给出了 $R(t) = e^{-\lambda t}$，将它代入式(1.18)，得

$$\theta = \int_0^{+\infty} R(t)\,\mathrm{d}t = \int_0^{+\infty} e^{-\lambda t}\,\mathrm{d}t = \frac{-1}{\lambda} \int_0^{+\infty} e^{-\lambda t}\,\mathrm{d}(-\lambda t) = -\frac{1}{\lambda} \left[e^{-\lambda t} \right] \Big|_0^{+\infty} = \frac{1}{\lambda}$$

即当可靠度函数 $R(t)$ 为指数分布时，平均寿命 θ 等于 λ 的倒数。当 $t = \theta = \dfrac{1}{\lambda}$ 时，由式(1.16)知 $R(t) = e^{-1} = 0.3679$，即能够工作到平均寿命的产品仅有 36.79% 左右。就是说，在这种简单指数分布的情况下，约有 63.21% 的产品将在平均寿命前失效，这是它的特征。

在实际中，更常用到的是寿命的估计值。MTTF 的估计值为

$$\widehat{\mathrm{MTTF}} = \frac{1}{n} \sum_{i=1}^{n} t_i \tag{1.21}$$

式中　　n ——测试的产品总数；

　　　　t_i——第 i 个产品失效前的工作时间，单位为 h。

MTBF 的估计值为

$$\hat{\text{MTBF}} = \frac{1}{N} \sum_{i=1}^{n} \sum_{j=1}^{n_i} t_{ij} \tag{1.22}$$

式中　　n —— 测试的产品总数；

　　　　$N = \sum_{i=1}^{n} n_i$ —— 测试产品的所有故障数；

　　　　n_i —— 第 i 个测试产品的故障数；

　　　　t_{ij} —— 第 i 个产品的第 $j-1$ 次故障到第 j 次故障的工作时间，单位为 h。

因此，MTTF 和 MTBF 的估计值可表示为

$$\hat{\theta} = \frac{\text{所有产品总的工作时间}}{\text{总的故障数}} = \frac{1}{N} \sum_{i=1}^{N} t_i \tag{1.23}$$

1.2.7　可靠寿命

可靠度是一个非增函数，在 $t=0$ 时，可靠度为 1，随着时间的增加，可靠度从 1 开始下降。当时间无限增大时，可靠度将趋向于 0。每个给定的时间，都有一个对应于这个时间的可靠度值。反过来，如果给定一个可靠度值 r，也必然对应一个相应的时间 T_r。这个对应于给定可靠度的时间 T_r 称为可靠寿命。由此可得

$$R(T_r) = r \tag{1.24}$$

可靠度 $R=50\%$ 的可靠寿命，称为中位寿命，用 $t_{0.5}$ 表示。当产品工作到中位寿命 $t_{0.5}$ 时，产品将有半数失效，即可靠度与累积失效概率均等于 0.5。

可靠度 $R=\mathrm{e}^{-1}$ 的可靠寿命称为特征寿命，用 $T_{\mathrm{e}^{-1}}$ 表示。

【例 1.4】　若已知某产品的失效率为常数，$\lambda(t) = \lambda = 0.25 \times 10^{-4}\ \mathrm{h}^{-1}$，可靠度函数 $R(t) = \mathrm{e}^{-\lambda t}$，试求可靠度 $R(t) = 99\%$ 的相应可靠寿命 $t_{0.99}$，以及中位寿命 $t_{0.5}$ 和特征寿命 $T_{\mathrm{e}^{-1}}$。

解　因 $R(t) = \mathrm{e}^{-\lambda t}$，故有 $R(t_R) = \mathrm{e}^{-\lambda t_R}$。两边取对数，即

$$\ln R(t_R) = -\lambda t_R$$

得可靠寿命

$$t_R = -\frac{\ln R(t_R)}{\lambda} = -\frac{\ln 0.99}{0.25 \times 10^{-4}} \approx 402\ (\mathrm{h})$$

中位寿命

$$t_{0.5} = -\frac{\ln R(t_{0.5})}{\lambda} = -\frac{\ln 0.5}{0.25 \times 10^{-4}} \approx 27\,725.6\ (\mathrm{h})$$

特征寿命

$$T_{\mathrm{e}^{-1}} = \frac{\ln(\mathrm{e}^{-1})}{\lambda} = -\frac{\ln 0.367\,9}{0.25 \times 10^{-4}} = 40\,000\ (\mathrm{h})$$

有关狭义可靠性工程中常用到的特征量主要有以上一些。我们究竟选择哪种特征量作为产品的可靠性指标，要根据产品的寿命分布情况决定。而在实际中只要知道一个特征量，其他的一些特征量也可以根据相互间的关系计算得到，可靠性特征量关系如图 1.5 所示。

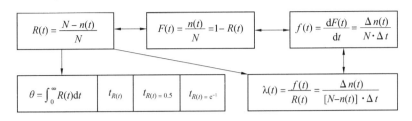

图 1.5　可靠性特征量关系

1.2.8　有效度(可用度)特征量

综合可靠度与维修度的广义可靠性尺度称为有效度(可用度)。有效度(可用度)是指可维修的产品在规定条件下使用时,在某时刻具有或维持其功能的概率。

有效度常被用于军用设备(如微波电台、发电机组)的评价,其综合了设备正常使用和正常维修而维持的使用率。

有效度函数 $A(t)$ 又可分为 3 种情况。

(1)瞬时有效度(Instantaneous Availability):在某一特定瞬时,可能维修的产品保持正常工作使用状态或功能的概率。

(2)平均有效度(Mean Availability):在某一时间段内瞬时有效度的平均值。

(2)稳态有效度(Steady Availability):时间 t 趋于无穷大时瞬时有效度的极值。

1.3　概率的基本概念及基本运算

1.3.1　随机事件的概念

在科学试验和生产过程中,经常会发生一类不确定性现象,虽然它们是在相同条件下发生,但每次试验或观察结果具有不确定性,可能出现多种结果,而在大量重复试验下,其结果存在一定规律性。这种结果具有不确定性而大量试验结果又具有规律性的现象,称为随机现象,也称为随机事件。

例如投掷一枚硬币到地上,其正面或反面都可能向上,但经多次重复试验,发现两种情况的可能各占一半;投掷一颗骰子,其 6 个面中的之一都有可能出现,而多次投掷,每面出现的概率相差不多。

1.3.2　随机事件的概率

概率是刻画事件发生可能性大小的数量指标,其反映了经过大量试验所得到的随机事件发生的频率的大小。假定在相同条件下进行 n 次重复试验,事件 A 发生了 k 次,则事件 A 发生的频率为

$$f_A = \frac{k}{n}$$

当试验次数 n 趋于无穷时,其频率的极限定义为事件 A 发生的概率,记为 $P(A)$,即

$$P(A) = \lim_{n \to \infty} f_A = \lim_{n \to \infty} \frac{k}{n} \tag{1.25}$$

一般而言,当试验次数 n 充分大时,用近似公式

$$P(A) \approx \frac{k}{n} \tag{1.26}$$

显然有

$$0 \leqslant P(A) \leqslant 1$$

在随机试验中,每个可能出现的结果都是一个随机事件,其中包括了若干基本事件,此处把最基本独立的、不能再分的随机事件称为该随机试验的基本事件。例如掷投骰子时,"出现偶数点"的事件是由"出现 2 点""出现 4 点"和"出现 6 点"这 3 个基本事件组成的,当这 3 个基本事件中有一个发生时,"出现偶数点"这一事件便发生。

在如上述随机试验中,其全体基本事件是有限个,且每个基本事件的概率都是相等的,则称此随机试验为古典概率。在古典概率中,若基本事件总数为 n,一个事件 A 包含 k 个基本事件,则事件 A 的概率规定为

$$P(A) = \frac{\text{事件 } A \text{ 包含的基本事件数}}{\text{基本事件总数}} = \frac{k}{n} \tag{1.27}$$

【例 1.5】 有 50 个球,其中红球 5 个,黄球 45 个,从中任取 5 个球,问:

(1)全是黄球的概率是多少?

(2)恰有一个红球的概率是多少?

解 (1)在 50 个球中任取 5 个,共有 C_{50}^5 种不同结果,即基本事件总数 $n = \mathrm{C}_{50}^5$;事件 A 是全部取黄球,其包含的基本事件数 $k_1 = \mathrm{C}_{45}^5$。由式(1.27)得事件 A 的概率为

$$P(A) = \frac{k_1}{n} = \frac{\mathrm{C}_{45}^5}{\mathrm{C}_{50}^5} = 0.577$$

(2)基本事件数仍为 C_{50}^5,而事件 B 包含的基本事件数 $k_2 = \mathrm{C}_5^1 \mathrm{C}_{45}^4$,则事件 B 发生的概率为

$$P(B) = \frac{k_2}{n} = \frac{\mathrm{C}_5^1 \mathrm{C}_{45}^4}{\mathrm{C}_{50}^5} = 0.352$$

1.3.3 概率运算的基本公式

1. 概率的加法

设 A 与 B 是任意两个独立事件,若两个事件 A 与 B 至少有一个发生,称为事件 A 与 B 的和,记为 $A+B$ 或 $A \cup B$,则事件和的概率,记为 $P(A \cup B)$,等于各自发生的概率之和,即

$$P(A+B) = P(A \cup B) = P(A) + P(B) \tag{1.28}$$

若 A 与 B 是两个相容的事件,即存在相同部分,如图 1.6(a)所示,则有

$$P(A+B) = P(A \cup B) = P(A) + P(B) - P(AB) \tag{1.29}$$

式中 $P(AB)$——事件 A 与 B 同时发生的概率,或记为 $P(A \cup B)$。

如有多个事件,则式(1.29)可以推广为

$$P(A_1 \cup A_2 \cup \cdots \cup A_n) = \sum_{i=1}^{n} P(A_i) - \sum_{1 \leqslant i < j \leqslant n} P(A_i A_j) +$$

$$\sum_{1 \leqslant i < j < k \leqslant n} P(A_i A_j A_k) - \cdots + (-1)^{n-1} P(A_1 A_2 \cdots A_n) \tag{1.30}$$

例如

$$P(A+B+C) = P(A)+P(B)+P(C)-P(AB)-$$
$$P(AC)-P(BC)+P(ABC) \tag{1.31}$$

在工程可靠性计算中,概率 $P(A_i)$ 通常数量很小,数量级一般约为 10^{-3} 或更小,则两个这样相容事件同时发生的概率相乘后就更小,因此可略去乘积项不计。

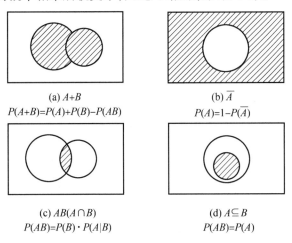

(a) A+B
$P(A+B)=P(A)+P(B)-P(AB)$

(b) $\overline{A}$
$P(A)=1-P(\overline{A})$

(c) $AB(A \cap B)$
$P(AB)=P(B) \cdot P(A|B)$

(d) $A \subseteq B$
$P(AB)=P(A)$

图 1.6　常用概率运算示意图

另外,若 $\overline{A}$ 是 A 的对立事件,如图 1.6(b)所示,则有

$$P(A) = 1-P(\overline{A}) \tag{1.32}$$

此处 $\overline{A}$ 称为 A 的补事件。此式在某些概率计算中常用到,如直接求 $P(A)$ 比较困难时,也可先求 $P(\overline{A})$,再用式(1.32)求 $P(A)$。可靠度 $R(t)$ 的计算公式

$$R(t) = 1-F(t)$$

中 $F(t)$ 也称为 $R(t)$ 的补事件,如已知产品的故障发生概率,则可方便地导出可靠性。

【例 1.6】　有 100 个零件,其中正品为 96 个,次品为 4 个,现从中任取 5 个,求取到次品的概率。

解　取到次品和全取到正品是互补事件,可先计算全取到正品的事件 $\overline{A}$ 的概率,则

$$P(\overline{A}) = \frac{C_{96}^5}{C_{100}^5} = 0.81$$

由式(1.32)可知

$$P(A) = 1-P(\overline{A}) = 0.19$$

2. 条件概率

通常会遇到一类问题,事件 A 的发生不仅与其自身条件有关,还须在另一事件 B 发生的前提条件下,则事件 A 的发生概率是在事件 B 发生概率的前提下的条件概率,记为 $P(A|B)$。

例如有 100 个零件,其中一级品有 70 个,二级品有 25 个,次品有 5 个。规定一、二级品都为合格品,现从合格品中任取一个,求这个零件是一级品的概率。

可设 $A=$ 任取一个是一级品,$B=$ 任取一个是合格品,则取样是合格品的概率为 $P(B)=(70+25)/100=0.95$;如若求从全部零件中任取一个是一级品的概率,那么 $P(A)=70/100=0.7$,但现前提条件是从合格品中任取一个,求其是一级品的概率,则所求一级品的概率是在

合格品条件下的概率,此时基本事件总数不再是全体,而是合格品数,则

$$P(A|B) = 70/95 \approx 0.736\ 8$$

如图 1.6(d)所示,事件 B 包含事件 A,可写成 $A \subseteq B$,事件 B 发生条件下的事件 A 发生的概率记为 $P(A|B)$,有

$$P(A|B) = \frac{P(AB)}{P(B)} \tag{1.33}$$

式中　$P(AB)$——事件 A、B 同时发生的概率。

在图 1.6(d)中有 $P(AB) = P(A)$。

3. 概率的乘法

设 A 与 B 是任意两个独立事件,其发生概率分别为 $P(A)$、$P(B)$,则两事件同时发生的概率 $P(AB)$ 为

$$P(AB) = P(A \cap B) = P(A) \cdot P(B) \tag{1.34}$$

即相互独立的事件同时发生的概率是这些事件各自发生的概率的积。推广到多个相互独立的事件,有

$$P(A_1 A_2 \cdots A_n) = P(A_1)P(A_2) \cdots P(A_n) \tag{1.35}$$

但如果事件 A 与 B 不是相互独立的,而是上面所讲的条件概率,则它们同时出现的概率为

$$P(AB) = P(B)P(A|B) \tag{1.36}$$

即相关联的两个事件 A 与 B 同时发生的概率为:先求得事件 B 独立发生的概率,再求把事件 B 作为全体基本事件情况下 A 发生的概率,将两个概率值相乘。

【例 1.7】 某设备由各自独立的装置 1 和装置 2 组成,此两个装置各自失效的概率分别为 $P(A_1) = 0.02$,$P(A_2) = 0.01$,试分别计算以下两种情况时设备不发生失效的概率。

(1)两装置必须同时工作才能保证设备正常运转;

(2)两装置之一能正常工作就能保证设备正常运转。

解　令 A_1 为装置 1 失效,$\overline{A_1}$ 为装置 1 正常;A_2 为装置 2 失效;$\overline{A_2}$ 为装置 2 正常。则有

(1)两装置同时工作的概率为

$$P(\overline{A_1 A_2}) = P(\overline{A_1})P(\overline{A_2}) = (1 - P_{A_1})(1 - P_{A_2}) = (1 - 0.02)(1 - 0.01) = 0.970\ 2$$

则设备不发生失效的概率为 0.970 2。

(2)两装置同时失效的概率为 $P(A_1 A_2)$,除此之外设备就能正常运转,则有

$$1 - P(A_1 A_2) = 1 - P(A_1) \cdot P(A_2) = 1 - 0.02 \times 0.01 = 0.999\ 8$$

则设备不发生失效的概率为 0.999 8。

4. 全概率公式

设随机事件 $A_1, A_2, \cdots, A_n$ 是样本空间 S 的一个划分,即①$A_1, A_2, \cdots, A_n$ 两两互不相容;②$\bigcup_{k=1}^{n} A_k = S$;③$P(A_k) > 0 (k = 1, 2, \cdots, n)$,则有

$$P(B) = \sum_{k=1}^{n} P(A_k)P(B|A_k) \tag{1.37}$$

在具体应用中,如果一个事件的发生是受几种因素共同影响的,并且这几种因素构成了完备事件组,则可使用全概率公式计算该事件的概率。这样可把复杂的问题进行分解、简化,只

要知道各种因素 A_k 的概率和各种因素发生条件下事件 B 发生的概率,根据式(1.37)即可计算出事件 B 的概率。

【例 1.8】 设有一批零件是由甲、乙两个工人加工的,工人甲加工了全部的 2/3,工人乙加工了其余 1/3,甲的次品率是 3%,乙的次品率是 5%,如从此批零件中任取一零件,可能抽到次品的概率是多少?

解 令事件 B 为抽到次品;因素 A_1、A_2 为抽到甲、乙的零件。

据式(1.37),现已知每人加工的概率 $P(A_k)$,又知每人的次品率 $P(B|A_k)$,则有

$$P(B) = P(A_1)P(B|A_1) + P(A_2)P(B|A_2) =$$
$$\frac{2}{3} \times \frac{3}{100} + \frac{1}{3} \times \frac{5}{100} \approx 0.02 + 0.017 = 0.037$$

5. 贝叶斯(Bayes)公式(逆概率公式)

设随机事件 $A_1, A_2, \cdots, A_n$ 是样本空间 S 的一个划分,即 ①$A_1, A_2, \cdots, A_n$ 两两互不相容;② $\bigcup_{k=1}^{n} A_k = S$;③$P(A_k) > 0(k = 1, 2, \cdots, n)$,则有

$$P(A_k \mid B) = \frac{P(A_kB)}{P(B)} = \frac{P(A_k)P(B \mid A_k)}{\sum_{j=1}^{n} P(A_j)P(B \mid A_j)} \quad (k = 1, 2, \cdots, n) \tag{1.38}$$

式(1.38)给出了先验概率 $P(A_k)$(反映可引发事件 B 的各个影响因素发生的可能性的大小)和后验概率 $P(A_k|B)$(事件 B 发生时,相关某一影响因素发生的概率)的关系,后验概率是当事件 B 发生后,对影响其发生的某因素的可能性大小的重新判断。后验概率可通过先验概率求得,先验概率来自大量试验或经验数据的统计。

【例 1.9】 某铸造厂的统计结果表明,当机器得到正确调整时,铸件的合格率为 90%;而当机器发生故障时,铸件的合格率便降到 30%。此外,每天早晨机器开动时,它的正确调整率是 75%。问当某日早晨做出来的第一件铸件是合格品时,机器正确调整的概率是多少?

解 设　影响因素 A_1 为机器得到正确调整;

　　　　影响因素 A_2 为机器未得到正确调整;

　　　　影响因素 B 为做出的第一件铸件是合格品。

以上 $A_1 + A_2$ 为样本空间 S,且 A_1 和 A_2 互不相容,它们是 S 的一种划分。

按已知有

$$P(A_1) = 0.75 > 0$$
$$P(A_2) = 1 - P(A_1) = 0.25 > 0$$
$$P(B|A_1) = 0.90$$
$$P(B|A_2) = 0.30$$

可由贝叶斯公式(1.38)求 $P(A_1|B)$

$$P(A_1|B) = \frac{P(B|A_1)P(A_1)}{P(B|A_1)P(A_1) + P(B|A_2)P(A_2)} = \frac{0.90 \times 0.75}{0.90 \times 0.75 + 0.30 \times 0.25} = 0.90$$

即是说,当某日做出来的第一件铸件是合格品时,则该日机器得到正确调整的概率是 0.90,而不是原来的 0.75。根据实际信息重新修正的概率即为后验概率。

将以上所介绍的主要概率公式汇总见表 1.4。

表 1.4　运行时间及失效数

公式名称	公式前提条件	概率计算公式
加法公式	A,B 是两个任意事件	$P(A + B) = P(A) + P(B) - P(AB)$
	A,B 是两个互不相容事件	$P(A + B) = P(A) + P(B)$
	$\overline{A}$ 是 A 的对立事件	$P(A) = 1 - P(\overline{A})$
	$A_1, A_2, \cdots, A_n$ 互不相容	$P(A_1 + A_2 + \cdots + A_n) = \sum_{i=1}^{n} P(A_i)$
条件概率公式	A,B 是两个任意事件,且 $P(B) > 0$	$P(A \mid B) = \dfrac{P(AB)}{P(B)}$
乘法公式	A,B 是两个任意事件,且 $P(B) > 0$	$P(AB) = P(B)P(A \mid B)$
	A,B 是相互独立的事件	$P(AB) = P(A) \cdot P(B)$
	$A_1, A_2, \cdots, A_n$ 相互独立	$P(A_1 A_2 \cdots A_n) = P(A_1)P(A_2) \cdots P(A_n)$
全概率公式	$A_1, A_2, \cdots, A_n$ 构成完备事件组,B 是任意事件	$P(B) = \sum_{k=1}^{n} P(A_k)P(B \mid A_k)$
逆概率公式 (贝叶斯公式)	$A_1, A_2, \cdots, A_n$ 构成完备事件组,B 是任意事件	$P(A_k \mid B) = \dfrac{P(A_k B)}{P(B)} = \dfrac{P(A_k)P(B \mid A_k)}{\sum_{j=1}^{n} P(A_j)P(B \mid A_j)}$

习题一

1-1　可靠性的定义和要点是什么?

1-2　简述可靠性技术研究的重要性。

1-3　可靠性特征量有哪些?对机械、电子类产品常用哪些可靠性指标?

1-4　将某规格的轴承 50 个投入恒定载荷下运行,其失效时的运行时间及失效数见表 1.5,求该规格轴承工作到 150 h 和 250 h 时的可靠度 $R(150)$ 和 $R(250)$。

表 1.5　运行时间及失效数

运行时间/h	10	25	50	100	150	250	350	400	500	600	700	1 000
失效数/个	4	2	3	7	5	3	2	2	0	0	0	0

1-5　某零件工作到 50 h 时,还有 100 个仍在工作,工作到 51 h 时,失效了 1 个,在第 52 h 内失效了 3 个,试求这批零件工作满 50 h 和 51 h 时的失效率 $\overline{\lambda}(50)$,$\overline{\lambda}(51)$。

1-6　已知某产品的失效率为常数,$\lambda(t) = \lambda = 0.30 \times 10^{-4} \text{h}^{-1}$,可靠度函数 $R(t) = \mathrm{e}^{-\lambda t}$。试求可靠度 $R = 99.9\%$ 的相应可靠寿命 $t_{0.999}$,以及中位寿命 $t_{0.5}$ 和特征寿命 $T_{\mathrm{e}^{-1}}$。

第2章　可靠性问题中常用的分布函数

2.1　二项分布

二项分布又称为伯努利(Bernoulli)分布。以 X 表示在 n 次独立试验中事件 A 发生的次数,则 X 是一个随机变量,它的可能取值是 $0,1,2,\cdots,k,\cdots,n$(共 $n+1$ 种),这时 X 所服从的概率分布称为二项分布。其定义如下所述。

若 X 随机变量的分布列为

$$P\{X=k\}=C_n^k p^k (1-p)^{n-k} \quad k=0,1,2,\cdots,n \tag{2.1}$$

式中,$0<p<1,p+q=1$,则称 X 服从于二项分布,记为 $X \sim B(n,p)$ 或 $X \sim B(n,k,p)$。

$$P\{X=k\} \geqslant 0 \quad k=0,1,2,\cdots,n$$

$$\sum_{k=0}^{n} P\{X=k\} = \sum_{k=0}^{n} \left[C_n^k p^k (1-p)^{n-k} \right] = (q+p)^n = 1 \tag{2.2}$$

二项分布的数字特征

$$E(X) = np \tag{2.3}$$

$$D(X) = np(1-p) \tag{2.4}$$

二项分布具有可加性,具体表现如下:设 $X_1,X_2,\cdots,X_n$ 是服从二项分布相互独立的随机变量,即 $X_i \sim B(n,p)(i=0,1,2,\cdots,n)$,令 $Z = \sum_{i=1}^{n} X_i$,则有 $Z \sim B(\sum_{i=1}^{n} n_i, p)$。

2.2　泊松分布

$B(n,p)$ 随着 n 增大而趋于对称这一现象,使我们联想到 n 的增大可能引起二项分布趋于某种极限分布,且在不同的条件下会得到不同的极限结果,泊松定理说明了二项定理是泊松定理逼近的。

泊松定理　设随机变量 X 服从二项分布,其分布列是

$$P\{X=k\}=C_n^k p_n^k (1-p_n)^{n-k} \quad k=0,1,2,\cdots,n$$

式中,概率 p_n 是与 n 有关的数。又设 $np_n = \mu > 0$ 且是常数,$n=0,1,2,\cdots$,则有

$$\lim_{n\to\infty} P\{X=k\} = \lim_{n\to\infty} C_n^k p_n^k (1-p_n)^{n-k} = \frac{\mu^k e^{-\mu}}{k!} \quad k=0,1,2,\cdots,n \tag{2.5}$$

显然,定理的条件 $np_n = \mu > 0$ 且是常数,意味着当 n 很大时,p_n 必定很小。据此,泊松定理表明,当 n 很大且 p 很小时

$$C_n^k p_n^k (1-p_n)^{n-k} \approx \frac{\mu^k e^{-\mu}}{k!} \tag{2.6}$$

式中　$\mu = np_n$——随机变量 x 的均值;

e≈2.718 28——自然对数的底。

由此可见,泊松分布的各项(式(2.6)等号右端所示)直接对应于二项分布当 n 为无穷大时的相应各项(式(2.6)等号左端所示),其差别仅在于二项分布的项数是有限的,n 为一正整数,而泊松分布则是二项分布在 n 为无穷大且 p 很小时的极限,因而它有无穷多项,即泊松分布为

$$e^{-\mu}+\frac{\mu e^{-\mu}}{1!}+\frac{\mu^2 e^{-\mu}}{2!}+\cdots+\frac{\mu^k e^{-\mu}}{k!}+\cdots=1 \tag{2.7}$$

二项分布为

$$q^n+\frac{npq^{n-1}}{1!}+\frac{n(n-1)p^2q^{n-2}}{2!}+\cdots+\frac{n(n-1)\cdots(n-k+1)p^kq^{n-k}}{k!}+\cdots=(q+p)^n=1 \tag{2.8}$$

在实际计算中,用二项分布来计算是很繁琐的,而采用泊松分布公式中的 $\frac{\mu^k e^{-\mu}}{k!}$ (当 $\mu=np_n$ 时)作为二项分布 $C_n^k p_n^k (1-p_n)^{n-k}$ 的近似值,则计算明显是很方便的。

泊松分布的数字特征为

$$E(X)=np=\mu \tag{2.9}$$
$$D(X)=np=\mu \tag{2.10}$$

泊松分布可认为是二项分布的一部分,从而是只采取正整数的离散型分布。在可靠性问题中以很低的次品率或很少出故障的情况为对象。

【例 2.1】　某汽车装着一个失效概率 $p=0.1\times10^{-4}$/km 的零件,今有 2 个该零件的备件,若想让这台汽车行驶 50 000 km,问其成功的概率是多少?

解　因 $p=0.1\times10^{-4}$/km 很小,而 $n=50\ 000$ km 又很大,故可采用泊松分布,$np=\mu=0.1\times10^{-4}$/km×50 000 km=0.5。将 μ 代入式(2.7)至第三项(即至第二个备件失效的概率),得汽车行驶到 50 000 km 的成功概率为

$$P\{X=k\leqslant2\}=e^{-\mu}\left(1+\mu+\frac{\mu^2}{2!}\right)=e^{-0.5}\left[1+0.5+\frac{(0.5)^2}{2!}\right]\approx0.985\ 6$$

故这台汽车行驶 50 000 km 成功的概率为 98.56%。

2.3　指数分布

指数分布是可靠性工程中最常用的分布,其特点是失效率 λ 是常数,这意味着可靠性是时间的函数,但不是元件寿命的函数。元件没有老化,失效仅仅是因为随机冲击造成的,如超过强度的瞬时应力。

1. 指数分布的定义

若 X 是一个非负的随机变量,且有密度函数为

$$f(x)=\begin{cases}\lambda e^{-\lambda t} & x\geqslant0,\lambda>0 \\ 0 & x<0\end{cases} \tag{2.11}$$

则称 X 服从参数为 λ 的指数分布,记为 $e(\lambda)$,式中 λ 为常数,是指数分布的失效率。

2. 指数分布的分布函数

$$F(x)=P\{X\leqslant x\}=\int_0^x f(x)\mathrm{d}x=\int_0^x \lambda e^{-\lambda x}\mathrm{d}x=1-e^{-\lambda x}\quad x\geqslant0,\lambda>0 \tag{2.12}$$

指数分布的密度函数和分布函数的图形如图 2.1 和图 2.2 所示。

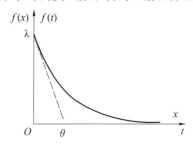 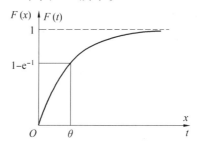

图 2.1　指数分布的密度函数曲线　　　图 2.2　指数分布的分布函数曲线

若令 $\theta = \dfrac{1}{\lambda}$，则指数分布的密度函数还可以表示为

$$f(t) = \begin{cases} \dfrac{1}{\theta} e^{t/\theta} & t \geq 0, \theta > 0 \\ 0 & t < 0 \end{cases} \tag{2.13}$$

式中　θ——常数，表示指数分布的平均寿命；

　　　t——失效时间随机变量。

指数分布的分布函数还可以表达为

$$F(t) = \begin{cases} 1 - e^{(-t/\theta)} & t \geq 0, \theta > 0 \\ 0 & t < 0 \end{cases} \tag{2.14}$$

3. 指数分布的数字特征

$$E(x) = \frac{1}{\lambda} \quad 或 \quad E(t) = \theta \tag{2.15}$$

$$D(x) = \frac{1}{\lambda^2} \quad 或 \quad D(t) = \theta^2 \tag{2.16}$$

指数分布的可靠度函数为

$$R(t) = e^{t/\theta} = e^{-\lambda t} \tag{2.17}$$

指数分布的失效率为

$$\lambda(t) = \frac{f(t)}{1 - F(t)} = \frac{\dfrac{1}{\theta} e^{-t/\theta}}{e^{-t/\theta}} = \frac{1}{\theta} = \lambda \tag{2.18}$$

指数分布的平均寿命（MTTF，MBTF）为

$$\theta = \frac{1}{\lambda} \tag{2.19}$$

4. 指数分布的无记忆性

指数分布有个很重要的性质，即无记忆性。它的含义就是，如果某产品的寿命服从指数分布，那么在它经过一段时间 t_0 的工作后如果仍然正常，则它仍然和新的一样，在 t_0 以后的剩余寿命仍然服从原来的指数分布。无记忆性有时又称为"无后效性"，即在发生前一个故障和发生下一个故障之间，没有任何联系，即发生的是无后效事件，它们是随机事件，可用指数分布描述。

如果用条件概率表示，则上述意义可表达为

$$P(\{T > t_0 + t\} \mid \{T > t_0\}) = P(T > t) \tag{2.20}$$

式中,T 表示某产品的寿命,是一个随机变量,事件($T>t_0$)表示该产品已工作了 t_0 时间。上式左边是一个条件概率,表示在已经工作了 t_0 时间的条件下产品寿命 $T>t_0+t$ 的概率和表达与上式等号右边的产品寿命 $T>t$ 的概率是相等的。如果式(2.20)成立,则表示具有"无记忆性"或缺乏"记忆性"。下面将证明,如果 T 的分布是指数分布,则式(2.20)一定成立。

根据条件概率公式,有

$$P(\{T>t_0+t\} \mid \{T>t_0\}) = \frac{P(\{T>t_0+t\} \cap \{T>t_0\})}{P(T>t_0)} = \frac{P(T>t_0+t)}{P(T>t_0)} \tag{2.21}$$

由式(2.12)及式(2.17)知

$$\left.\begin{array}{l} P(T>t_0+t) = e^{-\lambda(t_0+t)} \\ P(T>t) = e^{-\lambda t_0} \end{array}\right\} \tag{2.22}$$

代入式(2.20),得

$$P(\{T>t_0+t\} \mid \{T>t_0\}) = \frac{e^{-\lambda(t_0+t)}}{e^{-\lambda t_0}} = e^{-\lambda t} \tag{2.23}$$

将 $P(T>t) = e^{-\lambda t}$ 代入后则得到式(2.20),因此,式(2.20)成立。这表明当产品的寿命服从指数分布时,如果已经知道它工作了 t_0 时间,则它再工作 t 时间的概率与已工作过的时间 t_0 的长短无关,而像一个新产品开始工作那样。

2.4　正态分布

在概率论和数理统计中正态分布是最基本最重要的分布。在可靠性工程中,一些材料强度、磨损寿命、疲劳失效、同一批电子器件的某个参数的波动等,通常可近似看作正态分布。

若随机变量 X 的概率密度函数为

$$f(x) = \frac{1}{\sigma\sqrt{2\pi}} \exp\left[-\frac{1}{2}\left(\frac{x-\mu}{\sigma}\right)^2\right] \quad -\infty < x < +\infty \tag{2.24}$$

式中,σ 与 μ 为两个参数,$\sigma > 0$,为母体标准差;μ 为母体中心倾向(集中趋势)尺度,它可以是均值、众数或中位数,若 $-\infty < \mu < +\infty$,则称 X 服从参数为 μ 与 σ^2 的正态分布,并记为 $X \sim N(\mu, \sigma^2)$。图2.3 给出了正态分布的概率密度函数曲线(高斯曲线)。

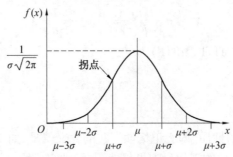

图 2.3　正态分布的概率密度函数曲线

正态分布概率密度函数有下列性质:

(1)曲线 $y = f(x)$ 对于轴线 $x = \mu$ 为对称(图2.3);

(2)当 $x = \mu$ 时,$f(x)$ 有最大值 $\dfrac{1}{\sigma\sqrt{2\pi}}$;

（3）当 $x \to \pm\infty$ 时，$f(x) \to 0$；

（4）曲线 $y = f(x)$ 在 $x = \mu \pm \sigma$ 处有拐点；

（5）曲线 $y = f(x)$ 以 x 轴为渐近线，且 $f(x)$ 应满足 $\int_{-\infty}^{+\infty} f(x)\mathrm{d}x = 1$；

（6）当给定 σ 值而改变 μ 值时，曲线 $y = f(x)$ 仅沿 x 轴平移，但图形不变；

（7）当给定 μ 值而改变 σ 值时，图形的对称轴不变，但图形本身改变。由于标准差 σ 的变动，引起 $f(x)$ 的最大值 $\dfrac{1}{\sigma\sqrt{2\pi}}$ 和拐点位置（$\mu \pm \sigma$）的改变，而仍保留 $\int_{-\infty}^{+\infty} f(x)\mathrm{d}x = 1$ 的性质，σ 越小时图形越高而"瘦"；σ 越大时图形越矮而"胖"，即整个分布的位置不变，只改变其分散程度。

（8）正态分布具有可加性。一般地说，若随机变量 $X_1, X_2, \cdots, X_n$ 相互独立，且都服从正态分布，即 $X_i \sim N(\mu_i, \sigma_i^2)$，$i = 0, 1, 2, \cdots, n$，则它们的线性组合也是正态随机变量，即

$$\sum_{i=1}^{n} c_i X_i \sim N\left(\sum_{i=1}^{n} c_i \mu_i, \sum_{i=1}^{n} c_i \sigma_i^2 \right)$$

其中，$c_1, c_2, \cdots, c_n$ 为常数。

正态分布的分布函数或失效概率为

$$F(x) = P\{X \leqslant x\} = \int_{-\infty}^{x} \frac{1}{\sigma\sqrt{2\pi}} \exp\left[-\frac{1}{2}\left(\frac{x-\mu}{\sigma} \right)^2 \right] \mathrm{d}x \tag{2.25}$$

由上述定义可得：

分布函数

$$F(t) = \Phi\left(\frac{t-\mu}{\sigma} \right) \tag{2.26}$$

可靠度

$$R(t) = 1 - F(t) = \int_{t}^{+\infty} \frac{1}{\sigma\sqrt{2\pi}} \exp\left[-\frac{1}{2}\left(\frac{t-\mu}{\sigma} \right)^2 \right] \mathrm{d}t = 1 - \Phi\left(\frac{t-\mu}{\sigma} \right) \tag{2.27}$$

密度函数

$$f(t) = \frac{1}{\sigma}\varphi\left(\frac{t-\mu}{\sigma} \right) \tag{2.28}$$

失效率

$$\lambda(t) = f(t)/R(t) = \frac{1}{\sigma}\varphi\left(\frac{t-\mu}{\sigma} \right) \Big/ \left[1 - \varphi\left(\frac{t-\mu}{\sigma} \right) \right] \tag{2.29}$$

平均寿命

$$\bar{t} = \mu \tag{2.30}$$

寿命方差

$$\sigma_t^2 = \sigma^2 \tag{2.31}$$

可靠寿命

$$t_R = \mu + \sigma\Phi^{-1}(1-R) \tag{2.32}$$

2.4.1　标准正态分布

由于 $F(x)$ 不能积分成初等函数形式，因此实际工作是通过查表求得其数值解，这就需要

将其化为标准形式。当正态分布 $N(\mu,\sigma^2)$ 中参数 $\mu=0$, $\sigma=1$ 时,称该正态分布为标准正态分布,记为 $N(0,1)$ 。令随机变量 Z 为

$$Z=\left(\frac{X-\mu}{\sigma}\right) \tag{2.33}$$

则 Z 的概率密度函数为

$$\varphi(z)=\frac{1}{\sqrt{2\pi}}\exp\left(-\frac{z^2}{2}\right) \quad (-\infty<z<+\infty) \tag{2.34}$$

而它的分布函数为

$$\Phi(z)=\frac{1}{\sqrt{2\pi}}\int_{-\infty}^{z}\exp\left(-\frac{z^2}{2}\right)\mathrm{d}z \quad (-\infty<z<+\infty) \tag{2.35}$$

$\varphi(z)$, $\Phi(z)$ 的值可以从数学手册的正态分布密度函数值表和正态分布数值表中查得。

【例 2.2】 已知 $X\sim N(\mu,\sigma^2)$,求 $P\{\mu-\sigma\leqslant X\leqslant\mu+\sigma\}$; $P\{\mu-2\sigma\leqslant X\leqslant\mu+2\sigma\}$; $P\{\mu-3\sigma\leqslant X\leqslant\mu+3\sigma\}$ 的值。

解
$$P\{\mu-\sigma\leqslant X\leqslant\mu+\sigma\}=\Phi\left(\frac{\mu+\sigma-\mu}{\sigma}\right)-\Phi\left(\frac{\mu-\sigma-\mu}{\sigma}\right)=$$
$$\Phi(1)-\Phi(-1)=0.841\ 3-0.158\ 7=0.682\ 6$$

$$P\{\mu-2\sigma\leqslant X\leqslant\mu+2\sigma\}=\Phi\left(\frac{\mu+2\sigma-\mu}{\sigma}\right)-\Phi\left(\frac{\mu-2\sigma-\mu}{\sigma}\right)=$$
$$\Phi(2)-\Phi(-2)=0.977\ 2-0.022\ 8=0.954\ 4$$

$$P\{\mu-3\sigma\leqslant X\leqslant\mu+3\sigma\}=\Phi\left(\frac{\mu+3\sigma-\mu}{\sigma}\right)-\Phi\left(\frac{\mu-3\sigma-\mu}{\sigma}\right)=$$
$$\Phi(3)-\Phi(-3)=0.998\ 7-0.001\ 3=0.997\ 4$$

图 2.4 标出了上述计算结果,由该图及正态分布概率密度函数曲线的性质可知,服从正态分布 $N(\mu,\sigma^2)$ 的随机变量只有 0.26% 可能落在 $(\mu-3\sigma,\mu+3\sigma)$ 区间之外。这一结论在统计推断中很重要。通常把正态分布的这种概率法则称为"3σ 原则"或"3 倍标准差原则"。

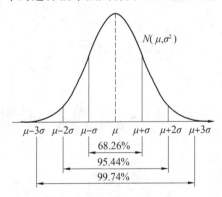

图 2.4　正态分布数值特征

根据正态分布概率密度函数曲线的性质,显然有

$$\left.\begin{array}{l}\Phi(+\infty)=1\\\Phi(-\infty)=0\\\Phi(-x)=1-\Phi(x)\end{array}\right\} \tag{2.36}$$

【例 2.3】 设某型号继电器寿命服从正态分布 $N(\mu,\sigma^2)$,其中 $\mu=4\times10^6$ 次, $\sigma=10^6$ 次。

试求其工作至 $5×10^6$ 次时的可靠度、失效率及可靠寿命 $t_{0.9}$。

解
$$R(5×10^6 \text{ 次}) = 1-\Phi\left(\frac{5×10^6-4×10^6}{10^6}\right) = 1-\Phi(1)$$

查表得 $\Phi(1) = 0.841\ 3$，所以 $R(5×10^6 \text{ 次}) = 15.87\%$；

$$\lambda(5×10^6 \text{ 次}) = \frac{1}{10^6}\varphi(1)/[1-\varphi(1)]$$

查表得 $\varphi(1) = 0.242$，所以 $\lambda(5×10^6 \text{ 次}) = 1.525×10^{-6}$次；

$$t_{0.9} = 4×10^6+10^6×\Phi^{-1}(1-0.9)$$

查表得 $\Phi^{-1}(0.1) = -1.281\ 7$，所以 $t_{0.9} = 2.718\ 3×10^6$ 次。

2.4.2　截尾正态分布

在许多情况下，随机试验得到的数据常常不能取负值，如寿命、强度、应力等，这就意味着必须把正态分布曲线中在纵坐标左侧的部分"截去"，形成截尾正态分布，如图 2.5 所示。

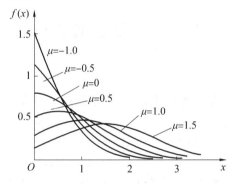

图 2.5　截尾正态分布的概率密度函数曲线（$\sigma=1$）

根据定义，概率密度曲线下的面积必须等于 1，所以截尾正态分布的概率密度曲线要比原正态分布曲线的概率密度曲线在自变量大于零部分略大一些，因此正态分布概率密度除以一个小于 1 的常数 K 便得到截尾正态分布概率密度，即截尾正态分布概率密度为

$$f(x) = \frac{1}{K\sqrt{2\pi}\sigma}\exp\left[-\frac{1}{2}\left(\frac{x-\mu}{\sigma}\right)^2\right] \quad 0\leqslant x<+\infty \tag{2.37}$$

常数 $K>0$，称为"正规化常数"，它保证式

$$\int_0^{+\infty} f(x)\,\mathrm{d}x = 1 \tag{2.38}$$

成立。因此，有

$$K = \frac{1}{\sqrt{2\pi}\sigma}\int_0^{+\infty}\exp\left[-\frac{1}{2}\left(\frac{x-\mu}{\sigma}\right)^2\right]\mathrm{d}x \tag{2.39}$$

令 $\frac{x-\mu}{\sigma}=z$，则

$$K = 1-\Phi\left(\frac{-\mu}{\sigma}\right) = \Phi\left(\frac{\mu}{\sigma}\right) \tag{2.40}$$

根据截尾正态分布定义可得以下各特征量：

概率密度

$$f(t) = \frac{1}{\Phi\left(\frac{\mu}{\sigma}\right)\sqrt{2\pi}\,\sigma} \exp\left[-\frac{1}{2}\left(\frac{t-\mu}{\sigma}\right)^2\right] \quad 0 \leqslant t < +\infty \tag{2.41}$$

分布函数

$$F(t) = \int_0^t f(t)\,\mathrm{d}t = 1 - \frac{1}{\Phi\left(\frac{\mu}{\sigma}\right)}\left[1 - \Phi\left(\frac{t-\mu}{\sigma}\right)\right] \tag{2.42}$$

可靠度

$$R(t) = 1 - F(t) = \frac{1}{\Phi\left(\frac{\mu}{\sigma}\right)}\left[1 - \Phi\left(\frac{t-\mu}{\sigma}\right)\right] \tag{2.43}$$

失效率

$$\lambda(t) = \frac{f(t)}{R(t)} = \frac{1}{\sigma}\varphi\left(\frac{t-\mu}{\sigma}\right) \Big/ \left[1 - \Phi\left(\frac{t-\mu}{\sigma}\right)\right] \tag{2.44}$$

2.5　对数正态分布

1. 对数正态分布的定义

若 X 是一个随机变量,且随机变量 $Y = \ln X$ 服从正态分布 $N(\mu, \sigma^2)$,即

$$Y = \ln X \sim N(\mu, \sigma^2) \quad \begin{cases} 0 < X < +\infty \\ 0 < \sigma < +\infty \\ -\infty < \mu < +\infty \end{cases} \tag{2.45}$$

则称 X 是一个对数正态随机变量,$X = \mathrm{e}^Y$ 服从对数正态分布,其概率密度函数为

$$f(x) = \begin{cases} \dfrac{1}{x\sqrt{2\pi}\,\sigma}\exp\left[-\dfrac{1}{2}\left(\dfrac{\ln x - \mu}{\sigma}\right)^2\right] & x > 0, \sigma > 0, -\infty \leqslant \mu < +\infty \\ 0 & x \leqslant 0 \end{cases} \tag{2.46}$$

如图 2.6 所示,对数正态分布密度函数曲线是单峰的,且是偏态的。

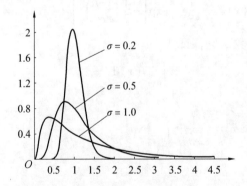

图 2.6　对数正态分布的密度函数曲线($\mu = 0$)

2. 对数正态分布的分布函数

$$F(x) = P\{X \leqslant x\} = \int_0^x \frac{1}{x\sqrt{2\pi}\,\sigma}\exp\left[-\frac{1}{2}\left(\frac{\ln x - \mu}{\sigma}\right)^2\right]\mathrm{d}x \tag{2.47}$$

令 $\dfrac{\ln x - \mu}{\sigma} = z$，则将上式转换为标准正态分布，即

$$F(x) = \Phi(z) = \Phi\left(\frac{\ln x - \mu}{\sigma}\right) = \int_{-\infty}^{x} \frac{1}{\sqrt{2\pi}} e^{-z^2/2} dz \qquad (2.48)$$

应当指出，式(2.46)、式(2.47)中的 μ 和 σ 不是对数正态分布的位置参数和尺度参数，更不是其均值和标准差，而分别称为它的对数均值和对数标准差。对数正态分布的均值 $E(X)$ 与标准差 $\sqrt{D(X)}$：

$$E(X) = e^{\mu + \sigma^2/2} \qquad (2.49)$$

$$D(X) = e^{2\mu + \sigma^2}(e^{\sigma^2} - 1) \qquad (2.50)$$

3. 对数正态分布的可靠性特征量

可靠度

$$R(t) = 1 - F(t) = 1 - \Phi\left(\frac{\ln t - \mu}{\sigma}\right) \qquad (2.51)$$

失效率

$$\lambda(t) = \frac{f(t)}{R(t)} = \frac{\dfrac{1}{t\sigma\sqrt{2\pi}} \exp\left[-\dfrac{1}{2}\left(\dfrac{\ln t - \mu}{\sigma}\right)^2\right]}{\left[1 - \Phi\left(\dfrac{\ln t - \mu}{\sigma}\right)\right]} = \frac{\varphi\left(\dfrac{\ln t - \mu}{\sigma}\right)}{t\sigma\left[1 - \Phi\left(\dfrac{\ln t - \mu}{\sigma}\right)\right]} \qquad (2.52)$$

2.6　韦布尔分布

在可靠性工程中，韦布尔分布是适用范围较广的一种分布，它是由瑞典物理学家 W. Weibull 在 1951 年提出的。韦布尔分布对于各类型的试验数据拟合能力很强，因此它能全面描述浴盆曲线的各个阶段。如果说指数分布用来描述系统的寿命的话，那么韦布尔分布则常用来描述零件的寿命，例如零件的疲劳失效、轴承失效等寿命分布。

零件的寿命或疲劳强度总有一个极限值，例如材料有个疲劳极限值，而带裂纹的材料有个疲劳门槛值，低于这些极限值，则材料的失效概率可以看作零。因此，从物理模型出发描述寿命的分布，不应是正态的而应是"偏态的"，韦布尔分布正适应了这一情况。

韦布尔分布还可以"最弱环模型"导出。"最弱环模型"认为，系统、设备等产品的故障，起因于其构成元件中的最弱元件的故障，这相当于构成链条的各环中最弱环的疲劳寿命决定了整个链条的寿命。如果链中有一个环断开即视为整条链的故障，那么这种物理模型又是典型的串联式可靠度模型。这种模型的失效概率（例如链的失效概率或单个环被拉断的概率）便需要使用韦布尔分布来分析。实践证明，凡是由于某一局部疲劳失效或故障便引起全局机能失效的元件、器件、设备或系统等的寿命，都是服从韦布尔分布的。

韦布尔分布可分为两参数韦布尔分布和三参数韦布尔分布。与指数分布相似，后者与前者的不同之处在于产品在小于 γ 时间内不发生失效。

1. 三参数韦布尔分布的定义

若 X 是一个非负的随机变量，且有密度函数为

$$f(x) = \begin{cases} \dfrac{m}{\eta}\left(\dfrac{x-\gamma}{\eta}\right)^{m-1} \exp\left[-\left(\dfrac{x-\gamma}{\eta}\right)^m\right] & x \geqslant \gamma; m, \eta > 0 \\ 0 & x < \gamma \end{cases} \qquad (2.53)$$

则称 X 服从三参数为 (m,η,γ) 的韦布尔分布,并记为 $X \sim W(m,\eta,\gamma,x)$。

式中　m——形状参数;

　　　η——尺度参数;

　　　γ——位置参数。

此时 $f(t)$ 称为三参数韦布尔分布函数。

2. 三参数韦布尔分布的分布函数

$$F(x) = P\{X \leq x\} = \int_\gamma^x \frac{m}{\eta}\left(\frac{x-\gamma}{\eta}\right)^{m-1} \exp\left[-\left(\frac{x-\gamma}{\eta}\right)^m\right]\mathrm{d}x =$$

$$1 - \exp\left[-\left(\frac{x-\gamma}{\eta}\right)^m\right] \quad x \geq \gamma \tag{2.54}$$

3. 三参数韦布尔分布的数字特征

$$E(X) = \gamma + \eta\Gamma\left(1+\frac{1}{m}\right) \tag{2.55}$$

$$D(X) = \eta^2\left\{\Gamma\left(1+\frac{2}{m}\right) - \Gamma^2\left(1+\frac{1}{m}\right)\right\} \tag{2.56}$$

式中,Γ——Gamma 函数,其函数值可在数学手册中查到。

4. 三参数韦布尔分布的另一种定义式

如果将代表强度或其他特性的 x 换成代表时间的 t,则三参数韦布尔分布的概率密度函数为

$$f(t) = \begin{cases} \frac{m}{\eta}\left(\frac{t-\gamma}{\eta}\right)^{m-1} \exp\left[-\left(\frac{t-\gamma}{\eta}\right)^m\right] & t \geq \gamma; m,\eta > 0 \\ 0 & t < \gamma \end{cases} \tag{2.57}$$

式中,形状参数 m 的大小,决定了韦布尔分布密度函数曲线的形状,如图 2.7 所示。

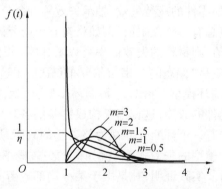

图 2.7　韦布尔分布的密度函数曲线($\eta=1;\gamma=1$)

当 $m>1$ 时,其相应的密度函数均呈单峰性,且随 m 值的减小峰高逐渐降低,当 $m=3 \sim 4$ 时,与正态分布的形状很近似;当 $m=1$ 时,式(2.53)和式(2.57)所表达的三参数韦布尔分布的密度函数则变成两参数指数分布的密度函数。这时,图 2.7 中的相应曲线则是指数分布的密度曲线,该曲线与在 $t=\gamma$ 处的垂线相交,交点处的纵坐标为 $1/\eta$。此时,$1/\eta$ 就是指数分布的失效率;当 $m<1$ 时,密度函数曲线与在 $t=\gamma$ 处的垂线不相交,而是与它渐近。

位置参数 γ 的大小反映了密度函数曲线起始点的位置在横坐标轴上的变化,因此,γ 又称为起始参数或转移参数。在可靠性分析中,γ 具有极限值(例如疲劳极限,寿命极限)的含义,

表示产品在 $t=\gamma$ 以前不会失效,在其以后才会失效。因此,γ 也称为最小保证寿命,也就是保证 $t=\gamma$ 之前不会失效。当 $\gamma>0$ 时,则曲线的起点就在 $+x$ 值区,例如,在图 2.7 中 $\gamma=1$,即曲线的起点在 $t=\gamma=1$ 处;当 $\gamma=0$ 时,失效密度函数曲线的起点就在 $t=0$ 处,即在纵坐标轴上;当 $\gamma<0$ 时,曲线起点移至 $-x$ 值区。在韦布尔分布的链条模型中,γ 表示链条最薄弱一环的强度(即链条的最低强度)。

尺度参数 η 又是当 $\gamma=0$ 时韦布尔分布的特征寿命,$R(\eta)=\dfrac{1}{e}\approx0.37$。

5. 韦布尔分布的可靠度函数

$$R(t)=1-F(t)=\exp\left[-\left(\frac{t-\gamma}{\eta}\right)^{m}\right]\qquad t\geqslant\gamma \tag{2.58}$$

其图形如图 2.8 所示。

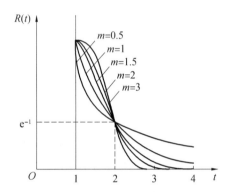

图 2.8　韦布尔分布的可靠度函数 $R(t)$ $(\eta=1,\gamma=1)$

6. 韦布尔分布的失效率函数

$$\lambda(t)=\frac{f(t)}{R(t)}=\frac{m}{\eta}\left(\frac{t-\gamma}{\eta}\right)^{m-1}\qquad t\geqslant\gamma \tag{2.59}$$

其图形如图 2.9 所示。

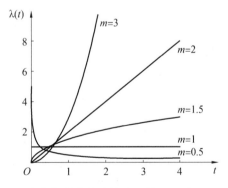

图 2.9　韦布尔分布的失效率函数 $\lambda(t)$ $(\eta=1,\gamma=0)$

7. 韦布尔分布的平均失效率

由式(1.10),知

$$m(t)=\frac{1}{t}\int_{0}^{t}\lambda(t)\mathrm{d}t=\frac{1}{t}\int_{\gamma}^{t}\frac{m}{\eta}\left(\frac{t-\gamma}{\eta}\right)^{m-1}\mathrm{d}t=\frac{1}{t}\left.\left(\frac{t-\gamma}{\eta}\right)^{m}\right|_{\gamma}^{t}=\frac{1}{t}\left(\frac{t-\gamma}{\eta}\right)^{m} \tag{2.60}$$

$$m^*(t) = \frac{1}{t-\gamma} \int_\gamma^t \lambda(t) \mathrm{d}t = \frac{1}{t-\gamma} \int_\gamma^t \frac{m}{\eta} \left(\frac{t-\gamma}{\eta}\right)^{m-1} \mathrm{d}t = \frac{(t-\gamma)^{m-1}}{\eta^m} = \frac{1}{m}\lambda(t) \quad (2.61)$$

8. 韦布尔分布的可靠寿命、中位寿命及特征寿命

由式(2.58),得

$$\ln R = -\left(\frac{t_R-\gamma}{\eta}\right)^m \quad \text{或} \quad \frac{t_R-\gamma}{\eta} = (-\ln R)^{1/m} = \left(\ln \frac{1}{R}\right)^{1/m}$$

因此,得可靠寿命

$$t_R = \gamma + \eta \left(\ln \frac{1}{R}\right)^{1/m} \quad (2.62)$$

中位寿命

$$t_{0.5} = \gamma + \eta \left(\ln \frac{1}{0.5}\right)^{1/m} = \gamma + \eta (\ln 2)^{1/m} \quad (2.63)$$

特征寿命

$$T_{\mathrm{e}^{-1}} = \gamma + \eta \left(\ln \frac{1}{\mathrm{e}^{-1}}\right)^{1/m} = \gamma + \eta \quad (2.64)$$

9. 标准韦布尔分布

如果 T 服从三参数韦布尔分布,而且

$$y = \frac{t-\gamma}{\eta} \quad (2.65)$$

则称

$$F(y) = 1 - \mathrm{e}^{-y^m} \quad (2.66)$$

为标准韦布尔分布的分布函数。

因为

$$F(t) = P\{T < t\} = \int_\gamma^t \frac{m(t-\gamma)^{m-1}}{\eta^m} \exp\left[-\left(\frac{t-\gamma}{\eta}\right)^m\right] \mathrm{d}t$$

将式(2.65)代入,得

$$F(t) = \int_0^{\frac{t-\gamma}{\eta}} my^{m-1} \mathrm{e}^{-y^m} \mathrm{d}y = \int_0^y my^{m-1} \mathrm{e}^{-y^m} \mathrm{d}y = 1 - \mathrm{e}^{-y^m} = F(y)$$

由此,式(2.66)得到证明。而概率密度函数

$$f(y) = my^{m-1} \mathrm{e}^{-y^m} \quad (2.67)$$

称为标准韦布尔分布的概率密度函数。式中只包含形状参数 m,即只有 m 才是韦布尔分布中最具有实质意义的参数。

10. 双参数韦布尔分布

韦布尔分布函数用作衡量可靠度的函数时,一般说来,从产品开始使用即 $t=0$ 时,就存在着故障概率。因此,在实际使用中,往往是 $\gamma=0$ 的情况最多。即使是 $\gamma \neq 0$,也可以通过坐标转换,用新的变量 t 去替代式(2.57)中的 $(t-\gamma)$,将该式所表达的三参数韦布尔分布的密度函数转化为两参数韦布尔分布的密度函数,即

$$f(t) = \frac{m}{\eta} \left(\frac{t}{\eta}\right)^{m-1} \mathrm{e}^{-(t/\eta)^m} \quad t \geqslant 0; m, \eta > 0 \quad (2.68)$$

当 $m=1$ 时,上式就变成单参数的指数分布密度函数。

两参数韦布尔分布的另一种表达式为

$$f(t) = \begin{cases} m \dfrac{t^{m-1}}{t_0} \mathrm{e}^{-t^m/t_0} & t \geqslant 0; m, t_0 > 0 \\ 0 & t < 0 \end{cases} \tag{2.69}$$

$$F(t) = 1 - \mathrm{e}^{-t^m/t_0} \quad t \geqslant 0 \tag{2.70}$$

$$E(X) = t_0^{1/m} \Gamma\left(1 + \frac{1}{m}\right) \tag{2.71}$$

$$D(X) = t_0^{2/m} \left[\Gamma\left(1 + \frac{2}{m}\right) - \Gamma^2\left(1 + \frac{1}{m}\right) \right] \tag{2.72}$$

式中 t_0 为"尺度参数",为此,有时将 $\eta = t_0^{1/m}$ 称为真尺度参数。前已述及,位置参数 γ 只影响曲线的起始位置而不影响曲线的形状,因此,为了讨论 t_0 可先假设 $\gamma = 0, \eta = 1$,则式(2.57)可写成

$$f(t) = m t^{m-1} \mathrm{e}^{-t^m} \tag{2.73}$$

而如果 $\eta \neq 1$,今将密度函数曲线图的坐标尺度做如下变动:

令 $t = \eta t'$ 或 $t' = \dfrac{t}{\eta}$

$$f(t) = \frac{f(t')}{\eta} = \frac{y'}{\eta} \quad \text{或} \quad y' = f(t') = \eta f(t) \tag{2.74}$$

代入式(2.68),得

$$y' = f(t') = m (t')^{m-1} \mathrm{e}^{-(t')^m} \tag{2.75}$$

由此可见,经过对密度函数曲线图的横轴尺度放大几倍(或缩小到 $1/\eta$)和纵轴尺度放大 η 倍(或缩小到 $1/\eta$)而得到的新的密度函数曲线完全与原来的曲线重合一致。因此,密度函数曲线坐标标尺的刻度不同所带来的图形差别,对韦布尔分布的密度函数曲线形状不起主要作用。当 $\gamma = 0, \eta \neq 1$ 时,只要把横坐标和纵坐标做适当的改变,就可与 $\gamma = 0, \eta = 1$ 时的曲线完全重合。图 2.10 是在 γ, m 给定时 t_0 取不同值的密度曲线。

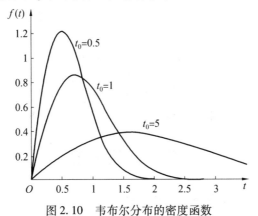

图 2.10　韦布尔分布的密度函数

2.7　次序统计分布

次序统计量(或称顺序统计量)是数理统计学中广泛应用的一类统计量。对于由 n 个独立同分布的元件构成的系统,各元件的强度 $X_1, X_2, \cdots, X_n$ 可看作来自一个母体的样本,而该样本的次序统计量 $X_{(k)}$ 表示系统中第 k 弱的元件强度。

由概率论可知,若母体的概率密度函数为 $f(x)$,累积分布函数为 $F(x)$,$F(x) =$

$\int_{-\infty}^{x} f(x)\,\mathrm{d}x$,则 $X_{(k)}$ 的概率密度函数为

$$g_k(x) = \frac{n!}{(k-1)!\,(n-k)!}\big[F(x)\big]^{k-1}\big[1-F(x)\big]^{n-k}f(x) \tag{2.76}$$

特别有

$$g_1(x) = n\big[1-F(x)\big]^{n-1}f(x) \tag{2.77}$$

$$g_n(x) = n\big[F(x)\big]^{n-1}f(x) \tag{2.78}$$

还有,$X_{(k)}$ 和 $X_{(j)}$ 的联合密度函数 $g(x_k, x_j)$ 为

$$g(x_k, x_j) = \frac{n!\,\big[F(x_k)\big]^{k-1}\big[F(x_j)-F(x_k)\big]^{j-1-k}\big[1-F(x_k)\big]^{n-j}f(x_k)f(x_j)}{(k-1)!\,(j-i-k)!\,(n-j)!} \tag{2.79}$$

次序统计量分布图形如图 2.11 所示。

由次序统计量出发定义的统计量,计算简便是其特点之一。更为重要的是,在有些场合,这样的统计量显示出特有的优良性质。例如,当观测数据中的某些数据由于种种原因不可靠或者丢失时,一些通常使用的统计量如样本均值、方差等将产生较大偏差,而次序统计量则不然。例如,设 $n=10$,即使不知道 X_9 和 X_{10},也不妨碍样本中位数(一种次序统计量)的计算。

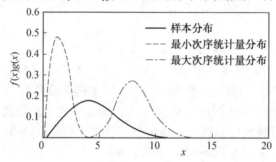

图 2.11　次序统计量分布

在可靠性试验中经常遇到的截尾数据,需要对其使用次序统计量进行分析。例如,用 n 个元件同时做寿命试验,一般都会有少数的几个元件的寿命特别长,如果要等到这些元件都失效,试验时间就会过长。这时通常根据一定的准则,在试验进行到一定程度时即可停止,这样得到的数据只是次序统计量前面若干个的观测值。还有些试验观测仪器只能记录强度超过某一界限的数据,这样得到的是次序统计量中后面若干个的观测值。

2.8　极值分布

在可靠性问题研究中,研究者关心的并不总是某指标样本的总体分布,有时更关心样本的最大值或最小值的分布。这是因为,最大载荷对导致破坏有特殊意义,系统的最弱环节常最先失效。在这些情况下,随机变量的极值分布就更有实际应用价值。

例如,表 2.1 中列出的是某随机变量的 12 组样本值(表内每组数据中,标上线者为组中样本的最大值,标下线者为组中样本的最小值)。每组数据(8 个)可以解释为 12 个某种零件分别在 8 次使用中测得的载荷值,或 12 个某种串联系统中各自的 8 个零件的强度值。当然,我们可能会对样本的整体分布(用 12×8 个样本数据进行统计分析)感兴趣,但也可能只对每组样本中的最大值的分布(数据解释为载荷样本值的情形)或最小值的分布(数据解释为系统中零件强度的情形)感兴趣。根据使用要求不同,可以根据这些数据得出母体分布 $f(x)$、极大值分布 $f_{\max}(x)$ 或极小值分布 $f_{\min}(x)$。

　　极值分布有不同类型,而适用于描述上述这类随机变量统计特征,且在可靠性工程中有较多应用的是Ⅰ型极值分布。Ⅰ型极值分布是对应于大量子样的最小值或最大值的分布,主要用于描述一个随机变量出现极小值或极大值的现象及规律。它常用在以下的问题处理中:建筑结构抗力的最小值分布,结构载荷的最大值分布;机械系统中导致机械产品失效的零部件强度或寿命的最小值分布,短期过载的最大值分布,串联系统的最弱元件的强度分布,并联系统的最强元件的强度分布等。

表 2.1　随机样本数据

样本	数　据							
1	30	31	41	29	39	36	38	30
2	31	34	23	27	29	32	35	35
3	26	33	35	32	34	29	30	34
4	27	33	30	31	31	36	28	40
5	18	39	25	32	31	34	27	37
6	22	36	42	27	33	27	31	31
7	39	35	32	39	32	27	28	32
8	33	34	32	30	34	35	33	28
9	32	32	37	25	33	35	35	19
10	28	32	36	37	17	31	42	32
11	26	22	32	23	33	36	36	31
12	36	31	45	24	30	27	24	27

　　Ⅰ型极值分布可分为Ⅰ型极大值分布和Ⅰ型极小值分布,下面分别介绍。

2.8.1　Ⅰ型极大值分布

　　Ⅰ型极大值分布概率密度函数(图 2.12)为

$$f(x) = \frac{1}{\sigma}\exp\left(-\frac{x-\mu}{\sigma}\right) \cdot \exp\left[-\exp\left(-\frac{x-\mu}{\sigma}\right)\right]$$
$$-\infty < x < \infty,\ \sigma > 0,\ -\infty < \mu < \infty \tag{2.80}$$

式中,μ 为极值分布的位置参数;σ 为极值分布的尺寸参数。

　　Ⅰ型极大值分布的数字特征为 $E(X) = \mu + 0.577\sigma$, $D(X) = 1.644\sigma^2$

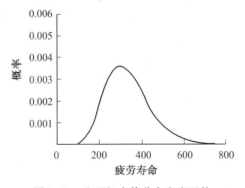

图 2.12　Ⅰ型极大值分布密度函数

2.8.2　Ⅰ型极小值分布

Ⅰ型极小值分布概率密度函数(图2.13)为

$$f(x) = \frac{1}{\sigma}\exp\left(\frac{x-\mu}{\sigma}\right) \cdot \exp\left[-\exp\left(-\frac{x-\mu}{\sigma}\right)\right]$$

$$-\infty < x < \infty,\ \sigma > 0,\ -\infty < \mu < \infty \tag{2.81}$$

式中,μ为极值分布的位置参数;σ为极值分布的尺寸参数。

Ⅰ型极小值分布的数字特征为$E(X) = \mu - 0.577\sigma,\ D(X) = 1.644\sigma^2$

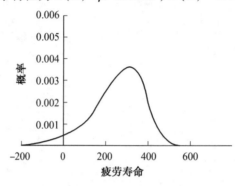

图2.13　Ⅰ型极小值分布密度函数

习题二

2-1　有一批产品,其次品率$p = 0.2$,抽检$n = 4$件。求次品数$k = 0,1,2,3,4$的概率。

2-2　次品率为1%的大批产品每箱90件,抽检一箱并进行全数检验。求查出次品数不超过5的概率。

2-3　用泊松分布代替二项分布求解第2-2题。

2-4　设某一控制机构中的弹簧在稳定变应力作用下疲劳寿命服从对数正态分布,其参数是,当$Y = \ln t \sim N(\mu_r, \sigma_r^2)$时,$\mu_r = \ln(1.38 \times 10^6) = 14.1376$,$\sigma_r = \ln(1.269) = 0.2382$。在工作条件下该弹簧经受$10^6$应力循环次数后立即更换,试问更换前的失效率为多少? 如果要保证可靠度为0.99,则又应在循环多少次数前更换?

2-5　某厂用4台同型号的柴油机作为备用电力的主机,一旦电力系统断电至少要有2台能启动运行以便满足电力需要。已知每台柴油机的运行寿命T服从指数分布,其平均寿命为15年。试确定两年内柴油机紧急备用系统的可靠性,即在该系统服役的头两年内发生意外事故时,4台柴油机中至少有两台可启动运行的概率是多少?

2-6　对100台汽车变速器做寿命试验,在完成1000 h时,失效的变速器有5台。若已知其失效率为常数,试求其特征寿命、中位寿命及任一变速器在任意一小时内的失效率。

2-7　某元件的参数服从形状参数$m = 4$,尺度参数$\eta = 1000$ h的韦布尔分布,求$t = 500$ h时的可靠度$R(t)$与失效率$\lambda(t)$。

2-8　某部件的疲劳寿命呈韦布尔分布,已知$m = 2$,$\eta = 200$ h,$\gamma = 0$,试计算其平均寿命;可靠度为0.95的可靠寿命;在100 h之内的最大失效率和在100 h之内的平均失效率。

第3章 可靠性系统

所谓系统,是为了完成一定功能,由若干个彼此有联系的而且又能相互协调工作的单元所组成的综合体。一个系统常由许多子系统组成,而每个子系统又可能由若干单元(如零、部件)组成。因此,单元的功能及实现其功能的概率都直接影响系统的可靠度。在分析系统可靠性时,要透彻了解系统中每个单元的功能,各单元之间在可靠性功能上的联系,以及这些单元功能、失效模式对功能的影响,即就其功能研究系统可靠性。

系统按修复与否分为不可修复和可修复系统两类。不可修复系统是指系统或其组成单元一旦发生失效,不再修复,系统处于报废状态。通过维修而恢复其功能的系统称为可修复系统。虽然绝大多数的机械设备是可修复系统,但可修复系统的可靠性模型比较复杂,这里不做介绍。不可修复系统的分析方法是研究可修复系统的基础,另外对机械系统进行可靠性预测和分配时,也可将其简化为不可修复系统来处理,因此本章介绍不可修复系统的可靠性模型。

在分析系统可靠性时,为了表示系统与单元功能间的逻辑关系,要建立功能逻辑框图,用方框表示单元功能,每个方框表示一个单元,方框之间用短线连接起来,表示单元功能与系统功能的关系,这就是系统功能逻辑框图,简称系统逻辑框图或称为系统功能图。建立系统逻辑框图时绝不能从结构上判定系统类型,而应从功能上研究系统类型。

系统的可靠性逻辑图与表示各单元装配关系的结构图是不一样的。有的单元在系统结构图中是并联的,而它们在可靠性逻辑图中却是串联关系,如图3.1所示;有些单元在系统结构图中是串联的,而它们的可靠性逻辑图却是并联系统,如图3.2所示。逻辑图有两个作用,一是反映单元之间的功能关系,二是为计算系统的可靠度提供数学模型。

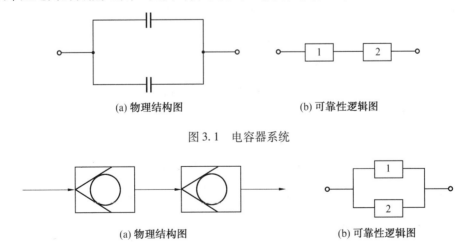

(a) 物理结构图　　　　　　　(b) 可靠性逻辑图

图3.1　电容器系统

(a) 物理结构图　　　　　　　(b) 可靠性逻辑图

图3.2　单向阀系统

根据单元在系统中所处的状态及其对系统的影响,系统分类如图3.3所示。

- 系统
  - 非储备系统——串联系统
  - 储备系统
    - 工作储备
      - 并联系统
      - 混联系统
      - 表决系统
    - 非工作储备——旁联系统
  - 复杂系统

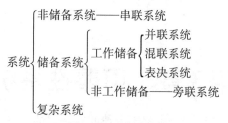

图 3.3　系统分类

下面介绍几种典型系统,其系统模型都是在各零件独立失效的假设下建立的,同时认为系统及其组成的各单元均可能处于两种状态——正常和失效。

3.1　串联系统

若产品或系统是由若干个单元(零、部件)或子系统组成的(为了简略,以后子系统略),而其中的任何一个单元的可靠度都具有相互独立性,即各个单元的失效(发生故障)是互不相关的。那么,当组成系统的任一个单元失效时,都会导致产品或整个系统失效,或者只有在系统所有单元都正常工作时,系统才能正常工作,则称这种系统为串联系统或串联模型。例如,轧钢机由电动机、变速箱、连接轴、轧辊和机架等零部件组成,其中只要一个零部件失效,轧钢机就不能正常工作。在这样的意义上,轧钢机是一个串联系统。大多数机械系统都是串联系统。串联系统的可靠性框图如图 3.4 所示。

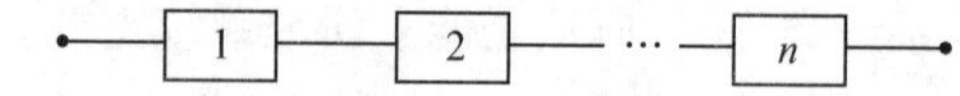

图 3.4　串联系统框图

设第 i 个单元的寿命为 T_i,可靠度 $R_i(t)=P(T_i>t)\,(i=1,2,\cdots,n)$。假定各单元是否发生失效相互独立,即 $T_1,T_2,\cdots,T_n$ 相互独立。设在初始时刻 $t=0$,所有单元都是新的并且同时开始工作,则上述串联系统的寿命 $T=\min\{T_1,T_2,\cdots,T_n\}$,应用概率乘法定律,可知串联系统的可靠性结构方程为

$$R(t)=P(T>t)=\prod_{i=1}^{n}R_i(t) \tag{3.1}$$

式中,$R(t)$ 是系统的可靠度;$R_i(t)$ 是单元 i 的可靠度,$i=1,2,3,\cdots,n$。

记第 i 个单元的失效率为 $\lambda_i(t)$,则系统失效率为

$$\lambda(t)=\sum_{i=1}^{n}\lambda_i(t) \tag{3.2}$$

而系统的可靠度为

$$R(t)=\mathrm{e}^{-\int_0^t\sum_{i=1}^{n}\lambda_i(u)\mathrm{d}u} \tag{3.3}$$

相应的系统平均寿命(MTTF) 为

$$\mathrm{MTTF}=\int_0^{\infty}R(t)\mathrm{d}t=\int_0^{\infty}\mathrm{e}^{-\int_0^t\lambda(u)\mathrm{d}u}\mathrm{d}t \tag{3.4}$$

若各单元寿命均服从指数分布,即各单元失效都属于偶然失效,令单元失效率为 λ_i(常数),系统的失效率等于各组成单元失效率之和,即 $\lambda_s=\sum_{i=1}^{n}\lambda_i$。这样,根据式(3.1) 可得系统的可靠度为

$$R(t)=\mathrm{e}^{-\sum_{i=1}^{n}\lambda_i t}=\mathrm{e}^{-\lambda_s t} \tag{3.5}$$

串联系统的平均寿命(MTTF) 为

$$\mathrm{MTTF} = \left(\sum_{i=1}^{n} \lambda_i \right)^{-1} = \frac{1}{\lambda_s} \tag{3.6}$$

由上述可知,一个由寿命服从指数分布的独立失效单元构成的串联系统的寿命也服从指数分布,且系统的失效率等于其各个单元失效率之和,所以系统的失效率大于该系统的每个单元的失效率。需要明确的一点是,寿命真正服从指数分布的单元在现实中是极少见的。传统的以寿命服从指数分布为基础的可靠性分析方法与模型通常是错误的,至少也是误差很大的。

当 $\lambda_1 = \lambda_2 = \cdots = \lambda_n = \lambda = \dfrac{1}{\theta}$ 时

$$R(t) = \mathrm{e}^{-n\lambda t} \tag{3.7}$$

$$\mathrm{MTTF} = \frac{1}{n\lambda} = \frac{\theta}{n} \tag{3.8}$$

式(3.8)表明当单元失效率均为 λ 时,系统的平均寿命是单元平均寿命的 $1/n$。

在串联系统中,单元数越多,系统可靠度越低。为提高串联系统的可靠度,应该主要注意提高串联系统中可靠度最低的单元可靠度,即注意提高系统中薄弱单元的可靠度。

【例 3.1】　已知某串联系统由 3 个服从指数分布的单元组成,3 个单元的失效率分别为 $\lambda_1 = 0.000\ 3\ \mathrm{h}^{-1}$, $\lambda_2 = 0.000\ 1\ \mathrm{h}^{-1}$, $\lambda_3 = 0.000\ 2\ \mathrm{h}^{-1}$,工作时间 $t = 1\ 000\ \mathrm{h}$。试求系统的可靠度、失效率和平均寿命。

解　3 个串联单元服从指数分布,由 $\lambda_s = \sum_{i=1}^{n} \lambda_i$ 可知

$$\lambda_s = \sum_{i=1}^{3} \lambda_i = \lambda_1 + \lambda_2 + \lambda_3 = 0.000\ 3 + 0.000\ 1 + 0.000\ 2 = 0.000\ 6\ (\mathrm{h}^{-1})$$

由式(3.5)可知,系统工作 1 000 h 的可靠度为

$$R(t) = \mathrm{e}^{-\lambda_s t} = \mathrm{e}^{-0.000\ 6 \times 1\ 000} \approx 0.548\ 8$$

由式(3.6)可知,系统的平均寿命为

$$\mathrm{MTTF} = \left(\sum_{i=1}^{n} \lambda_i \right)^{-1} = \frac{1}{\lambda_s} \approx \frac{1}{0.000\ 6} = 1\ 666.67\ (\mathrm{h})$$

【例 3.2】　一个电子放大器由 152 个独立元件串联组成,各元件均服从指数分布,其失效率见表 3.1。试求放大器正常工作 100 h 的可靠度及平均无故障工作时间。

解　$\lambda = 5 \times 0.6 + 10 \times 0.8 + 15 \times 0.4 + 30 \times 0.2 + 40 \times 0.5 + 52 \times 0.1 = 0.004\ 8\ \mathrm{h}^{-1}$

$$R(t) = \mathrm{e}^{-0.004\ 8t}$$

$$R(100) = \mathrm{e}^{-0.004\ 8 \times 100} = 0.618\ 7$$

$$\mathrm{MTTF} = \frac{1}{\lambda} = \frac{1}{0.004\ 8} \approx 208.33\ (\mathrm{h})$$

表 3.1　电子放大器元件的失效率

失效个数	5	10	15	30	40	52
失效率 10^{-4}/h	0.6	0.8	0.4	0.2	0.5	0.1

3.2　并联系统

在由若干个单元组成的系统中,只要有一个单元仍在发挥其功能,产品或系统就能维持其

功能;或者说,只有当所有单元都失效时系统才失效,就称此系统为并联系统或并联模型。并联系统又称并联储备系统。例如,双通道传动系统,只要有一条传动链正常工作,系统就能完成其预定功能,那么在这个子系统层次上,整个系统就是一个并联系统。再如,用多个螺栓固定机械部件,若只要其中有一个螺栓不失效,就能满足其设计功能,这时就是一个并联系统。并联系统的可靠性模型框图如图3.5所示。

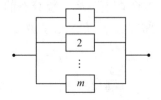

图3.5　并联系统框图

设并联系统失效时间随机变量为t,系统中第i个单元失效时间随机变量为t_i,则对于由m个单元所组成的并联系统的失效概率为

$$F_s(t) = P\left[(t_1 \leqslant t) \cap (t_2 \leqslant t) \cap \cdots \cap (t_m \leqslant t) \right] \tag{3.9}$$

在并联系统中,只有在每个单元的失效时间都达不到系统所要求的工作时间时,系统才失效。因此,系统的失效概率就是单元全部同时失效的概率。设各单元的失效时间随机变量互为独立,则根据概率乘法定理得

$$F_s(t) = P(t_1 \leqslant t) P(t_2 \leqslant t) \cdots P(t_m \leqslant t) \tag{3.10}$$

式中,$P(t_i \leqslant t)$为第i个单元失效的概率,即

$$P(t_i \leqslant t) = F_i(t) = 1 - R_i(t) \tag{3.11}$$

则

$$F_s(t) = \left[1 - R_1(t) \right]\left[1 - R_2(t) \right]\cdots\left[1 - R_m(t) \right] = \prod_{i=1}^{m} \left[1 - R_i(t) \right] \tag{3.12}$$

所以并联系统的可靠度为

$$R_s(t) = 1 - F_s(t) = 1 - \prod_{i=1}^{m} \left[1 - R_i(t) \right] \tag{3.13}$$

或简写为

$$R_s = 1 - F_s = 1 - \prod_{i=1}^{m} (1 - R_i) \tag{3.14}$$

系统的平均寿命(MTTF)为

$$\text{MTTF} = \int_0^\infty R_s(t)\,\mathrm{d}t = \int_0^\infty \left\{ 1 - \prod_{i=1}^{m} \left[1 - R_i(t) \right] \right\}\mathrm{d}t \tag{3.15}$$

由于$1 - R_i$是个小于1的数值,则由式(3.13)可知,并联系统恰好和串联系统相反,它的可靠度总是大于系统中任一个单元的可靠度。或者说,各单元的可靠度均低于系统的可靠度。另外,并联系统的组成单元越多,系统的可靠度越大,或者说,每个单元的可靠度可以越低。当系统单元数$m = 2,3$时系统可靠度、平均无故障时间及失效率如下。

在机械系统中,实际应用较多的是$m = 2$的情况。如果单元的寿命服从参数为$\lambda_i(i = 1,2)$的指数分布,即$R_i(t) = \mathrm{e}^{-\lambda_i t}$,则系统的可靠度为

$$R_s(t) = 1 - \prod_{i=1}^{2} (1 - \mathrm{e}^{-\lambda_i t}) = 1 - (1 - R_1)(1 - R_2) =$$

$$R_1 + R_2 - R_1R_2 = e^{-\lambda_1 t} + e^{-\lambda_2 t} - e^{-(\lambda_1 + \lambda_2)t} \tag{3.16}$$

系统的平均寿命为

$$T_s = \int_0^\infty R_s dt = \int_0^\infty (e^{-\lambda_1 t} + e^{-\lambda_2 t} - e^{-(\lambda_1 + \lambda_2)t}) dt = \frac{1}{\lambda_1} + \frac{1}{\lambda_2} - \frac{1}{\lambda_1 + \lambda_2} \tag{3.17}$$

系统的失效率为

$$\lambda_s(t) = \frac{f_s(t)}{R_s(t)} = -\frac{1}{R_s(t)} \cdot \frac{dR_s(t)}{dt} = \frac{\lambda_1 e^{-\lambda_1 t} + \lambda_2 e^{-\lambda_2 t} - (\lambda_1 + \lambda_2) e^{-(\lambda_1 + \lambda_2)t}}{e^{-\lambda_1 t} + e^{-\lambda_2 t} - e^{-(\lambda_1 + \lambda_2)t}} \tag{3.18}$$

当 $m = 3$ 时,系统的可靠度为

$$R_s(t) = 1 - \prod_{i=1}^3 (1 - e^{-\lambda_i t}) = 1 - (1 - R_1)(1 - R_2)(1 - R_3) =$$
$$R_1 + R_2 + R_3 - R_1R_2 - R_2R_3 - R_1R_3 + R_1R_2R_3 =$$
$$e^{-\lambda_1 t} + e^{-\lambda_2 t} + e^{-\lambda_3 t} - e^{-(\lambda_1 + \lambda_2)t} - e^{-(\lambda_1 + \lambda_3)t} - e^{-(\lambda_3 + \lambda_2)t} + e^{-(\lambda_1 + \lambda_2 + \lambda_3)t} \tag{3.19}$$

系统的平均寿命为

$$T_s = \int_0^\infty R_s dt =$$
$$\int_0^\infty (e^{-\lambda_1 t} + e^{-\lambda_2 t} + e^{-\lambda_3 t} - e^{-(\lambda_1 + \lambda_2)t} - e^{-(\lambda_1 + \lambda_3)t} - e^{-(\lambda_3 + \lambda_2)t} + e^{-(\lambda_1 + \lambda_2 + \lambda_3)t}) dt =$$
$$\frac{1}{\lambda_1} + \frac{1}{\lambda_2} + \frac{1}{\lambda_3} - \frac{1}{\lambda_1 + \lambda_2} - \frac{1}{\lambda_1 + \lambda_3} - \frac{1}{\lambda_3 + \lambda_2} + \frac{1}{\lambda_1 + \lambda_2 + \lambda_3} \tag{3.20}$$

若各个单元的失效率相同,均为 λ,则对于 m 个单元系统,其系统可靠度、平均寿命、失效率分别为

$$R_s(t) = 1 - \prod_{i=1}^m (1 - e^{-\lambda t}) = 1 - (1 - e^{-\lambda t})^m \tag{3.21}$$

$$T_s = \frac{1}{\lambda} + \frac{1}{2\lambda} + \cdots + \frac{1}{m\lambda} \tag{3.22}$$

$$\lambda_s(t) = \frac{f_s(t)}{R_s(t)} = -\frac{1}{R_s(t)} \cdot \frac{dR_s(t)}{dt} = \frac{m\lambda (1 - e^{-\lambda t})^{m-1} e^{-\lambda t}}{1 - (1 - e^{-\lambda t})^m} \tag{3.23}$$

【例 3.3】 研究两个等可靠度的独立单元组成的并联系统可靠度。

解 设等可靠度为 $R(t) = e^{-\lambda t}$。因此,两个等可靠度单元组成的并联系统的可靠度为

$$R_s(t) = 1 - (1 - e^{-\lambda t})^2 = 2e^{-\lambda t} - e^{-2\lambda t}$$

$$\lambda_s(t) = \frac{2\lambda (1 - e^{-\lambda t})}{2 - e^{-\lambda t}}$$

则

$$\lim_{t \to \infty} \lambda_s(t) = \lim_{t \to \infty} \frac{2\lambda (1 - e^{-\lambda t})}{2 - e^{-\lambda t}} = \lambda$$

这就是说,并联系统的失效率随时间而变化,当时间很长时可视为常数。由上可知,由 m 个单元组成的并联系统的 MTTF 大于串联系统的 MTTF;并联系统的可靠度高于其中任一单元的可靠度,而串联系统的每个单元可靠度高于系统可靠度。因此,提高系统可靠度的一种方法是对一个元件添加并联元件,在设计中称为冗余。并联系统单元数多,说明系统的结构尺寸及质量都大,造价高。所以机械系统采用并联或冗余结构时,冗余数也不会太高。例如,当动力装置、安全装置、制动装置采用并联结构时,通常取 $m = 2 \sim 3$。还需要说明的是,对于各零件失效不独立的并联系统,系统可靠度随并联单元数增加的趋势要比在独立失效假设条件下平缓

得多。也就是说,并联系统中单元之间的失效相关性会显著降低其冗余效果。

并联系统的特点:

(1)并联系统的失效概率低于各单元的失效概率。

(2)并联系统的平均寿命高于各单元的平均寿命。并联系统的各单元服从指数寿命分布,该系统不再服从指数寿命分布。

(3)并联系统的可靠度大于各单元可靠度的最大值。

(4)随着单元数的增加,系统的可靠度增大,系统的平均寿命也随之增加,但随着单元数目的增加,新增单元对系统可靠性及寿命提高的贡献越来越小。

【例3.4】　计算由两个单元组成的并联系统的可靠度、平均寿命及失效率。已知两个单元的失效率分别为 $\lambda_1 = 0.000\,05\ \text{h}^{-1}$,$\lambda_2 = 0.000\,01\ \text{h}^{-1}$,工作时间 $t = 1\,000\ \text{h}$。

解　(1)由式(3.16)得

$$R_\text{s}(1000) = \text{e}^{-0.000\,05 \times 1\,000} + \text{e}^{-0.000\,01 \times 1\,000} - \text{e}^{-(0.000\,05 + 0.000\,01) \times 1\,000} \approx 0.999\,3$$

(2)由式(3.17)得

$$T_\text{s} = \frac{1}{0.000\,05} + \frac{1}{0.000\,01} - \frac{1}{0.000\,05 + 0.000\,01} \approx 10\,333.33\ (\text{h})$$

(3)由式(3.18)得

$$\lambda_\text{s}(1\,000) = \frac{0.000\,05\text{e}^{-0.000\,05 \times 1\,000} + 0.000\,01\text{e}^{-0.000\,01 \times 1\,000} - 0.000\,06\text{e}^{-0.000\,06 \times 1\,000}}{\text{e}^{-0.000\,05 \times 1\,000} + \text{e}^{-0.000\,01 \times 1\,000} - \text{e}^{-(0.000\,05 + 0.000\,01) \times 1\,000}} \approx 0.57 \times 10^{-7}(\text{h}^{-1})$$

【例3.5】　已知某个并联系统由两个服从指数分布的单元组成,两个单元的失效率分布为 $\lambda_1 = 0.000\,2\ \text{h}^{-1}$,$\lambda_2 = 0.000\,3\ \text{h}^{-1}$,工作时间 $t = 800\ \text{h}$。试求系统的可靠度、失效率和平均寿命。

解:(1)由式(3.16)得

$$R_\text{s}(800) = \text{e}^{-0.000\,2 \times 800} + \text{e}^{-0.000\,3 \times 800} - \text{e}^{-(0.000\,2 + 0.000\,3) \times 800} = 0.965\,8$$

(2)由式(3.17)得

$$T_\text{s} = \frac{1}{0.000\,2} + \frac{1}{0.000\,3} - \frac{1}{0.000\,2 + 0.000\,3} \approx 6\,333.33\ (\text{h})$$

(3)由式(3.18)得

$$\lambda_\text{s}(800) = \frac{0.000\,2\text{e}^{-0.000\,2 \times 800} + 0.000\,3\text{e}^{-0.000\,3 \times 800} - 0.000\,5\text{e}^{-0.000\,5 \times 800}}{\text{e}^{-0.000\,2 \times 800} + \text{e}^{-0.000\,3 \times 800} - \text{e}^{-0.000\,5 \times 800}} = 7.357\,5 \times 10^{-5}(\text{h}^{-1})$$

串联系统和并联系统是最基本的系统可靠性模型,是混联系统、储备系统、表决系统等的基础,其他可靠性系统模型详细情况可参阅有关文献。

3.3　混联系统

由串联子系统和并联子系统混合组成的系统称为混联系统。其可靠性模型是建立在串联系统和并联系统基础上的。

典型系统所含部件之间的关系通常既包括串联又包括并联。例如,在图3.6所示的网络图中,R_i 表示第 i 个部件的可靠度。为了计算系统的可靠度,可以将网络图分解成很多个串联或并联子系统,计算得到每个子系统的可靠度,并依据各子系统之间的关系得到系统可靠度。在图3.6所示的子网络中,子系统的可靠度分别为

$$R_A = 1 - (1 - R_1)(1 - R_2)$$
$$R_B = R_A R_3$$
$$R_C = R_4 R_5$$

因为 R_B 和 R_C 是并联关系, 整体又与 R_6 串联, 所以

$$R_s = [1 - (1 - R_B)(1 - R_C)] R_6$$

如果 $R_1 = R_2 = 0.90, R_3 = R_6 = 0.98, R_4 = R_5 = 0.99$, 那么

$$R_B = (1 - 0.10^2) \times 0.98 = 0.970\,2$$
$$R_C = 0.99^2 = 0.980\,1$$
$$R_s = [1 - (1 - 0.970\,2)(1 - 0.980\,1)] \times 0.98 = 0.979\,4$$

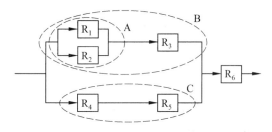

图 3.6 串-并联混合系统

最常见的混联系统有串-并联系统(先串联后并联的系统)和并-串联系统(先并联再串联的系统)。相应的可靠性框图分别如图 3.7 和图 3.8 所示。

3.3.1 串-并联系统

图 3.7 所示串-并联系统是由 n 个子系统串联而成的系统, 而每个子系统是由 m_n 个单元并联而成的。

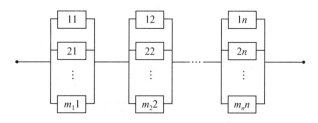

图 3.7 串-并联系统逻辑框图

设每个单元的可靠度为 $R_{ij}(t)$, i 行, $i = 1, 2, \cdots, m_n$; j 列, $j = 1, 2, \cdots, n$, 则第 j 列子系统的可靠度 R_{js} 可由并联公式写出

$$R_{js}(t) = 1 - \prod_{i=1}^{m_n} [1 - R_{ij}(t)] \tag{3.24}$$

整个系统可靠度 R_s 又可由串联系统公式得到

$$R_s(t) = \prod_{j=1}^{n} R_{js}(t) = \prod_{j=1}^{n} \left\{ 1 - \prod_{i=1}^{m_n} [1 - R_{ij}(t)] \right\} \tag{3.25}$$

若每个单元的可靠度都相等, 均为 $R_{ij}(t) = R(t)$, 且 $m_1 = m_2 = \cdots = m_n = m$, 则

$$R_s(t) = \left\{ 1 - [1 - R(t)]^m \right\}^n \tag{3.26}$$

3.3.2 并–串联系统

图 3.8 所示并–串联系统是由 m 个子系统并联构而成的,而每个子系统是由 n_m 个单元串联而成的。

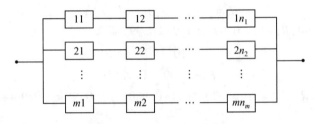

图 3.8 并–串联系统逻辑框图

设每个单元的可靠度为 $R_{ij}(t)$,i 行,$i=1,2,\cdots,m$;j 列,$j=1,2,\cdots,n_m$,则第 i 行子系统的可靠度 R_{is} 为

$$R_{is}(t) = 1 - \prod_{j=1}^{n_m} R_{ij}(t) \tag{3.27}$$

整个系统可靠度 R_s 又可由并联系统公式得到

$$R_s(t) = 1 - \prod_{i=1}^{m} \left[1 - \prod_{j=1}^{n_m} R_{ij}(t) \right] \tag{3.28}$$

当 $m1=m2=\cdots=mn=m$,且 $R_{ij}(t)=R(t)$ 时,全系统可靠度又简化为

$$R_s(t) = 1 - \left[1 - R^n(t) \right]^m \tag{3.29}$$

这两种系统的功能是一样的,但可靠度却不一样。

【例 3.6】 根据图 3.9 说明一般混联系统可靠度、失效率和平均寿命的求解方法。

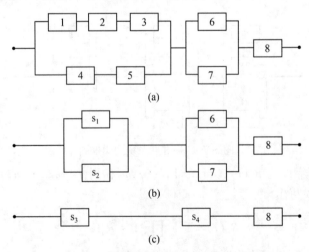

图 3.9 混联系统逻辑图及其等效逻辑图

解 利用串联和并联系统的可靠度特征量计算公式求出子系统的可靠性特征量,然后将每个子系统作为一个等效单元,得到一个与混联系统等效的串联或并联系统,即可求得整个系统的可靠性特征量。

对于图 3.9(a)所示的混联系统,可靠性特征量可进行如下计算。

将串联单元 1、2、3 转化为一个等效单元 s_1

$$R_{s_1}(t) = R_1(t)R_2(t)R_3(t)$$

将串联单元 4、5 转化为一个等效单元 s_2

$$R_{s_2}(t) = R_4(t)R_5(t)$$

将并联单元 s_1、s_2 转化为一个等效单元 s_3

$$R_{s_3}(t) = 1 - (1 - R_{s_1}(t))(1 - R_{s_2}(t))$$

将并联单元 6、7 转化为一个等效单元 s_4

$$R_{s_4}(t) = 1 - (1 - R_6(t))(1 - R_7(t))$$

整个系统的可靠度为

$$R_s(t) = R_{s_3}(t)R_{s_4}(t)R_8(t)$$

系统的失效率为

$$\lambda(t) = \frac{f(t)}{R(t)} = -\frac{R'(t)}{R(t)}$$

系统的平均寿命为

$$T_s = \int_0^{\infty} R(t)\,\mathrm{d}t$$

【例 3.7】　试求 $m = n = 3$、$m = n = 6$ 两种情况下的串-并联系统与并串联系统的可靠度,单元可靠度均为 $R(t) = 0.8$。

解　(1) $m = n = 3$ 时

由式(3.25)计算串-并联可靠度为

$$R_s(t) = \prod_{i=1}^{n}\left\{[1 - \prod_{j=1}^{m_n}[1 - R_{ij}(t)]\right\} = [1 - (1 - 0.8)^3]^3 \approx 0.976\,2$$

由式(3.28)计算并串联可靠度为

$$R_s(t) = 1 - \prod_{i=1}^{m}[1 - \prod_{j=1}^{n_m} R_{ij}(t)] = 1 - (1 - 0.8^3)^3 \approx 0.883\,8$$

(2) $m = n = 6$ 时

由式(3.25)计算串 - 并联系统可靠度为

$$R_s(t) = \prod_{i=1}^{n}\left\{1 - \prod_{j=1}^{m_n}[1 - R_{ij}(t)]\right\} = [1 - (1 - 0.8)^6]^6 \approx 0.999\,6$$

由式(3.28)计算并串联可靠度为

$$R_s(t) = 1 - \prod_{i=1}^{m}[1 - \prod_{j=1}^{n_m} R_{ij}(t)] = 1 - (1 - 0.8^6)^6 \approx 0.838\,6$$

由计算结果可知,在单元数目和单元可靠度相同的情况下,串-并联系统的可靠度高于并串联系统的可靠度。并且,随着单元数目的增加,串-并联系统更加可靠,而并串联系统可靠性下降。

3.4　表决系统

如果组成系统的 n 个单元中,只要有 k 个单元不失效,系统就不会失效,这样的系统称为 n 中取 k 的表决系统,简写成 k/n 系统。例如有 4 台发动机的飞机,设计要求至少有 2 台发动机正常工作飞机才能安全飞行,这种发动机系统就是表决系统,它是一个 2/4 系统。n 中取 k 系统可分成两类。一类称为 n 中取 k 好系统。此时要求组成系统的 n 个单元中有 k 个以上完好,系统才能正常工作,记为 $k/n[\text{G}]$。另一类称为 n 中取 k 坏系统。它是指组成系统的 n 个单元中有 k 个以上失效,系统就不能正常工作,记为 $k/n[\text{F}]$。显然,串联系统是 $n/n[\text{G}]$ 系统,并联系统是 $1/n[\text{G}]$ 系统。$k/n[\text{G}]$ 系统可靠性框图如图 3.10 所示。机械系统中常见的是 3 中取 2 表决系统,记为 2/3 系统。系统由 3 个单元并联,但要求系统中不能多于一个单元失效,系统逻辑图如图 3.11(a)所示,其等效逻辑图如图 3.11(b)所示。

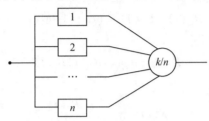

图 3.10　k/n 表决系统逻辑框图

若组成系统的每个单元是同种类型,失效概率为 q,正常工作概率为 p。每个单元都只有两种状态,即 $p+q=1$,且单元正常工作与否相互独立,所以系统有 4 种正常工作状态,即①全部单元都没失效;②只有第一个单元失效;③只有第二个单元失效;④只有第三个单元失效。

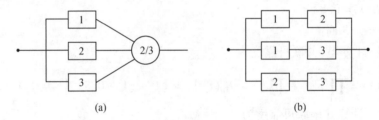

　　　　　　(a)　　　　　　　　　　　　　　(b)

图 3.11　2/3 表决系统逻辑框图

若单元的可靠度分别为 R_1、R_2、R_3,按概率乘法定理及加法定理求得系统的可靠度为

$$R_s = R_1 R_2 R_3 + (1-R_1) R_2 R_3 + R_1(1-R_2) R_3 + R_1 R_2(1-R_3) \tag{3.30}$$

当各单元相同时,即 $R_1 = R_2 = R_3 = R$,则

$$R_s = R^3 + 3(1-R) R^2 = 3R^2 - 2R^3 \tag{3.31}$$

若各单元的寿命分布为指数分布,即 $R = \mathrm{e}^{-\lambda t}$,则系统的平均寿命为

$$T_s = \int_0^\infty R_s \mathrm{d}t = \int_0^\infty (3\mathrm{e}^{-2\lambda t} - 2\mathrm{e}^{-3\lambda t}) \mathrm{d}t = \frac{3}{2\lambda} - \frac{2}{3\lambda} = \frac{5}{6\lambda} \tag{3.32}$$

若为 k/n 表决系统,每个单元可靠度为 $R(t)$。失效概率为 $F(t)$,且各单元是否正常工作相互独立,所以 k/n 系统的失效概率服从二项分布,系统可靠度为

$$R_s(t) = \sum_{i=k}^{n} \mathrm{C}_n^i \left[R(t) \right]^i \left[F(t) \right]^{n-i} \tag{3.33}$$

如果各单元寿命服从指数分布,则有

$$R_s(t) = \sum_{i=k}^{n} \mathrm{C}_n^i \mathrm{e}^{-i\lambda t} \left[1 - \mathrm{e}^{-\lambda t} \right]^{n-i} \tag{3.34}$$

系统的平均寿命为

$$T_s = \int_0^\infty R_s(t) \mathrm{d}t = \sum_{i=k}^{n} \frac{1}{i\lambda} = \frac{1}{k\lambda} + \frac{1}{(k+1)\lambda} + \frac{1}{(k+2)\lambda} + \cdots + \frac{1}{n\lambda} \tag{3.35}$$

【例 3.8】　由 6 个相同单元组成的 3/6 表决系统(只要有不少于 3 个单元工作,系统就能完成预期功能),假设单元寿命服从指数分布,单元失效率为 $\lambda = 4 \times 10^{-5}$ h^{-1},求系统工作到 7 200 h 时的可靠度及平均寿命。

解　(1)单元的可靠度为

$$R(t) = R(7\ 200) = e^{-0.000\ 04 \times 7\ 200} \approx 0.75$$

(2)系统的可靠度为

$$R_s(t) = R^n(t) + nR^{n-1}(t)[1-R(t)] + \frac{n(n-1)}{2!}R^{n-2}(t)[1-R(t)]^2 +$$
$$\frac{n(n-1)(n-2)}{3!}R^{n-3}(t)[1-R(t)]^3 =$$
$$0.177\ 98 + 0.355\ 96 + 0.296\ 63 + 0.131\ 84 \approx 0.962\ 4$$

(3)系统平均寿命为

$$T_s = \sum_{i=3}^{n} \frac{1}{i\lambda} = \frac{1}{\lambda}\left(\frac{1}{3} + \frac{1}{4} + \frac{1}{5} + \frac{1}{6}\right) = \frac{1}{4 \times 10^{-5}} \times \frac{57}{60} \approx 23\ 750\ (\text{h})$$

【例 3.9】　设每个单元的可靠度 $R(t) = e^{-\lambda t}$,且 $\lambda = 0.001$ h^{-1},求当 $t = 100$ h 和 $t = 1\ 000$ h 时,①一个单元的系统;②两单元串联系统,③两单元并联系统;④2/3 表决系统的可靠度 R_1,R_2,R_3,R_4。

解　(1)$t = 100$ h 时 4 个系统的可靠度分别如下:

一个单元的系统:$R_{s_1}(100) = e^{-\lambda t} = e^{-0.001 \times 100} = 0.905$。

两单元串联系统:$R_{s_2} = R^2 = 0.905^2 \approx 0.819$。

两单元并联系统:$R_{s_3} = 1 - (1-R)^2 = 1 - (1-0.905)^2 \approx 0.991$。

2/3 表决系统:$R_{s_4} = 3R^2 - 2R^3 = 3 \times 0.905^2 - 2 \times 0.905^3 \approx 0.975$。

(2)$t = 1\ 000$ h 时 4 个系统的可靠度分别如下:

一个单元的系统:$R_{s_1}(1\ 000) = e^{-\lambda t} = e^{-0.001 \times 1000} \approx 0.36\ 8$。

两单元串联系统:$R_{s_2} = R^2 = 0.368^2 \approx 0.135$。

两单元并联系统:$R_{s_3} = 1 - (1-R)^2 = 1 - (1-0.368)^2 \approx 0.601$。

2/3 表决系统:$R_{s_4} = 3R^2 - 2R^3 = 3 \times 0.368^2 - 2 \times 0.368^3 \approx 0.306$。

由此可见,当单元可靠度 $R = 0.905$ 时,有 $R_{s_2} < R_{s_1} < R_{s_4} < R_{s_3}$;而当单元可靠度 $R = 0.368$ 时,有 $R_{s_2} < R_{s_4} < R_{s_1} < R_{s_3}$。

经分析比较可得:

当 $R_{s_1} > 0.5$ 时,有 $R_{s_2} < R_{s_1} < R_{s_4} < R_{s_3}$;

当 $R_{s_1} = 0.5$ 时,有 $R_{s_2} < R_{s_1} = R_{s_4} < R_{s_3}$;

当 $R_{s_1} < 0.5$ 时,有 $R_{s_2} < R_{s_4} < R_{s_1} < R_{s_3}$。

由上可知,当单元可靠度相同时,由两个单元组成的串联系统的可靠度最低,两个单元组成的并联系统可靠度最高。2/3 表决系统的可靠度与单个单元系统的可靠度的比较结果取决于单元可靠度大小。当单元的可靠度小于 0.5 时,2/3 表决系统的可靠度要小于一个单元的系统;当单元的可靠度大于 0.5 时,2/3 表决系统的可靠度要大于一个单元的系统。

3.5　储备系统

一般地说,在产品或系统的构成中,把同功能单元或部件重复配置以作备用。当其中一个单元或部件失效时,用备用的来替代(自动或手动切换)以继续维持其功能,直至所有单元均发生故障,系统才失效。这种系统称为备用冗余系统或储备系统,又称旁联系统,也有称为并联非储备系统。这种系统的一个明显特点是有一些并联单元,但它们在同一时刻并不是全部投入运行的。例如,飞机起落架的收放系统,一般是采用液压或气动系统,并装有机械的应急释放系统。备用冗余系统与并联系统的区别是:并联系统中每个单元一开始就同时处于工作状态,而储备系统中仅有一个单元工作,其余单元处于待机工作状态。备用冗余系统(工作储备系统)相应的可靠性模型如图3.12所示。

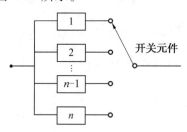

图 3.12　备用冗余系统框图

严格地说,上述几种系统中,除串联系统外,都可称为冗余系统或储备系统。因为并联、混联、等待系统等,实际上也都是部分单元在工作,而另一些单元是作为备用的。

备用冗余系统又可分为:冷储备系统和热储备系统两类。在热储备系统中,储备单元在储备期间承受载荷,因此在储备期间也可能发生故障,但储备寿命分布与工作寿命分布一般不相同,因而热储备系统的可靠性属性比冷储备系统复杂。并联系统和表决系统是热储备系统。在冷储备系统中,储备期间储备单元不承受工作载荷。冷储备系统也称为旁联系统。冷储备系统(旁联系统)的突出优点是能有效地提高系统的可靠性,但潜在问题是,如果失效监测装置和转换装置不可靠,则会显著降低系统可靠性。在系统工作过程中,储备单元性能不劣化,储备时间长短对以后的工作寿命没有影响。对于冷储备系统,系统中储备单元需要通过接通一个转换开关才能替换故障单元。因此,转换开关的可靠性对整个系统能否可靠地工作影响很大,于是又可分为转换开关完全可靠与转换开关不完全可靠两种情况。这里以转接开关完全可靠的冷储备系统为主进行介绍。

3.5.1　储备单元完全可靠的储备系统

1. 转换开关完全可靠

假定储备单元在储备期时间内不发生故障,且转换开关(自动或手动的)是完全可靠的。若系统由两个单元组成,单元的寿命均服从指数分布,失效率分别为 λ_1,λ_2 时,系统的寿命为单元寿命之和,即随机变量 $T_s = T_1 + T_2$。系统的可靠度和平均寿命分别为

$$R_s(t) = \int_o^{+\infty} \frac{\lambda_1 \lambda_2}{\lambda_2 - \lambda_1} (e^{-\lambda_1 t} - e^{-\lambda_2 t}) \mathrm{d}t = \frac{\lambda_2}{\lambda_2 - \lambda_1} e^{-\lambda_1 t} + \frac{\lambda_1}{\lambda_1 - \lambda_2} e^{-\lambda_2 t} \tag{3.36}$$

$$T_s = \int_0^{+\infty} R_s(t) \mathrm{d}t = \int_0^{+\infty} \left(\frac{\lambda_2}{\lambda_2 - \lambda_1} e^{-\lambda_1 t} + \frac{\lambda_1}{\lambda_1 - \lambda_2} e^{-\lambda_2 t} \right) \mathrm{d}t = \frac{1}{\lambda_1} + \frac{1}{\lambda_2} \tag{3.37}$$

若 $\lambda_1 = \lambda_2 = \lambda$,则类似有

$$R_s(t) = (1 + \lambda t) e^{-\lambda t} \tag{3.38}$$

$$T_s = \frac{2}{\lambda} \tag{3.39}$$

当系统由 n 个单元组成,单元的寿命均为指数分布,其失效率为 $\lambda_i, i = 1, 2, \cdots, n$,且两两相互独立时,利用数学归纳法证明系统可靠度和系统平均寿命分别为

$$R_s(t) = \sum_{k=1}^{n} \left(\prod_{\substack{i=1 \\ i \neq k}}^{n} \frac{\lambda_i}{\lambda_i - \lambda_k} e^{-\lambda_k t} \right) \tag{3.40}$$

$$T_s = \sum_{i=1}^{n} T_i = \sum_{i=1}^{n} \frac{1}{\lambda_i} \tag{3.41}$$

当失效率 $\lambda_1 = \lambda_2 = \cdots = \lambda_n = \lambda$ 时,则系统的可靠度及系统平均寿命分别为

$$R_s(t) = \sum_{k=0}^{n-1} \frac{(\lambda t)^k}{k!} e^{-\lambda t} \tag{3.42}$$

$$T_s = \sum_{i=1}^{n} T_i = \frac{n}{\lambda} \tag{3.43}$$

【例 3.10】　假定单元寿命服从指数分布,失效率为 $\lambda = 0.0005$,系统工作时间为 $t = 100\ \text{h}$。试比较均由两个相同单元组成的串联系统、并联系统、储备系统(转换开关完全可靠及储备单元完全可靠)的可靠度及系统平均寿命。

解　单元可靠度为 $R(t) = e^{-\lambda t} = e^{-0.0005 \times 100} \approx 0.95$

(1)串联系统可靠度和平均寿命分别为

$$R_s(t) = R^2(t) = 0.95^2 = 0.9025$$

$$T_s = \frac{1}{2\lambda} = \frac{1}{2 \times 0.0005} = 1000\ (\text{h})$$

(2)并联系统可靠度和平均寿命分别为

$$R_s(t) = 1 - [1 - R(t)]^2 = 1 - 0.05^2 = 0.9975$$

$$T_s = \frac{1}{\lambda} + \frac{1}{2\lambda} = \frac{1}{0.0005} + \frac{1}{2 \times 0.0005} = 3000\ (\text{h})$$

(3)储备系统可靠度和平均寿命分别为

$$R_s(t) = (1 + \lambda t)e^{-\lambda t} = (1 + 0.0005)e^{-0.0005 \times 100} \approx 0.9987$$

$$T_s = \frac{2}{\lambda} = \frac{2}{0.0005} = 4000\ (\text{h})$$

由上可知,①当转换开关完全可靠及储备单元完全可靠时,储备系统的可靠度大于并联系统的可靠度;②当转换开关完全可靠及储备单元完全可靠时,储备系统的平均寿命比并联系统及串联系统要明显增长,也可以通过公式比较得出此结论。

2. 转换开关不完全可靠

如果已知开关装置的可靠度为 R_0,且系统是由 n 个单元及一个开关转换装置组成的。若各单元寿命均服从指数分布,且失效率相同,即 $\lambda_1 = \lambda_2 = \cdots = \lambda_n = \lambda$,则经推导可得系统可靠度公式为

$$R_s(t) = \sum_{i=0}^{n-1} \frac{(\lambda R_0 t)^i}{i!} e^{-\lambda t} \tag{3.44}$$

系统平均寿命为

$$T_s = \frac{1}{\lambda(1 - R_0)}(1 - R_0^n) \tag{3.45}$$

若系统由两个单元组成,单元失效率分别为 λ_1, λ_2,可靠度为 $R_1(t) = e^{-\lambda_1 t}, R_2(t) = e^{-\lambda_2 t}$,开

关装置使用时可靠度为常数，$R_0(t) = R_0$，则系统的可靠度及平均寿命分别为

$$R_s(t) = e^{-\lambda_1 t}(1-R_0) + R_0\left(\frac{\lambda_2}{\lambda_2-\lambda_1}e^{-\lambda_1 t} + \frac{\lambda_1}{\lambda_1-\lambda_2}e^{-\lambda_2 t}\right) =$$

$$e^{-\lambda_1 t} + \frac{\lambda_1 R_0}{\lambda_1-\lambda_2}(e^{-\lambda_2 t} - e^{-\lambda_1 t}) \tag{3.46}$$

$$T_s = \frac{1}{\lambda_1} + \frac{R_0}{\lambda_2} \tag{3.47}$$

当 $\lambda_1 = \lambda_2 = \lambda$ 时，系统的可靠度及平均寿命分别为

$$R_s(t) = e^{-\lambda t}(1+\lambda t R_0) \tag{3.48}$$

$$T_s = \frac{1}{\lambda}(1+R_0) \tag{3.49}$$

【例 3.11】　由两个相同单元组成的旁联系统，单元寿命服从指数分布，且 $\lambda_1 = \lambda_2 = 0.000\ 1\ \text{h}^{-1}$，$\lambda_0 = 0.000\ 025\ \text{h}^{-1}$，求在 $t = 2\ 000\ \text{h}$ 情况下的系统可靠度及系统平均寿命。

解　　　　$R_s(2\ 000) = e^{-0.000\ 1 \times 2\ 000}\left[1 + \frac{0.000\ 1}{0.000\ 025}(1 - e^{-0.000\ 025 \times 2\ 000})\right] = 0.978\ 45$

$$T_s = \frac{1}{\lambda} + \frac{1}{\lambda_0+\lambda} = \frac{1}{0.000\ 1} + \frac{1}{0.000\ 025 + 0.000\ 1} \approx 18\ 000\ (\text{h})$$

3.5.2　储备单元不完全可靠的储备系统

储备单元由于受环境因素的影响，在储备期间失效率不为零，当然这种失效率比工作时的失效率要小得多。储备单元在储备期失效率不为零的旁联系统比储备单元在储备期失效率为零的旁联系统要复杂得多，因此只介绍两个单元组成的储备单元在储备期不完全可靠的旁联系统。

1. 转换开关装置完全可靠

转换开关装置完全可靠，即开关装置可靠度 $R_0 = 1$。设系统中工作单元 1 失效率为 λ_1，单元 2 为储备单元，其储备期的失效率为 λ_h。假设单元 2 进入工作状态后的工作寿命与储备期长短无关，且失效率为 λ_2，各单元之间是相互独立的，那么可以求出系统的可靠度为

$$R_s(t) = e^{-\lambda_1 t} + \frac{\lambda_1}{\lambda_1+\lambda_h-\lambda_2}\left[e^{-\lambda_2 t} - e^{-(\lambda_1+\lambda_h)t}\right] \tag{3.50}$$

系统的平均寿命为

$$T_s = \frac{1}{\lambda_1} + \frac{1}{\lambda_2}\left(\frac{\lambda_1}{\lambda_1+\lambda_h}\right) \tag{3.51}$$

当 $\lambda_1 = \lambda_2 = \lambda$ 时，系统的可靠度和平均寿命分别为

$$R_s(t) = e^{-\lambda t} + \frac{\lambda}{\lambda_h}\left[e^{-\lambda t} - e^{-(\lambda+\lambda_h)t}\right] \tag{3.52}$$

$$T_s = \frac{1}{\lambda} + \frac{1}{\lambda+\lambda_h} \tag{3.53}$$

2. 转换开关装置不完全可靠

设工作单元、储备单元在工作期间寿命为 T_1，T_2，转换装置的寿命为 T_0，储备单元在储备期的寿命为 T_h，其相应的失效率分别为 λ_1，λ_2，λ_0，λ_h，则系统的可靠度及平均寿命为

$$R_s(t)=e^{-\lambda_1 t}+\frac{\lambda_1}{\lambda_0+\lambda_1+\lambda_h-\lambda_2}\left[e^{-\lambda_2 t}-e^{-(\lambda_0+\lambda_1+\lambda_h)t}\right] \tag{3.54}$$

$$T_s=\frac{1}{\lambda_1}+\frac{\lambda_1}{\lambda_2(\lambda_0+\lambda_1+\lambda_h)} \tag{3.55}$$

当 $\lambda_h=\lambda_2$ 时,系统的可靠度及平均寿命分别为

$$R_s(t)=e^{-\lambda_1 t}+\frac{\lambda_1}{\lambda_0+\lambda_1}\left[e^{-\lambda_2 t}-e^{-(\lambda_0+\lambda_1+\lambda_2)t}\right] \tag{3.56}$$

$$T_s=\frac{1}{\lambda_1}+\frac{\lambda_1}{\lambda_2(\lambda_0+\lambda_1+\lambda_2)} \tag{3.57}$$

3.6　复杂系统

在实际问题中,有许多系统不是简单地由串联、并联子系统构成的,它不能用典型的串、并联等数学模型来计算,这样的系统称为复杂系统。例如,非串、并联系统和桥式网络系统属于复杂系统,如图 3.13 所示。图中的(a)是桥式网络系统,(b)和(c)是两个非串、并联系统。

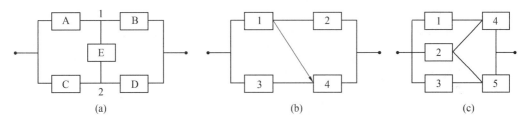

图 3.13　复杂系统可靠性框图

当系统可以分解为串联、并联和混联系统时,复杂系统可靠度的计算就可以按照前面说明的方法进行。但在实际中,有的系统是不能简单地分解成串联、并联等来进行计算的。例如,桥式网络系统和非串、并联系统就是这类系统。对这类复杂系统,可以采用布尔真值表法(状态枚举法)、卡诺图法(概率图法)、全概率分解法、最小路法、网络拓扑法等进行计算。前三种方法仅适用于小型网络的手工计算,最小路法适用于计算机计算,故目前应用最广。

1. 布尔真值表法

此法又称状态枚举法。它是把系统模型看成一个开关网络,每一单元只有工作状态和失效状态这两种状态。然后把系统的所有可能状态列举出来组成布尔真值表。列表时可以用"0"代表单元失效,"1"代表单元工作;F 代表系统失效,S 代表系统工作。把系统所有能正常工作状态的概率相加就是系统能正常工作的概率,即系统的可靠度。

2. 卡诺图法

卡诺图法是逻辑电路网络分析的一种方法,它可以利用布尔真值表的结果作图,也可以直接根据系统状态作图。当把卡诺图法用来计算系统可靠度时,它也可称为"概率图法"。

3. 全概率分解法

全概率分解法,即对于可靠度不易确定的复杂网络系统,可采用概率论中的全概率公式将它简化为一般串、并联系统进行计算其成功概率的方法。该方法首先要选出系统中的关键单元以简化系统,然后根据这个单元是处于正常的或失效的两种状态,再利用全概率公式计算系

统的可靠度。

【例 3. 12】 如图 3.14 可靠性框图描述的系统,由 1、2、3、4 和 D 子系统构成,各子系统的可靠度分别用 R_1、R_2、R_3、R_4 和 R_D 表示。试写出系统可靠度表达式。

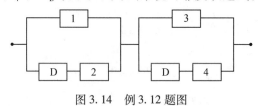

图 3.14　例 3.12 题图

解　以单元 D 为中枢单元对系统进行分解。当单元 D 处于正常工作状态时,原系统成为如图 3.15 所示的分系统 s_1。

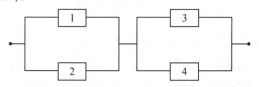

图 3.15　例 3.12 题分系统 s_1 可靠性框图

分系统 s_1 的可靠度为

$$R_{s_1} = (R_1 + R_2 - R_1 R_2)(R_3 + R_4 - R_3 R_4)$$

当中枢单元 D 失效时,原系统成为如图 3.16 所示的分系统 s_2。

图 3.16　例 3.12 题分系统 s_2 可靠性框图

分系统 s_2 的可靠度为

$$R_{s_2} = R_1 R_3$$

因此,原系统的可靠度为

$$R_s = R_D R_{s_1} + (1 - R_D) R_{s_2} = R_D (R_1 + R_2 - R_1 R_2)(R_3 + R_4 - R_3 R_4) + (1 - R_D) R_1 R_3$$

4. 不交最小路法

系统的可靠度也可以根据最小路集确定。路集就是能够保证系统正常工作的所有部件的集合;最小路集就是集合中的所有部件必须全部正常工作,系统才能正常工作。不交最小路法,即首先枚举任意网络的所有最小路集,列出系统工作的最小路集表达式,利用概率论和布尔代数有关公式求系统的可靠度。使用不交最小路法可以直接利用数学公式求解任意网络系统的可靠度,由于此方法便于实现计算机解题,因此更适用于计算复杂系统的可靠度。

习题三

3-1　计算两个单元组成的串联系统可靠度、失效率和平均寿命。已知两个单元的失效率分别为 $\lambda_1 = 0.000\ 05\ \text{h}^{-1}$,$\lambda_2 = 0.000\ 01\ \text{h}^{-1}$,工作时间 $t = 1\ 000\ \text{h}$。

3-2　图 3.17 所示为混联系统,各单元寿命均服从指数分布,各单元不可靠度见表 3.2。试求该系统可靠度。

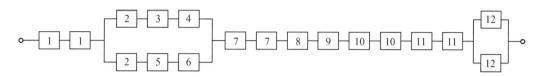

图 3.17　习题 3-2 图

表 3.2　单元不可靠度

单元	1	2	3	4	5	6	7	8	9	10	11	12
F_i	0.004	0.196	0.006	0.006	0.064	0.064	0.003	0.001	0.005	0.036	0.005	0.060

3-3　三叉载运输机三台发动机,至少两台正常工作,飞机就能安全起飞。若每台发动机 MTTF = 2 000 h,试画出系统可靠性逻辑框图,当 $t = 100$ h 时,分别求出发动机及系统的可靠度。

3-4　图 3.18 所示混联系统,若各单元相互独立,且单元可靠度分别为 $R_1 = 0.99$,$R_2 = 0.98$,$R_3 = 0.97$,$R_4 = 0.96$,$R_5 = 0.975$,试求其可靠度。

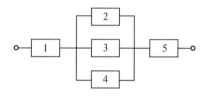

图 3.18　习题 3-4 图

3-5　某 3/5 表决系统,各单元寿命服从指数分布,失效率均为 $\lambda_1 = 0.000 02$ h^{-1},系统工作时间为 1 000 h,求系统的可靠度及平均寿命。

3-6　3 个单元组成的旁联系统服从指数分布,各单元失效率分别为 $\lambda_1 = 0.000 01$ h^{-1},$\lambda_2 = 0.000 02$ h^{-1},$\lambda_3 = 0.000 03$ h^{-1},储备单元在储备期不会失效,转换装置完全可靠。试求系统平均寿命及当 $t = 1 000$ h 时的可靠度。

3-7　发动机的故障率 $\lambda_1 = 0.000 02$ h^{-1},备用电源失效率 $\lambda_2 = 0.000 01$ h^{-1},电源在备用期失效率 $\lambda_h = 0.000 01$ h^{-1},发电机与备用电源组成旁联系统的供电源,又知转换装置的可靠度 $R_0 = 0.99$。求当 $t = 1 000$ h,时系统的可靠度及系统平均寿命。

第4章 可靠性设计

一个机械系统常由许多子系统组成,而每个子系统又可能由若干单元(如零、部件)组成。因此,单元的功能及实现其功能的概率都直接影响系统的可靠度。在设计过程中,不仅要将系统设计得满足功能要求,还应设计得使其能有效地执行功能。因而就须对系统进行可靠性设计。具体来说,系统可靠性设计的目的,就是要使系统在满足可靠性指标、完成预定功能的前提下,使该系统的技术性能、质量(kg)指标、制造成本及使用寿命等取得协调并达到最优化的结果;或者在性能、质量、成本、寿命和其他要求的约束下,设计出高可靠性系统。可靠性设计是一个反复迭代的过程。整个可靠性设计过程如图4.1所示。

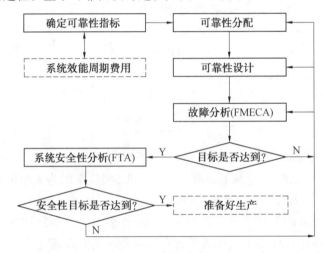

图 4.1　可靠性设计过程

系统的可靠性设计有两个方面的含义。其一是可靠性预计,其二是可靠性分配。

系统的可靠性预计是按系统的组成形式,根据已知的单元和子系统的可靠度计算求得的。它可以是按单元→子系统→系统的顺序自下而上地落实可靠性指标,这是一种合成方法。

系统的可靠性分配是将已知系统的可靠性指标(容许失效概率)合理地分配到其组成的各子系统和单元上去,从而求出各单元应具有的可靠度,它比可靠性预计要复杂。可以说,它是按系统→子系统→单元的顺序自上而下地落实可靠性指标,这是一种分解方法。

4.1　可靠性预计

可靠性预计是指在设计阶段,依据组成系统的元器件、零部件的可靠性指标、系统结构、功能、环境及相互关系,定量分析、预计系统可靠性水平的一种方法。它是运用以往的工程经验、故障数据、当前的技术水平,尤其是以元器件、零部件的失效率为依据,预报产品(元器件、零部件、子系统或系统)实际可能达到的可靠度,即预报这些产品在特定的应用中完成规定功能的概率。从研究产品的设计方案开始,到样机制造、试生产的各个阶段,都必须反复进行可靠性预计,以确保产品满足可靠性指标的要求。否则,在产品研制成功后,可能因为未能采取必要的可靠性措施而达不到可靠性指标的要求,或因所采取的措施带有很大的盲目性,而导致经济和时间上的重大损失。

预计本身并不能提高产品的可靠性,但可靠性预计值提供了系统中各功能之间的可靠度相对量度,它可用来作为设计决策的依据。可靠性预计的主要目的是预测产品能否达到设计任务书规定的可靠性指标值,通过可靠性预测还能起到如下作用:

(1)检查可靠性指标分配的可行性和合理性。

(2)通过对不同设计方案的预计结果,比较选择优化设计方案。

(3)发现设计中的薄弱环节,为改进设计、加强可靠性管理和生产质量控制提供依据。

(4)为元器件和零部件的选择、控制提供依据。

(5)为开展可靠性增长、试验、验收等工作提供信息。

(6)为综合权衡可靠性、质量、成本、尺寸、维修性等参数提供依据。

在方案研究阶段,通过可靠性预计,可以检查设计方案是否合理,选择既能满足性能和可靠性要求,又能达到最好的经济效益的最佳方案。在样机制造和试生产阶段,产品的电路设计、结构设计已基本完成,各种资料、数据来源比较丰富,可以对元器件或零部件承受的应力进行详细的预计分析,借以发现设计上存在的缺陷和可靠性薄弱环节,以便采用有效的可靠性设计技术,从而保证可靠性指标的实现。通过可靠性预计,还可以为可靠性再分配提供重要的依据。

进行可靠性预计必须有过去积累的经验和可靠性数据。积累的经验和以往的信息量越多,预计的精度就越高。由于可靠性预测是根据已知的数据、过去的经验和知识对新产品系统的设计进行分析,因此,数据和信息来源的科学性、准确性和适用性以及分析方法的可行性就成为可靠性预测的关键。由于受环境条件、操作人员、工作方式、维修方式等影响,所搜集的数据大都是统计数据,与实际应用数据不尽相同;预测技术十分复杂,预计方法大都用数学公式计算,很多因素被忽略。预测结果的绝对值往往与真实结果相差较大,但对于不同方案预测的相对量而言,有足够的准确性。

可靠性预计的程序是首先确定元器件的可靠性,进而预计部件的可靠性,按功能级自下而上逐级进行预计,最后综合得出系统的可靠性。根据不同的目的和要求,可靠性预计的内容和程序有所不同,一般而言可靠性预计按下述步骤进行。

(1)确定质量目标。对产品系统的设计、研制目的、用途、功能、性能参数等进行明确的规定。当然,这些规定将随着设计、研制工作的进展而不断精确与完善。

(2)拟定使用模型。对于产品自交付使用到最终报废的全过程,经历的环境及有关事件,如运输、存储、试验检查、运行操作和维修等拟定工作模型。

(3)建立产品结构。以图解形式形象地表明产品系统中各单元组成情况,如可用可靠性框图、事故(或故障)树、状态图或它们的结合来表示可靠性结构模型。

(4)推导数学模型。根据产品的结构模型和单元的可靠性特征量,经过一系列假设、简化,导出系统数学模型。数学模型可是一组表达式,也可是状态矩阵。

(5)确定单元功能。单元是组成系统的一个功能级别,可以是组件、部件或元器件,它们具有一定的可靠性量值,在可靠性框图中是一个独立方块,必须一一确定。

(6)确定环境系数。通过对产品系统在使用期中所经历的工作环境条件反应分析,确定环境系数。

(7)确定系统应力。根据产品工作方式和工作应力分析,确定降额系数、应用系数和时间比(工作时间/日工作时间)。

(8)假定失效分布。根据系统中各个单元的寿命特征,使用相应的失效分布。未知失效分布时,可假定并取得数值后核实、修正。

(9)根据选定的质量等级、环境系数、工作应力和失效分布,计算单元的工作失效率和储存失效率。

(10)计算产品可靠性。把各单元失效率数据作为输入,利用产品系统的可靠性数字模型,计算出系统的可靠性数值。

可靠性预计包括单元可靠性预计和系统可靠性预计两部分内容。

4.1.1　单元可靠性预计

系统由许多单元组成,因此,系统可靠性预计是以单元(元器件、零部件、子系统)的可靠度为基础的。即在可靠性预计中首先会遇到单元的可靠性问题。

预计单元的可靠度,首先要确定单元的基本失效率 λ_G,它们是在一定的环境条件(包括一定的试验条件、使用条件)下得出的,设计时可以从手册、资料中查得。而在实际使用环境条件下的失效率,称为元器件的工作(现场)失效率。由于使用环境下的各种应力因素与试验室控制的条件下的情况存在差异,因而元器件的工作失效率和基本失效率不同。所谓基本失效率是指元器件在电应力和温度应力作用下的失效率,通常用电应力和温度应力对电子元器件失效率影响的关系模型来表示。

进行单元失效率预计的基本方法是先查基本失效率,然后考虑实际使用条件下影响因素而引入相应的修正系数 K_F,对其基本失效率进行修正。并按下式计算出该环境下的工作失效率。

$$\lambda = K_F \cdot \lambda_G \tag{4.1}$$

表4.1 给出了一些失效率修正系数 K_F 值,但这只是一些选择范围,具体的环境条件下的具体数据,应查阅有关的专门资料。

表4.1　失效率修正系数值

环　境　条　件					
实验室设备	固定地面设备	活动地面设备	舰载设备	飞机设备	导弹设备
1~2	5~20	10~30	15~40	25~100	200~1 000

由于单元多为元件、零部件,而在机械产品中的零部件都是经过磨合阶段才正常工作的,因此其失效率基本保持一定,处于偶然失效期,其可靠度函数服从正态分布,即

$$R(t) = e^{-\lambda t} = \exp(-K_F \cdot \lambda_G \cdot t) \tag{4.2}$$

在完成了组成系统的单元(元件、零部件)的可靠性预计后,即可进行系统的可靠性预计。

4.1.2　系统可靠性预计

系统的可靠性,与组成系统的单元的数目、单元的可靠性以及单元之间的相互功能关系有关。因此,在进行系统可靠性预计时,首先需要确定系统的可靠性功能逻辑图(这在本书第3章中已进行了介绍)。然后,利用各单元的可靠性预计值求得系统的可靠性预计值。

系统可靠性预计的方法有如下几种:

1. 数学模型法

对于能够直接给出可靠性数学模型的串联系统、并联系统、混联系统、表决系统、旁联系统，可以采用第 3 章中介绍的公式进行系统可靠性预计，通常称为数学模型法。

2. 蒙特卡罗法

蒙特卡罗法是以概率和数理统计为基础，用概率模型作近似计算的一种数学模拟方法。它以随机抽样方法为手段，根据系统的可靠性逻辑图进行可靠性预计。当各单元的可靠性特征量已知，但系统的可靠性模型过于复杂，难于推导出一个可以求解的通用公式时，蒙特卡罗法可根据单元完成任务的概率及可靠性逻辑图，一次计算出系统的可靠度。由于这种方法需要反复试验，工作过于繁琐，所以它是用计算机来完成的。

蒙特卡罗法规定：每个单元的预计可靠度在可靠性逻辑图中可以用一组随机数来表示。随机数由计算机的随机数发生器提供。例如当一个单元的可靠度为 0.8 时，便可用 0 ~ 0.799 9 中所有随机数表示单元的成功，用 0.800 0 ~ 0.999 9 中的所有随机数表示单元的失效。再根据单元的可靠度及系统的可靠性逻辑图来预计系统的可靠度。具体的方法如下：

设某系统的可靠性逻辑图如图 4.2 所示。其中第一个单元 A（设 $R(A) = 0.8$）用计算机的随机发生器输入一个随机数，根据第一个随机数来决定这个单元的成功或失效。如果这个随机数小于 0.799 9，则表示该单元正常，便应把另一个随机数输入到框图的下一个单元 B，新的随机数便决定这个单元的成功或失效。

如果对单元 A 发出的随机数大于 0.80，但它还有并联单元，则计算机自动返回到最邻近的另一个并联单元 C。然后计算机自动给这个并联单元发出一个随机数，与该单元的可靠度比较后，确定其成功或失效。若失效，系统又没有其他并联单元，则表示系统失效。上述过程一结束，记下失效次数。若成功，则又对单元 B 发出新的随机数，与单元 B 可靠度比较成功后，则表示系统成功次数。这个过程要反复进行到要求的试验次数 N 为止。此时，运用大数定律就可以计算出系统可靠度的预计值。进行模拟的次数越多，预计值越接近实际情况。

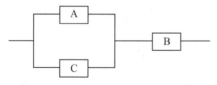

图 4.2　蒙特卡罗法的计算机模拟例图

3. 边值法

边值法又称为上下限法。其基本思想是将一个不能用前述数学模型求解的复杂系统，先简单地看成某些单元的串联系统，求该串联系统的可靠度预计值的上限值和下限值，然后再逐步考虑系统的复杂情况，并逐次求出系统可靠度越来越精确的上限值和下限值，当达到一定的精度要求后，再将上限值和下限值做数学处理，合成一个可靠的单一预计值，它应是满足实际精度要求的可靠度值。

边值法对复杂系统，特别是那些难以绘制准确可靠性框图的系统尤其适用，同时能保证一定精度。美国已将此法用于像阿波罗飞船这样复杂系统的可靠性预测上，其精度已被实践所证实。在处理复杂的系统时，它比模拟法节省费用；当系统较为简单时，此法又比数学模型法简便，且所得结果也相当精确。上下限法的优点在于不苛求单元之间是否相互独立，且各种冗余系统都可使用，也适用于多种目的和阶段工作的系统可靠性预计。

（1）上限值的计算

当系统中的并联子系统的可靠性很高时,可以认为这些并联部分或冗余部分的可靠度都近似1,而系统失效主要是由串联单元引起的,因此在计算系统可靠度上限值时,只考虑系统中的串联单元。在这种情况下,系统可靠度上限初始值的计算公式可按串联系统考虑并表达为

$$R_{U_0} = R_1 R_2 \cdots R_m = \prod_{i=1}^{m} R_i \tag{4.3}$$

式中　$R_1, R_2, \cdots, R_m$——系统中各串联单元的可靠度;

　　　m——系统中的串联单元数。

当系统中的并联子系统的可靠度较差时,若只考虑串联单元则所得到的系统可靠度的上限值会偏高,因而应当考虑并联子系统对系统可靠度上限的影响。但是对于由3个以上的单元组成的并联子系统,一般可以认为其可靠性很高,就不用考虑其影响。

以图4.3所示系统为例,当系统中的单元3与5,3与6,4与5,4与6,7与8中任一对并联单元失效,均将导致系统失效。发生这种失效情况的概率分别为 $R_1 R_2 F_3 F_5$, $R_1 R_2 F_3 F_6$, $R_1 R_2 F_4 F_5$, $R_1 R_2 F_4 F_6$, $R_1 R_2 F_7 F_8$。将它们相加便得到由于一对并联单元失效而引起系统失效的概率

$$R_1 R_2 (F_3 F_5 + F_3 F_6 + F_4 F_5 + F_4 F_6 + F_7 F_8)$$

因此,考虑一对并联单元失效对系统可靠度上限值的影响后,该系统可靠度上限值为

$$R_U = R_1 R_2 - R_1 R_2 (F_3 F_5 + F_3 F_6 + F_4 F_5 + F_4 F_6 + F_7 F_8)$$

写成一般形式,则为

$$R_U = \prod_{i=1}^{m} R_i - \prod_{i=1}^{m} R_i \sum_{(j,k) \in s} (F_j F_k) = \prod_{i=1}^{m} R_i \left[1 - \sum_{(j,k) \in s} (F_j F_k) \right] \tag{4.4}$$

式中　m——系统中的串联单元数;

　　　$F_j F_k$——并联的两个单元同时失效而导致系统失效时,该两单元的失效概率之积;

　　　s——对并联单元同时失效而导致系统失效的单元对数。

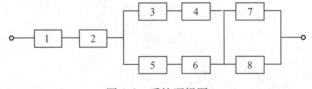

图4.3　系统逻辑图

（2）下限值的计算。

系统可靠度下限值的计算也要逐步进行。首先是把系统中的所有单元,不管是串联的还是并联的、储备的,都看成是串联的。这样,即可得出系统的可靠度下限初始值 R_{L0} 为

$$R_{L0} = \prod_{i=1}^{n} R_i \tag{4.5}$$

式中　R_i——系统中第 i 个单元的可靠度;

　　　n——系统中的单元总数。

实际上,在系统的并联子系统中如果仅有一个单元失效,系统仍能工作正常。有的并联子系统,甚至允许有两个、三个或更多的单元失效而不影响整个系统的正常工作。例如,图4.3所示的系统,如果在3与4,3与7,4与7,5与6,5与8,6与8的单元对中有一对单元失效,或

3,4,7 和 5,6,8 单元组中有一组(3 个)单元失效,系统仍能正常工作。考虑这些因素对系统可靠度的影响,则系统的可靠度下限值应逐步计算如下:

$$\left.\begin{aligned} R_{L1} &= R_{L0} + P_1 \\ R_{L2} &= R_{L0} + P_2 \\ &\vdots \end{aligned}\right\} \tag{4.6}$$

式中　P_1——考虑系统中的并联子系统中有 1 个单元失效,系统仍能正常工作的概率;

　　　P_2——考虑系统的任一并联系统中有 2 个单元失效,系统仍能正常工作的概率;
　　　　$\vdots$

对于图 4.3 所示系统,有

$$P_1 = R_1 R_2 (F_3 R_4 R_5 R_6 R_7 R_8 + R_3 F_4 R_5 R_6 R_7 R_8 + \cdots + R_3 R_4 R_5 R_6 R_7 F_8) =$$

$$R_1 R_2 \cdots R_8 \left(\frac{F_3}{R_3} + \frac{F_4}{R_4} + \cdots + \frac{F_8}{R_8} \right)$$

$$P_2 = R_1 R_2 (F_3 F_4 R_5 R_6 R_7 R_8 + F_3 R_4 R_5 R_6 F_7 R_8 + R_3 F_4 R_5 R_6 F_7 R_8 + \cdots + R_3 R_4 R_5 F_6 R_7 F_8) =$$

$$R_1 R_2 \cdots R_8 \left(\frac{F_3 F_4}{R_3 R_4} + \frac{F_3 F_7}{R_3 R_7} + \cdots + \frac{F_6 F_8}{R_6 R_8} \right)$$

$$\vdots$$

写成一般式为

$$\left.\begin{aligned} P_1 &= \prod_{i=1}^{n} R_i \left(\sum_{j=1}^{n_1} \frac{F_j}{R_j} \right) \\ P_2 &= \prod_{i=1}^{n} R_i \left(\sum_{(j,k) \in n_2} \frac{F_j F_k}{R_j R_k} \right) \\ &\vdots \end{aligned}\right\} \tag{4.7}$$

式中　n——系统中的单元总数;

　　　n_1——系统中的并联单元数目;

　　　R_i, F_j——单元 $j (j = 1, 2, \cdots, n_1)$ 的可靠度和不可靠度;

　　　$R_j R_k, F_j F_k$——并联子系统中的单元对的可靠度和不可靠度,这种单元对的两个单元同时失效时,系统仍能正常工作;

　　　n_2——并联子系统中单元对的个数。

将式(4.7)代入(4.6),得第一步、第二步……计算所用的系统可靠度下极限值公式

$$\left.\begin{aligned} R_{L1} &= \prod_{i=1}^{n} R_i \left[1 + \sum_{j=1}^{n_1} \frac{F_j}{R_j} \right] \\ R_{L2} &= \prod_{i=1}^{n} R_i \left[1 + \sum_{j=1}^{n_1} \frac{F_j}{R_j} + \sum_{(j,k) \in n_2} \frac{F_j F_k}{R_j R_k} \right] \\ &\vdots \end{aligned}\right\} \tag{4.8}$$

以此类推,可求出 $R_{L3}, R_{L4}, \cdots$。随着计算步数或考虑单元数的增加,系统可靠度的上、下限值逐渐接近。

(3)按上、下限值综合预计系统的可靠度。

根据上面求得的系统的可靠度上、下限值 R_U, R_L,可求出系统可靠度的单一预计值。最简单的办法就是求它们的算术平均值,但经验表明该值偏于保守。一般采用计算式为

$$R_s = 1 - \sqrt{(1-R_U)(1-R_L)} \tag{4.9}$$

采用边值法计算系统可靠度时,一定要注意使计算上、下限的基点一致,即如果计算上限时只考虑了一个并联单元失效,则计算下限值时也必须只考虑一个单元失效;如果上限值同时考虑了一对并联单元失效,那么下限值也必须如此。

考虑的情况越多,算出的上、下限值就越接近,但计算也越复杂,也就失去了这个方法的优点。实际上,两个较粗略的上、下限值和两个精确的上、下限值分别综合起来得到的两种系统可靠度预计值一般相差不会太大。据经验,当 $R_U - R_L \approx 1 - R_U$ 时,即可用式(4.9)进行综合计算。

4. 元器件计数法

元器件计数法是一种按不同元器件的数量来预计单元和系统可靠度的方法,采用这种方法需要知道通用元器件的种类和数量、元器件的质量等级,以及它们所处的环境。这种方法仅适用于方案论证和早期设计阶段,知道整个系统采用元器件种类和数量,就能很快地进行可靠性预计,以便粗略地判断某设计方案的可行性。用这种方法计算系统的失效率的数学表达式为

$$\lambda_s = \sum_{i=1}^{n} N_i (\lambda_{Gi} \times \pi_{Qi}) \tag{4.10}$$

式中　λ_s——系统的失效率;

　　　λ_{Gi}——第 i 种通用元器件的通用失效率;

　　　π_{Qi}——第 i 种通用元器件的质量系数;

　　　N_i——第 i 种通用元器件的数量;

　　　n——不同通用元器件种类数目。

上式适用于处在同一种环境的系统。如果系统所包含的 n 个单元是在不同环境中工作,则应该分别按不同环境用上式计算出各单元的失效率,然后将这些失效率相加,即可求得系统总的失效率。不同环境条件下各类元器件的通用失效率和质量因数可从有关手册中查到。但有些混合微电路的通用失效率是难以通过手册查到的,因为这些元器件不是标准化的。这种方法的优点是可以快速地进行可靠性预计,以判断某设计方案能否满足可靠性要求。缺点是准确度较差。

5. 相似设备法

这种方法是根据与所研究的新设备相似的老设备的可靠性,考虑到新设备在可靠性方面的特点,用比较的方法估计新设备可靠性的方法。估计值的精确度取决于历史数据的质量及设备的相似程度。在机械、电子、机电类具有相似可靠性数据的新产品方案论证、初步设计阶段,可用相似设备法进行可靠性预计。

用相似设备法进行可靠性预测的一般步骤是:

(1)确定与新设计产品在类型、使用条件及可靠性特征最相似的现有产品。

(2)对相似产品在使用期间所有数据进行可靠性分析。

(3)根据相似产品的可靠性,作适当修正,作出新产品所具有的可靠性水平。

相似设备法的经验公式为

$$\lambda_i = K_1 \cdot d_i \tag{4.11}$$

$$\lambda_r = K_1 \cdot d_r \tag{4.12}$$

式中　λ_i——老设备的故障率;

　　　K_1——比例系数;

　　　d_i——老设备内可能的缺陷数;

　　　λ_r——新设备的故障率;

　　　d_r——新设备内可能的缺陷数,且

$$d_r = d_i + d_n - d_e$$

式中　d_n——新增加的缺陷数;

　　　d_e——已排除的缺陷数。

　　还可以根据新老设备相对复杂性进行估计,即

$$\lambda_r = K_2 \cdot \lambda_i \tag{4.13}$$

式中　K_2——新老设备的相对复杂系数。

　　6. 应力分析法

　　在可靠性工程中,应力是指对产品功能有影响的各种外界因素,包括通常的机械应力、载荷、变形、温度、磨损、油膜、电流、电压等。应力分析法的步骤与元件计数法大致相同,只是应力分析法需要更为详细的元器件模型和应力数据,需要涉及大量的公式和图表,故适用于设计后期阶段。一般情况是在产品已研制完成,对它的结构、电路及其各元器件的环境应力、工作电应力都明确的条件下才能应用。这种预计方法以元器件的基本失效率为基础,根据使用环境、生产制造工艺、质量等级、工作方式和工作应力的不同,做出相应修正来预计产品元器件的工作失效率,进而求出部件的失效率,最后得到产品的失效率。

　　半导体器件的失效率模型表示为

$$\lambda_p = \lambda_b (\pi_E \pi_A \pi_{s_2} \pi_C \pi_Q) \tag{4.14}$$

式中　λ_p——元器件工作失效率;

　　　λ_b——器件基本失效率;

　　　π_E——环境因数;

　　　π_A——应用因数(指电路方面的应用影响);

　　　π_{s_2}——电压因数(指外加电压对模型的调整因数);

　　　π_C——复杂度因数(指一个封装内有多个器件的影响);

　　　π_Q——质量因数。

　　式中所有的 π 因数都是对基本失效率进行的修正。π_E 和 π_Q 在所有各类元器件的模型中都采用,其余的 π 因数则根据不同类型元器件的需要而进行取舍。

　　用应力分析法预计可靠度的步骤是:

　　(1)计算出每个元器件的基本失效率 λ_b。

　　(2)确定各种 π 因数,即质量因数 π_Q、环境因数 π_E 以及其他 π 因数。

　　(3)计算每个元器件的工作失效率 λ_p。

　　(4)求设备故障率

$$\lambda_{设备} = \sum_{i=1}^{n} \lambda_{pi} \tag{4.15}$$

平均无故障工作时间为

$$MTBF = \frac{1}{\lambda_{设备}} \tag{4.16}$$

4.2　可靠性分配

可靠性分配(Reliability Allocation)是指将工程设计规定的系统可靠度指标合理地分配给组成该系统的各个单元,确定系统各组成单元的可靠性定量要求,从而使整个系统可靠性指标得到保证。

可靠性分配是自上而下即从系统到单元的设计过程。通常有两类分配的方法,其一是以可靠性指标为限制条件,给出指标的最低限度,在此条件下使系统的成本、质量、体积等参数尽可能地小;其二是以质量、体积、成本等为限制条件,在满足这些条件的基础上使系统的可靠性指标尽可能提高。一般还应根据系统的用途分析哪些参数予以优先考虑,哪些单元在系统中占有重要位置,其可靠度应予以优先保证。因而可靠性分配实质上是一个最优化问题。在可靠性分配时,应遵循以下原则。

(1)复杂度高的分系统、设备等,通常组成单元多,设计制造难度大,应分配较低的可靠性指标,以降低满足可靠性要求的成本。

(2)对于技术上不够成熟的产品,分配较低的可靠性指标,以缩短研制时间,降低研制费用。

(3)对于处于恶劣环境条件下工作的产品,产品的失效率会增加,应分配较低的可靠性指标。

(4)因为产品的可靠性随着工作时间的增加而降低,对于需要长期工作的产品,分配较低的可靠性指标。

(5)对于重要度高的产品,一旦发生故障,对整个系统影响很大,应分配较高的可靠性指标。

4.2.1　平均分配法

平均分配法也称等分配法。这种方法不考虑系统中各单元在系统中的重要程度及各单元本身的复杂程度,简单地把系统总的可靠度平均分摊给各个单元。此时,全部子系统或各组成单元的可靠度相等。

1. 串联系统可靠度分配

假设系统由 n 个单元串联组成,且具有近似的复杂程度、重要性以及制造成本时,可用等分配法分配系统各单元的可靠度。这种分配法的另一出发点是考虑到串联系统的可靠度往往取决于系统中的最弱单元,因此,对其他单元分配高的可靠度无实际意义。

当系统的可靠度为 R_s,各单元分配的可靠度为 R_i 时,有

$$R_s = \prod_{i=1}^{n} R_i \tag{4.17}$$

因此,单元的可靠度为

$$R_i = (R_s)^{1/n} \quad i = 1, 2, \cdots, n \tag{4.18}$$

2. 并联系统可靠度分配

当系统的可靠度指标要求很高(例如 $R_s > 0.99$)而选用已有的单元又不能满足要求时,可选用 n 个相同的并联单元,这时单元的可靠度 R_i 可大大低于系统的可靠度 R_s。因为

$$R_s = 1 - (1-R_i)^n \tag{4.19}$$

所以,单元的可靠度为

$$R_i = 1 - (1-R_s)^{1/n} \qquad i = 1,2,\cdots,n \tag{4.20}$$

3. 串-并联系统可靠度分配

利用等分配法对串-并联系统进行可靠度分配时,可先将串-并联系统简化为等效单元,再给同级等效单元分配以相同的可靠度。

例如,对于图 4.4 所示的串-并联系统作两步化简后,可先从最后的等效串联系统(图 4.4(c))开始按等分配法对各单元分配可靠度

$$R_1 = R_{s234} = R_s^{1/2}$$

再由图 4.4(b)所示分得

$$R_2 = R_{s34} = 1 - (1-R_{s234})^{1/2}$$

最后再求图 4.4(a)所示的 R_3 及 R_4,即

$$R_3 = R_4 = R_{s34}^{1/2}$$

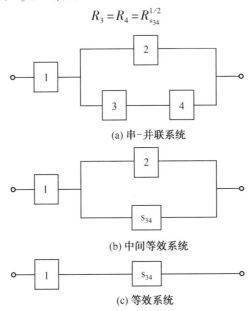

(a) 串-并联系统

(b) 中间等效系统

(c) 等效系统

图 4.4　串-并联系统的可靠性分配

【例 4.1】　系统可靠度要求为 0.9 时,选用两个复杂程度相似的单元串联工作或并联工作,则在两种情况下,每个单元应分配到多少可靠度?

解　(1)串联系统

$$R_1 = R_2 = (0.9)^{0.5} \approx 0.948\ 7$$

(2)并联系统

$$R_1 = R_2 = 1 - (1-0.9)^{0.5} \approx 0.683\ 8$$

4.2.2　加权分配法

可靠性分配往往始于初始设计、研制阶段,组成系统的各单元还不可能细化到元件或零件,只能以完成某一功能的模块形式存在,且在初始设计阶段,各单元的功能对于系统都是必不可少的。所以,系统可看作各单元构成的串联系统。假定组成系统的 n 个单元的失效模式

均服从指数分布,则有

$$R_{\mathrm{s}} = \prod_{i=1}^{n} \mathrm{e}^{(-\lambda_i t)} \tag{4.21}$$

式中,λ_i 为系统中第 i 单元的失效率。

　　由于各个单元在系统中的作用不同,所处环境不同,各单元本身的质量也不同等原因,在分配中必须对个单元分别考虑。假设第 i 个单元的标准失效率为 $\bar{\lambda}$,该单元因第 j 个因素的影响而使失效率变成 $\bar{\lambda} \cdot W_{ij}$,称 W_{ij} 为加权系数或加权因子。一般认为各因素对失效率的影响是相互的,所以第 i 个单元受 m 个因素影响的失效率

$$\lambda_i = \bar{\lambda} \prod_{j=1}^{m} W_{ij} \tag{4.22}$$

因此,系统的失效率为

$$\lambda_{\mathrm{s}} = \sum_{i=1}^{n} \lambda_i = \sum_{i=1}^{n} \prod_{j=1}^{m} W_{ij} \lambda \tag{4.23}$$

　　设第 i 个单元的总加权因子为 W_i,则

$$W_i = \prod_{j=1}^{m} W_{ij} \tag{4.24}$$

第 i 个单元的平均寿命为

$$\bar{t}_i = \bar{t}_{\mathrm{s}} \left(\sum_{i=1}^{n} W_i \right) / W_i \tag{4.25}$$

式中,$\bar{t}_{\mathrm{s}}$ 为系统的平均寿命。

　　加权分配法的合理性将取决于加权的选取。通常要求考虑单元的工作环境、单元的复杂程度和单元的标准化程度三个基本因素。根据具体的情况和要求,还可以适当增加其他类型的加权因子。

4.2.3　再分配法

　　如果已知串联系统(或串-并联系统的等效串联系统)各单元的可靠度预计值为 $\hat{R}_1, \hat{R}_2, \cdots, \hat{R}_n$,则系统的可靠度预计值为

$$\hat{R}_{\mathrm{s}} = \prod_{i=1}^{n} \hat{R}_i \tag{4.26}$$

　　若设计规定的系统可靠度指标 $R_{\mathrm{s}} > \hat{R}_{\mathrm{s}}$,表示预计值不能满足要求,需改进单元的可靠度值并按规定的 R_{s} 作再分配计算。显然,提高低可靠度单元的可靠度并按等分配法进行再分配,效果要好且容易些。为此,先将各单元的可靠度预计值按由小到大的次序排列,则有

$$\hat{R}_1 < \hat{R}_2 < \cdots < \hat{R}_m < \hat{R}_{m+1} < \cdots < \hat{R}_n$$

令

$$R_1 = R_2 = \cdots = R_m = R_0$$

并找出 m 的值,使

$$\hat{R}_m < \hat{R}_0 = \left[\frac{R_{\mathrm{s}}}{\prod_{i=m+1}^{n} \hat{R}_i} \right]^{1/m} < \hat{R}_{m+1} \tag{4.27}$$

单元可靠度的再分配可按下式进行。

$$R_1 = R_2 = \cdots = R_m = \left[\dfrac{R_s}{\prod\limits_{i=m+1}^{n} \widehat{R}_i}\right]^{1/m} \Bigg\}$$

$$R_{m+1} = \widehat{R}_{m+1}, R_{m+2} = \widehat{R}_{m+2}, \cdots, R_n = \widehat{R}_n \Bigg\}$$

(4.28)

【例 4.2】　设串联系统 4 个单元的可靠度预计值由小到大的排列为 $\widehat{R}_1 = 0.950\,7, \widehat{R}_2 = 0.957\,0, \widehat{R}_3 = 0.985\,6, \widehat{R}_4 = 0.999\,8$。若设计规定串联系统的可靠度 $R_s = 0.956\,0$，试进行可靠度再分配。

解　由于系统的可靠性预计值（$\widehat{R}_s = 0.896\,5$）不能满足设计指标，因此需要提高单元的可靠度，并进行可靠度再分配。

设 $m = 1$，则由式（4.27）得

$$R_0 = \left(\frac{R_s}{R_2 R_3 R_4}\right)^{1/1} = \left(\frac{0.965\,0}{0.957\,0 \times 0.985\,6 \times 0.999\,8}\right)^1 = 1.013\,8 > \widehat{R}_2$$

因此需另设 m 值。

设 $m = 2$，则有

$$R_0 = \left(\frac{R_s}{R_3 R_4}\right)^{1/2} = \left(\frac{0.965\,0}{0.985\,6 \times 0.999\,8}\right)^{1/2} = 0.985\,0$$

$$\widehat{R}_2 = 0.957\,0 < R_0 = 0.985\,6 < \widehat{R}_3 = 0.985\,6$$

因此，分配有效，再分配的结果为

$$R_1 = R_2 = 0.985\,0 \quad R_3 = \widehat{R}_3 = 0.985\,6 \quad R_4 = \widehat{R}_4 = 0.985\,6$$

4.2.4　代数分配法

这种分配法是美国电子设备可靠性顾问团（AGREE）提出的，因此又称为 AGREE 分配法。它考虑了系统的各单元或各子系统的复杂度、重要度、工作时间以及它们与系统之间的失效关系，是一种比较完善的综合方法，适用于各单元工作期间的失效率为常数的串联系统。

单元或子系统的复杂度定义是，单元中所含的重要零件、组件（其失效会引起单元失效）的数目 $N_i, i = 1, 2, \cdots, n$，与系统中重要零件、组件的总数 N 之比，即第 i 个单元的复杂度为

$$\frac{N_i}{N} = \frac{N_i}{\sum\limits_{i=1}^{n} N_i} \qquad i = 1, 2, \cdots, n$$

(4.29)

单元或子系统的重要度定义是，单元的失效而引起系统失效的概率。

按照 AGREE 分配法，系统中第 i 个单元分配的失效率 λ_i 和分配的可靠度 $R_i(t)$ 分别为

$$\lambda_i = \frac{N_i[-\ln R_s(T)]}{N E_i t_i} \qquad i = 1, 2, \cdots, n$$

(4.30)

$$R_i(t_i) = 1 - \frac{1 - [R_s(T)]^{N_i/N}}{E_i} \qquad i = 1, 2, \cdots, n$$

(4.31)

式中　N_i——单元 i 的重要零件、组件数；

　　　$R_s(T)$——系统工作时间 T 时的可靠度；

N——系统的重要零件、组件总数，$N = \sum_{i=1}^{n} N_i$；

E_i——单元 i 的重要度；

t_i——T 时间内单元 i 的工作时间，$0 < t_i < T$。

【例4.3】　某一电子设备由 5 个分系统串联组成，各分系统的有关数据列于表 4.2，要求该电子设备工作 12 h 的可靠度为 0.923，试用代数分配法对各分系统进行可靠度分配。

表 4.2　例 4.2 数据表

分系统	重要零、组件数/个	需要工作的时间/h	重要度
发射机	102	12	1.0
接收机	91	12	1.0
控制设备	242	12	1.0
起飞用自动装置	95	3	0.3
电源	40	12	1.0

解　系统中重要零件、组件总数为

$$N = \sum_{i=1}^{n} N_i = 102 + 91 + 242 + 95 + 40 = 570$$

根据计算公式，可得各分系统的容许失效率为

$$\lambda_1 = \frac{102 \times [-\ln 0.923]}{570 \times 1.0 \times 12} = 1.19 \times 10^{-3} (\text{h}^{-1})$$

$$\lambda_2 = \frac{91 \times [-\ln 0.923]}{570 \times 1.0 \times 12} = 1.07 \times 10^{-3} (\text{h}^{-1})$$

$$\lambda_3 = \frac{242 \times [-\ln 0.923]}{570 \times 1.0 \times 12} = 2.83 \times 10^{-3} (\text{h}^{-1})$$

$$\lambda_4 = \frac{95 \times [-\ln 0.923]}{570 \times 0.3 \times 3} = 14.84 \times 10^{-3} (\text{h}^{-1})$$

$$\lambda_5 = \frac{40 \times [-\ln 0.923]}{570 \times 1.0 \times 12} = 2.83 \times 10^{-3} (\text{h}^{-1})$$

分配给各单元的可靠度为

$$R_1(12) = 1 - \frac{1 - 0.923^{102/570}}{1} = 0.985\,8$$

$$R_2(12) = 1 - \frac{1 - 0.923^{91/570}}{1} = 0.987\,3$$

$$R_3(12) = 1 - \frac{1 - 0.923^{242/570}}{1} = 0.966\,6$$

$$R_4(3) = 1 - \frac{1 - 0.923^{95/570}}{1} = 0.986\,7$$

$$R_5(12) = 1 - \frac{1 - 0.923^{40/570}}{1} = 0.994\,4$$

进行复核得

$$R_s = \prod_{i=1}^{5} R_i = 0.923\,06 \approx 0.923$$

显然,满足要求。

4.2.5　相对失效率与相对失效概率法

相对失效率法是系统中各单元的容许失效率正比于该单元的预计失效率值,并根据这一原则来分配系统中各单元的可靠度。此法适用于失效率为常数的串联系统。对于冗余系统,可将它化简为串联系统后再按此法进行。

相对失效概率法是根据使系统中各单元的容许失效概率正比于该单元的预计失效概率的原则来分配系统中各单元可靠度的。因此,它与相对失效率法的可靠度分配原则十分类似。两者统称为"比例分配法"。实际上如果单元的可靠度服从指数分布,从而系统的可靠度也服从指数分布,则有

$$R_s(t) = e^{-\lambda_s t} \approx 1 - \lambda_s t \tag{4.32}$$

$$F_s(t) = 1 - R_s(t) \approx \lambda_s t \tag{4.33}$$

所以按失效率成比例地分配可靠度,可以近似地以按失效概率(不可靠度)成比例地分配可靠度所代替。

1. 串联系统可靠度分配

串联系统的任一单元失效都将导致系统失效。假定各单元的工作时间与系统的工作时间相同并取为 t;λ_i 为第 i 个单元的预计失效率,$i = 1, 2, \cdots, n$,λ_s 为由单元预计失效率算得的系统失效率,则有

$$e^{-\lambda_1 t} e^{-\lambda_2 t} \cdots e^{-\lambda_i t} \cdots e^{-\lambda_n t} = e^{-\lambda_s t} \tag{4.34}$$

所以

$$\sum_{i=1}^{n} \lambda_i = \lambda_s \tag{4.35}$$

由上式可见,串联系统失效率为各单元失效率之和。因此,在分配串联系统各单元的可靠度时,往往不能直接对可靠度进行分配,而是把系统允许的失效率或不可靠度(失效概率)合理地分配给各单元。因此,按相对失效率的比例或按相对失效概率的比例进行分配比较方便。

各单元的相对失效率为

$$w_i = \frac{\lambda_i}{\sum_{i=1}^{n} \lambda_i} \quad i = 1, 2, \cdots, n \tag{4.36}$$

显然有

$$\sum_{i=1}^{n} w_i = 1$$

各单元的相对失效概率亦可表达为

$$w_i' = \frac{F_i}{\sum_{i=1}^{n} F_i} \quad i = 1, 2, \cdots, n \tag{4.37}$$

若系统的可靠度设计指标为 R_{sd},则根据式(4.32)可求得系统失效率设计指标(即容许失效率)λ_{sd},根据式(4.33)可求得系统失效概率设计指标 F_{sd} 分别为

$$\lambda_{sd} = \frac{-\ln R_{sd}}{t} \tag{4.38}$$

$$F_{sd} = 1 - R_{sd} \tag{4.39}$$

则系统各单元的容许失效率和容许失效概率(即分配给它们的指标)分别为

$$\lambda_{id} = w_i \lambda_{sd} = \frac{\lambda_i}{\sum\limits_{i=1}^{n} \lambda_i} \cdot \lambda_{sd} \tag{4.40}$$

$$F_{id} = w_i' F_{sd} = \frac{F_i}{\sum\limits_{i=1}^{n} F_i} \cdot F_{sd} \tag{4.41}$$

式中　λ_i, F_i——分别为单元失效率和失效概率的预计值。

从而求得各单元分配的可靠度 R_{id} 为

按相对失效率法

$$R_{id} = e^{-\lambda_{id} t} \tag{4.42}$$

按相对失效概率法

$$R_{id} = 1 - F_{id} \tag{4.43}$$

【例4.4】　一个串联系统由3个单元组成,各单元的预计失效率分别为:$\lambda_1 = 0.005 \ h^{-1}$,$\lambda_2 = 0.003 \ h^{-1}$,$\lambda_3 = 0.002 \ h^{-1}$,要求工作20 h时系统的可靠度为:$R_{sd} = 0.980$,试问应给各单元分配的可靠度各为多少?

解　可按相对失效率法为各单元分配可靠度,其计算步骤如下:

(1)预计失效率的确定。

根据统计数据或现场使用经验给出各单元的预计失效率 λ_i。本题已给出为:$\lambda_1 = 0.005 \ h^{-1}$,$\lambda_2 = 0.003 \ h^{-1}$,$\lambda_3 = 0.002 \ h^{-1}$。按照式(4.35),可求出系统失效率的预计值为

$$\lambda_s = \sum_{i=1}^{3} \lambda_i = 0.005 + 0.003 + 0.002 = 0.01 \ (h^{-1})$$

(2)校核 λ_s 能否满足系统的设计要求。

由式(4.32)知,预计失效率 λ_s 所决定的工作20 h的系统可靠度为

$$R_s = e^{-\lambda t} = e^{-0.01 \times 20} = 0.8187 < R_{sd} = 0.980$$

因此,必须提高单元的可靠度并重新进行可靠度分配。

(3)计算各单元的相对失效率 w_i,即

$$w_1 = \frac{\lambda_1}{\sum\limits_{i=1}^{3} \lambda_i} = \frac{0.005}{0.005 + 0.003 + 0.002} = 0.5$$

$$w_2 = \frac{\lambda_2}{\sum\limits_{i=1}^{3} \lambda_i} = \frac{0.003}{0.005 + 0.003 + 0.002} = 0.3$$

$$w_3 = \frac{\lambda_3}{\sum\limits_{i=1}^{3} \lambda_i} = \frac{0.002}{0.005 + 0.003 + 0.002} = 0.2$$

(4)计算系统的容许失效率 λ_{sd},即

$$\lambda_{sd} = \frac{-\ln R_{sd}}{t} = \frac{-\ln 0.980}{20} = \frac{0.020 \ 202 \ 7}{20} = 0.001 \ 010 \ (h^{-1})$$

（5）计算各单元的容许失效率 λ_{id}，即

$$\lambda_{1d} = w_1 \lambda_{sd} = 0.5 \times 0.001\ 010\ \text{h}^{-1} = 0.000\ 505\ (\text{h}^{-1})$$

$$\lambda_{2d} = w_2 \lambda_{sd} = 0.3 \times 0.001\ 010\ \text{h}^{-1} = 0.000\ 303\ (\text{h}^{-1})$$

$$\lambda_{3d} = w_3 \lambda_{sd} = 0.2 \times 0.001\ 010\ \text{h}^{-1} = 0.000\ 202\ (\text{h}^{-1})$$

（6）计算各单元分配的可靠度 $R_{id}(20)$，由式（4.42）得

$$R_{1d}(20) = \exp[-\lambda_{1d}t] = \exp[-0.000\ 505 \times 20] = 0.989\ 95$$

$$R_{2d}(20) = \exp[-\lambda_{2d}t] = \exp[-0.000\ 303 \times 20] = 0.993\ 96$$

$$R_{3d}(20) = \exp[-\lambda_{3d}t] = \exp[-0.000\ 202 \times 20] = 0.995\ 97$$

（7）检验系统可靠度是否满足要求。

$R_{sd}(20) = R_{1d}(20) \cdot R_{2d}(20) \cdot R_{3d}(20) = 0.989\ 95 \times 0.99\ 396 \times 0.995\ 97 = 0.980\ 005\ 3 >$ 0.980，故系统的设计可靠度 $R_{sd}(20)$ 大于给定值 0.980，即满足要求。

2. 冗余系统可靠度分配

对于具有冗余部分的串-并联系统，要想把系统的指标分配给各单元，计算比较复杂。通常将每组并联单元适当组合成单个单元，并将此单个单元看成是串联系统中并联部分的一个等效单元，这样便用上述串联系统可靠度分配方法，将系统的容许失效率或失效概率分配给各个串联单元和等效单元。然后再确定并联部分中每个单元的容许失效率或失效概率。

如果作为代替的 n 个并联单元的等效失效单元在串联系统中分到的容许失效概率为 F_B，则

$$F_B = \prod_{i=1}^{n} F_i \tag{4.44}$$

式中，F_i 为第 i 个并联单元的容许失效率。

若已知各并联单元的预计失效率 F_i'，$i = 1, 2, \cdots, n$，则可以取 $(n-1)$ 个相对关系

$$\left.\begin{array}{l} \dfrac{F_2}{F_2'} = \dfrac{F_1}{F_1'} \\[2mm] \dfrac{F_3}{F_3'} = \dfrac{F_1}{F_1'} \\[1mm] \vdots \\[1mm] \dfrac{F_n}{F_n'} = \dfrac{F_1}{F_1'} \end{array}\right\} \tag{4.45}$$

求解式（4.44）和式（4.45），就可以求得各并联单元应该分配到的容许失效概率值 F_i。以上就是相对失效概率对冗余系统可靠度分配的过程。

4.2.6　按可靠度变化率的分配方法

对已有的机械系统改进其可靠度，也是可靠度分配问题。对串联系统，有

$$R_s(t) = \prod_{i=1}^{n} R_i(t)$$

可知，$R_i(t)$ 对某单元 i 的可靠度 $R_i(t)$ 的变化率是

$$\frac{\partial R_s(t)}{\partial R_i(t)} = \prod_n R_j(t) = \frac{R_s(t)}{R_s(t)} \tag{4.46}$$

由于各组成单元的可靠度是各不相同的，因此，

$$\frac{\partial R_{\text{s}}(t)}{\partial R_i(t)} \quad (1 \leqslant i \leqslant n)$$

中必有一个最大的值,如用第 K 个单元的可靠度代入上式,则得最大的比值为

$$\frac{R_{\text{s}}}{R_K} = \max_{1 \leqslant i \leqslant n} \frac{R_{\text{s}}(t)}{R_{\text{s}}(t)} \qquad (4.47)$$

这就是说,系统可靠度 R_{s} 对第 K 项单元可靠度的变化率最大。这个条件等效于: $R_K = \min\limits_{1 \leqslant i \leqslant n} R_i$。

因此,如果要用改变一个单元可靠度的办法来提高串联系统的可靠度,就应当提高可靠度最低的那个单元的可靠度。

对于并联系统,若前提条件仍和上面相同,则系统可靠度 $R_{\text{s}}(t)$ 对某个单元 i 的可靠度 $R_i(t)$ 的变化率为

$$\{1 - R_{\text{s}}(t)\} = \prod_{i=1}^{n} [1 - R_i(t)] \Rightarrow \frac{\partial R_{\text{s}}(t)}{\partial R_j(t)} = \prod_{n} [1 - R_i(t)] = \frac{1 - R_{\text{s}}(t)}{1 - R_j(t)}$$

$$\frac{\partial R_{\text{s}}(t)}{\partial R_j(t)} = \max\left\{\frac{\partial R_{\text{s}}(t)}{\partial R_i(t)}, i = 1, 2, \cdots, n\right\} = \max\left\{\frac{1 - R_{\text{s}}(t)}{1 - R_i(t)}, i = 1, 2, \cdots, n\right\}$$

$$R_j(t) = \max\{R_i(t), i = 1, 2, \cdots, n\}$$

这就是说,如果要用改变一个单元可靠度的办法来提高并联系统的可靠度,就应当提高可靠度最大的那个单元的可靠度。这两个结论都是通过系统可靠度对单元可靠度的变化率得出的。按这样的概念进行系统的组成单元可靠度的分配的方法,就称为按可靠度变化率的分配方法。

4.2.7　动态规划分配法

动态规划法不仅适用于串联模型的系统,也适用于并联、储备等冗余技术。这种方法考虑了各单元提高可靠度花费多少的不同和每个单元所需提高可靠度水平的差异,是比较实用的一种方法。动态规划法不需要更多的数学知识,对多个约束条件的分配问题也同样适用。还可将多次重复的可靠度和花费等约束条件的计算以及对结果的筛选搜索工作让计算机来完成,故这种方法就更具有工程实用价值。应用动态规划法做可靠度分配,有的以系统的成本、质量、体积或研制周期等尽可能小为目标,而以可靠度不小于某一最低值为约束条件进行可靠性分配;有的是以系统的成本、质量或体积等的界限值作为约束条件,以系统可靠度尽可能大为目标进行可靠性分配,如人造卫星、宇宙飞船就采用这种可靠性分配方法,一般可根据系统的用途,以哪些条件应予优先考虑来选定。动态规划法就是解决最优化问题的一种方法。

动态规划的最优策略含义可以表达如下。

若系统可靠度 R 是 x 的函数,并且可以分解为

$$R(x) = f_1(x) + f_2(x_2) + \cdots + f_n(x_n) \qquad (4.48)$$

那么,在费用 x

$$x = x_1 + x_2 + \cdots + x_n$$

的条件下,使 $R(x)$ 为最大的问题,就称为动态规划法。

因为 $R(x)$ 的最大值决定于 x 和 n,所以可用

$$\varphi_n(x) = \max_{x \in \Omega} R(x_1, x_2, \cdots, x_n)$$

式中 Ω 为满足 $0 \leqslant x_n \leqslant x$ 的解的集合。

如果在第 n 次活动中由分配的费用 $x_n(0 \leqslant x_n \leqslant x)$ 所得到的效益为 $f_n(x_n)$,则由 x 的其余

部分 $(x-x_n)$ 所带来的总效益为

$$f_n(x_n)+\varphi_{n-1}(x-x_n)$$

因为求使这一总效益为最大的 x_n 是与使 $\varphi_n(x)$ 为最大有关,所以有

$$\varphi_n(x)=\max_{0\leqslant x_n\leqslant x}\left[f_n(x_n)+\varphi_{n-1}(x-x_n)\right] \tag{4.49}$$

也就是说,虽然要对 $i=1,2,\cdots,n$ 共 n 个进行分配,但没有必要同时对所有组合进行研究;在 $\varphi_{n-1}(x-x_n)$ 已为最优分配之后来考虑总体效益,只需注意 x_n 的值就行了。另外,对 x_n 的选择所得到的可靠度分配,不仅应保证总体的效益为最大,也必须使费用 $(x-x_n)$ 所带来的效益为最大。这种方法通常称为最优性原理。

4.3　故障分析

　　所谓故障分析就是对发生或可能发生故障的系统及其组成单元进行分析,鉴别其故障模式、故障原因(即故障机理),估计该故障模式对系统可能产生何种影响,以及分析这种影响是否是致命的(即影响和后果分析),以便采取措施,提高系统的可靠性。

　　故障分析也属于广义可靠性预计的范畴。与可靠性预计不同的是,可靠性预计是计算某一产品在现场使用的可靠度,而故障分析则是在设计和研制的初期识别那种在现场使用时发生的难以应付的故障,并预先采取某种对策,以防止这种故障的产生,或者减小这种故障的影响。因而故障分析技术是可靠性工程学中一个十分重要的分支科学。

　　通常采用的故障分析技术有:失效模式、影响分析(Failure Mode and Effects Analysis,FMEA);失效模式、影响和危害度分析(Failure Mode、Effects and Criticality Analysis,FMECA);故障树分析(Fault Tree Analysis,FTA)以及一些新发展的分析方法。

　　失效模式、影响和危害度分析是失效模式分析、失效效应分析及失效后果分析的总称(通常称为 FMECA 分析法)。失效模式是指产品失效的表现。失效效应是指一种失效模式对整个系统功能的影响。失效后果分析是对失效后果的严重程度的分析和评价,通常通过危害度反映出来。

　　最初的 FMECA 常对系统采取自上而下的分析归纳方法,它可以作定性分析,也可以作定量分析,其目的就是要发现那些危害性大的失效模式,并采取对策,改进设计,提高可靠性。随着大规模集成电路的出现及系统中软件比重的增大,逐渐形成了一种"自上而下的 FMECA"分析法。1980 年美国制定了军标《失效模式、效应及后果分析工作程序》(MIL-STD-1629A),从而确定了自上而下按功能进行分析的 FMECA 方法的地位。这种方法是将系统按功能逐级分解成一些较简单的功能块,并根据功能块输出信息确定其失效模式及对上一级功能的影响。FMECA 常用的方法有列表分析法和矩阵分析法。

4.3.1　FMECA 列表分析法

　　分析主要包括下述内容。

1.绘制符号逻辑框图

　　这种框图是整个系统的框图,它表明系统各部分之间在功能上的依从关系,确定与辨别各个分系统。即前面章节所述的可靠性逻辑框图。如果被分析的系统可能且有必要的话,可将功能模块分解成组件,再分组到元器件。图 4.5 所示为一个系统的逻辑框图。

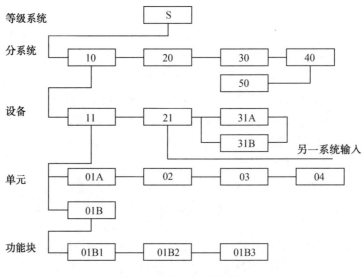

图 4.5　系统逻辑功能框图

2. 收集功能块或元器件的失效模式

需要明确各功能块的功能和输入输出情况,以此来确定其失效模式。有必要时,还需收集或分析元器件可能发生的各种失效模式。为了使分析突出重点,且为定量分析奠定基础,还应知道各种失效模式的比率 a_{ij}(第 i 个元件出现第 j 种失效模式的失效频数比)。由于系统不同,元器件供应的生产厂不同,其 a_{ij} 的取得,需要长期数据积累。

失效模式鉴别方法可考虑下面几个方面:①如该元器件是新产品,可以以被认为具有类似功能、结构并完成相同试验项目的产品为参考依据;②对于常用的和已投入使用的产品,记录它的有关性能以及在实验室进行失效诊断的信息,并以此为参考依据;③对于复杂部件,可作为系统对待,进行分解和定性分析;④对于潜在的失效模式,可以借助功能和元器件工作的典型物理参数加以推断。

3. 分析失效原因及其效应

失效模式并不解决产品为何失效的问题。为提高产品的可靠性,还必须分析失效的原因,确定和描述与每种假设的失效模式有关的最可能出现的失效原因,从而估计出现失效的概率,揭示二次效应并提出建设性的修改措施。由于一种失效模式可能有一种以上的原因,所以必须找出并记述每种失效模式的所有潜在的独立原因。还要考虑相邻的产品等级之间所存在的失效原因。

失效效应也就是失效影响,是指每一种假定的失效模式所引起的各种后果。这种后果包括失效模式对各有关功能、人员安全、硬件性能和环境的影响。应该评价每一个假定的失效模式的局部效应、对上一级效应和最终效应。局部效应是考虑失效模式对所研究单元的失效效应,并连同二次效应来阐明每种假定的失效模式对该单元的输出的影响后果。对上一级效应是指假设的失效模式对比被研究的产品等级再高一级的工作和功能的影响。最终效应是指假定的失效模式通过所有中间功能对最高系统的工作、功能或状态的全部影响。这三种失效效应可根据不同系统,通过现场记录、分析估计、试验鉴别等手段而得到。

4. 失效的检测方法

确定失效的检测手段是关系到失效模式再现、找出失效原因,进而提出改进措施的重要步骤。为此,在产品设计过程中就需要考虑产品在今后使用中,如何检测出每一种失效模式;确定在出现不止一种失效模式时,如何区分;确定如何监控即将出现的失效及如何进行试验以检测出失效模式;确定用机内检测装置可将失效隔离到哪一个产品等级,并规定在什么时候需要辅助试验设备进行故障隔离。

5. 可能的预防措施

针对各种失效模式、原因及效应,提出可能的预防改进措施,这是关系到能否有效地提高系统可靠性的重要环节。

预防的改进措施可以是设计方面的,也可以是操作方面的。前者主要包括:①冗余技术;②安全或保险装置;③换工作方式;④改进系统结构、提高零部件等级等。后者主要是规定操作人员应该采取的预防措施,以消除或减轻失效所产生的影响。

6. 严酷度分类

按照失效模式对系统或设备造成影响的严重程度,划分成几个类别的严酷度等级。这种定性的分类方法,目的是给由设计错误或产品失效所造成的最坏潜在影响规定一个定量的损坏度量。其分类可参见表4.3进行。

表4.3 严酷度等级及其损坏程度

严酷度等级	严重程度	损坏概率
I（灾难性）	能潜在引致丧失原有系统功能,其结果将使系统或其周围环境造成重大损坏,并(或)引致人员生命或肢体的伤亡的任一事件	1
II（致命性）	能潜在引致丧失原有系统功能,其结果将使系统或其周围环境造成重大损坏,但又几乎不危及人员生命或肢体的伤亡的任一事件	0.5
III（临界）	能引致系统功能下降但对系统或人员生命、肢体均无显著损伤的任一事件	0.1
IV（轻度）	能引致系统功能下降但对系统或其环境几乎不造成损失,并对人员无害的任一事件	0

7. 危害度分析

严酷度分析是用定性的方法区分失效模式对系统或设备所造成影响的严重程度,危害度分析则是用定量的方法来区分这种程度。这种定量分析,不仅有助于决定采取何种改进措施,决定改进工作的先后顺序,建立可接受的和不可接受的风险界限,而且可定量地预计出系统或设备的可靠性临界值。

系统在工作阶段,在特定失效分类情况下,第i种元器件(或功能块)的第j种失效模块的危害度 CR_{ij},用解析法分析可按下式计算。

$$CR_{ij} = a_{ij} \cdot b_{ij} \cdot \lambda_{pi} \cdot t_i \tag{4.50}$$

式中,a_{ij} 为第 i 种单元第 j 种失效模式出现的概率;b_{ij} 为丧失功能的条件概率(损坏概率),即第 i 种单元中第 j 种失效模式造成系统损坏的概率;λ_{pi} 为第 i 个单元的使用失效率;t_i 为第 i 个单元的任务持续时间。

a_{ij} 可以从收集的数据或从有关手册中找到参考值,b_{ij} 值可在表4.3中查到,λ_{pi} 可以通过前述的可靠性预计方法获得。

第 i 种单元的危害度的计算式为

$$CR_{ij} = \sum_{j=1}^{m_i} a_{ij} \cdot b_{ij} \cdot \lambda_{pi} \cdot t_i \qquad i = 1,2,\cdots,n \tag{4.51}$$

式中,m_i 为第 i 个单元的失效模式总数。系统的危害度 CR_s 则可按下式计算。

$$CR_s = \sum_{i=1}^{n} CR_i \tag{4.52}$$

8. 分析报告

FMECA 列表分析法的工作是以表格的形式进行的,表格填写完毕,分析报告也就完成了。FMECA 表既可包括在一个内容更为广泛的研究文件之内,也可单独存在。任何情况下所做的分析的详细记录,必须包括在文件的正文或适当的附录之中,而在正文中应对此做出总结。总结应包括对分析方法的必要说明和所分析的系统的级别、假定和基本的规定,并附有给设计人员、维修人员和使用人员的建议清单,初步拟制独立失效及其失效效应清单,以及已经采取的并作为 FMECA 成果的变更设计清单。

FMECA 表格形式甚多,表4.4为其中的一种。

表 4.4　FMECA 分析表

系统			分系统		电路		负责人	年　月　　日				
编号	型号	功能	数量	失效模式	失效原因	失效效应		判别方法与判据	改善措施	失效率	危害度	备注
						局部	最终					

4.3.2　FMECA 矩阵分析方法

要直接考察元器件对系统的影响比较困难,针对这种需要,1977年美国人巴博(Barbour)在长寿命通信卫星的可靠性分析的研究中提出了矩阵法。长寿命通信卫星由21 000个部件构成,其中包含67 000个焊点,4 000个接插件,2 000根屏蔽线等,可靠性设计要求对所有最基本的失效模式,包括含点的失效模式都要进行分析研究,要求对一切导致系统故障的单点失效模式均予以排除或加上冗余,若完全排除或加冗余不能实现,则必须在设计、制造、检验和测试等环节中采取特殊的可靠性保证措施。对于如此复杂的系统,依靠前述的表格描述法,难以直接看出部件的某一失效模式能导致系统级失效效应及导致何种失效效应,并且工作量很大。因此,可采用矩阵分析法。两者主要的区别在于定性的 FMCA 工作的手段。

矩阵分析法首先要定义系统的功能,并作出可靠性框图,确定各功能单元的失效模式,确定这些模式的影响,然后再列 FMECA 矩阵。具体的 FMECA 矩阵求法可参阅相关的参考书,这里不做详细介绍。总之,FMECA 分析用矩阵法方便,特别是用计算机构造矩阵就更简单。

4.4　系统安全与故障分析树

4.4.1　系统安全

系统安全是人们为预防复杂系统事故而开发、研究出来的安全理论、方法体系。所谓系统安全,是在系统寿命期间内应用系统安全工程和管理方法,辨识系统中的危险源,并采取控制措施使其危险性最小,从而使系统在规定的性能、时间和成本范围内达到最佳的安全程度。系统安全在许多方面发展了事故致因理论。

系统安全理论认为,系统中存在的危险源是事故发生的原因。所谓危险源是可能导致事故、造成人员伤害、财物损坏或环境污染的潜在的不安全因素。系统中不可避免地会存在或出现某些种类的危险源,不可能彻底消除系统中所有的危险源。

不同的危险源可能有不同的危险性。危险性是指某种危险源导致事故、造成人员伤害、财物损坏或环境污染的可能性。由于不能彻底地消除所有的危险源,也就不存在绝对的安全。所谓的安全,只不过是没有超过允许限度的危险。因此,系统安全的目标不是事故为零,而是最佳的安全程度。

系统安全注重整个系统寿命期间的事故预防,尤其强调在新系统的开发、设计阶段采取措施消除、控制危险源。对于正在运行的系统,如工业生产系统,管理方面的疏忽和失误是事故的主要原因。因此,常采用的系统安全分析方法为故障树分析方法。

4.4.2　故障树分析

故障树分析法(Fault Tree Analysis,FTA)是 1961 年由贝尔电话实验室的 H. A. Watson 提出来的。目前已广泛应用于宇航、核能、电子、机械、化工和采矿等各个领域。

故障树分析法是一种图形演绎方法,是故障事件在一定条件下的逻辑方法。它是用一种特殊的倒立树状逻辑因果关系图,清晰地说明系统是怎样失效的。它把最不希望发生的系统故障状态作为系统故障分析的目标,然后自上而下地寻找直接导致这一故障的全部因素。在分析中把分析目标和这些因素用符号连接成树形图,并称这些树形图为"故障树",故障树分析法由此得名。故障树分析法把系统的故障与组成系统各部件的故障有机地联系在一起,可以找出系统的全部可能的失效状态。

故障树分析包括定性分析和定量分析。定性分析的主要目的是寻找导致与系统有关的不希望发生的原因和原因组合,即寻找导致顶事件发生的所有故障模式。定量分析的主要目的是当给定所有底事件发生的概率时,求出顶事件发生的概率及其他定量指标。在系统设计阶段,故障树分析法可以对系统的潜在故障进行预测和判断,找出系统中的薄弱环节,以便采取相应的改进措施,实现系统设计最优化;在系统使用维修阶段,故障树分析法可用于分析故障原因,帮助诊断,并改进使用维修方案。

故障树分析法常用于分析复杂系统,因此它离不开计算机软件,目前应用于故障树分析方面的软件,从定性、定量、图形化等方面都取得了很大发展。

故障树分析工作的主要内容有:故障树的建立,定性分析及定量分析。

1.故障树分析的术语与符号

建造故障树需要一些表示逻辑关系的门符号和事件符号,以表示事件之间的逻辑因果关系。

(1)顶事件:顶事件是指被分析的系统不希望发生的事件,它位于故障树的顶端。

（2）中间事件：又称故障事件。它位于顶事件和底事件之间，以矩形符号表示，如图4.6所示。

（3）底事件：位于故障树底部的事件，在已建成的故障树中，不必再要求分解了。故障树的底事件又分为基本事件和未探明事件。

基本事件：已经探明或尚未探明其发生原因，而有失效数据的底事件。基本元、部件的故障或者人为失误均可属于基本事件。符号如图4.6所示。

未探明事件：一般可分为两类情况，一种是在一定条件下可以忽略的次要事件，一种是未能探明，只能看作一种假想的基本事件。符号如图4.6所示。

（4）结果事件：由其他事件或事件组合所导致的事件称为结果事件，用长方形符号表示，结果事件是由顶事件或中间事件组成。符号如图4.6所示。

（5）开关事件：位于故障树底部，起开关作用，表示在正常工作条件下必然发生或必然不发生的特殊事件。开关事件用房形符号表示，符号如图4.6所示。

（6）条件事件：描述逻辑门起作用的具体限制事件称为条件事件。条件事件用长椭圆形符号表示，符号如图4.6所示。

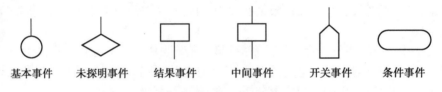

基本事件　　未探明事件　　结果事件　　中间事件　　开关事件　　条件事件

图4.6　事件符号图

（7）与门：表示事件关系的一种逻辑门，仅当所有输入与门的所有输入事件同时发生时，门的输出事件才发生。符号如图4.7所示。

（8）或门：表示至少一个输入事件发生时，输出事件才发生。符号如图4.7所示。

（9）非门：表示输出事件是输入事件的对立事件。符号如图4.7所示。

（10）表决门：表示仅当个输入事件中有一个或一个以上的事件发生时，输出事件才发生，符号如图4.7所示。

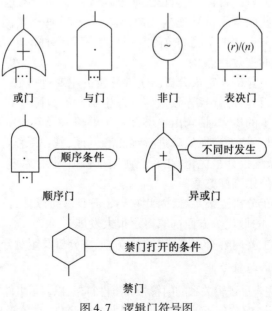

图4.7　逻辑门符号图

（11）异或门：表示仅当单个输入事件发生时，输出事件才发生。符号如图 4.7 所示。

（12）禁门：表示仅当条件事件发生时，输入事件的发生方导致输出事件的发生。符号如图 4.7 所示。

（13）顺序门：表示仅当输入事件按规定的顺序发生时，输出事件才发生，符号如图 4.7 所示。

（14）转移符号：在故障树分析中，为了避免画图重复与使图形简明，使用了转移符号。它分为相同转移符号与相似转移符号两种。

相同转移符号：是由相同转向符号及相同转此符号组成的一对符号。相同转向符号表示下面转到以代号所指的子树去；相同转此符号表示由具有相同字母数字的转向符号处转到这里来。其符号如图 4.8 所示。

相似转移符号：是由相似转向符号及相似转此符号组成的一对符号。相似转向符号表示下面转到以字母数字为代号、结构相似而事件标号不同的子树去，相似转向中的不同事件的标号在三角符号旁注明，相似转此符号表示相似转向符号所指子树与此子树相似，但事件标号不同。其符号如图 4.8 所示。

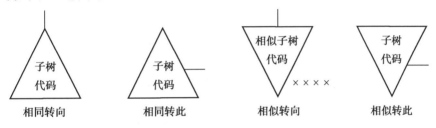

图 4.8 转移符号

2. 建立故障树的工作程序

（1）确定故障树分析的范围。

明确所要确定的系统的结构（包括系统的设计要求、硬件及软件结构、功能、接口、工作模式、环境条件、故障判据等），明确系统的工作条件（包括维修、安全条件）及使用条件，确定要研究的目的和内容。

（2）掌握系统。

建立故障树需要对研究的系统有详尽的正确的理解。为此，需要系统设计人员、维修人员、使用人员、可靠性及安全性工程师共同研究。一般情况下，在建立故障树前应进行系统 FMEA（失效模式与效应分析）分析，这是为掌握系统的故障特性及规律所必需的工作。

（3）确定故障树的顶事件。

在对系统的设计要求及系统特性已充分掌握的基础上，确定系统所不希望发生的事件。系统不希望发生的事件很多，不能事无巨细地一起都来进行故障树分析。因此，需要从系统的主要技术指标、经济性、可靠性、安全性或其他重要特性出发，选定一个或几个最不希望发生的事件作为故障树分析的顶事件。顶事件必须有明确的定义，不能含糊不清。顶事件的选取一般可根据这样的原则：该事件的发生确实表明系统不能正常工作；该事件应该是能够度量的，即可以用概率表示其发生的可能性的大小；该事件必须是可以进一步分解的，即可以找出引起它发生的直接或间接原因。

（4）建立故障树。

建立故障树是一个反复深入、逐步完善的过程，通常开始于系统的早期设计阶段。随着系统设计的进展和对故障模式不断深入的理解，建立的故障树也随之增大。建立故障树时考虑的事件不仅包括硬件故障,而且应包括可能发生的软件故障和人为失误,以及所有与系统运行有关的条件、环境和其他因素,更要避免遗漏重要的故障模式。例如,在研究车床故障时,要考虑到停电故障,这是工作条件故障,也要考虑到输电线路受到雷电引起的故障,这是环境条件故障等。

建立故障树的方法有演绎法、判定表法和合成法等。后两种主要用于计算机辅助建树,这里只介绍演绎法,它主要用于人工建树。

演绎法建树过程是从顶事件开始由上而下,循序渐进逐级进行的。首先分析故障树第一行即顶事件,找出所有导致顶事件发生的直接原因(也是事件),将其作为故障树第二行,并用逻辑门把顶事件与第二行事件连接起来。进而找出第二行中的中间事件发生的原因(同样是事件),作为故障树的第三行,并用逻辑门把第二行的中间事件与地三行事件连接起来。重复这样的步骤,逐级向下分解,直到找出可能引起顶事件发生的所有底事件为止。

(5)规范和简化故障树。

根据《故障树名词术语和符号》(GBT 4888—2009)对故障树规范化的规定,故障树只能含有底事件、结果事件及"与""或""非"三种逻辑门。因此可将未探明事件或当作基本事件或删除;将顺序与门变换为与门;将表决门变换为或门和与门的组合;将异或门变换为或门、与门和非门的组合;将禁门变换为与门。

简化就是去掉明显的逻辑多余事件和明显的逻辑多余门。

下面举例介绍故障树的建立过程。

【例4.5】　图4.9所示为反应堆压力保护系统图,试画出该系统的故障树。

解　该系统是由3个输入通道组成的三取二系统,其正常功能是当3个通道中有两个通道的压力信号超出允许的范围时,则输出通道有信号输出,反应堆就停闭。反之,该系统故障。因此,可以把反应堆压力保护系统非正常功能即故障选为顶事件。

产生顶事件的直接原因由两个:一个是输入通道的故障;另一个是输出通道的故障。把这两个原因作为中间事件画在第二行,并用"或门"连接。造成输出通道故障的直接原因是两个三取二逻辑门同时故障,用"与门"连接。三取二逻辑门是底事件,因此故障树的这一分支到此结束。类似地,可建立故障树的另一分支。这一分支中表决门(三取二)按规范化规定变换为与门和或门的组合。图4.10所示为反应堆压力保护系统的故障树。图4.11所示为简化后的故障树。

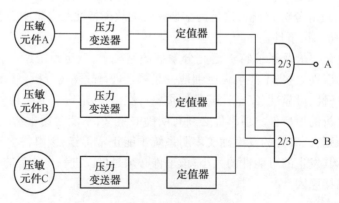

图4.9　反应堆超压保护系统逻辑图

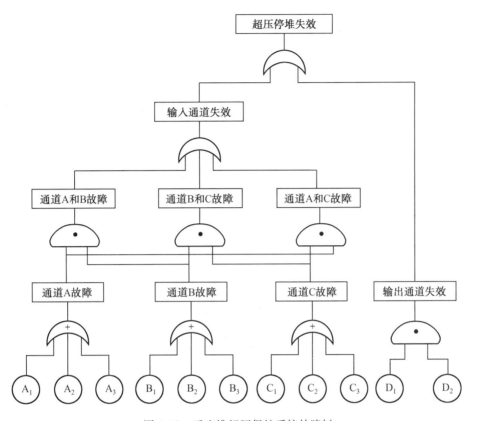

图 4.10　反应堆超压保护系统故障树

A_1—压敏元件 A 故障;A_2—压力变送器 A 故障;A_3—定值器 A 故障;
B_1—压敏元件 B 故障;B_2—压力变送器 B 故障;B_3—定值器 B 故障;
C_1—压敏元件 C 故障;C_2—压力变送器 C 故障;C_3—定值器 C 故障;
D_1—逻辑门 A 故障;D_2—逻辑门 B 故障

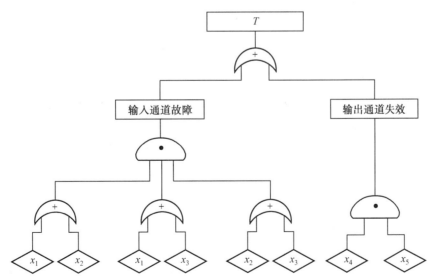

图 4.11　反应堆压力保护系统简化故障树

x_1—通道 1 故障;x_2—通道 2 故障;x_3—通道 3 故障;x_4,x_5—逻辑门故障

3. 故障树的定性分析

故障树定性分析的主要任务是寻找导致顶事件发生的所有可能的失效模式。换言之,就是找出故障树的全部最小割集和全部最小路集。

(1)割集与路集。

割集:能使顶事件发生的若干底事件的集合,当这些底事件同时发生时顶事件必然发生,则这一集合称为割集。

最小割集:如果割集中任一底事件不发生时顶事件也不发生,则这样的割集称为最小割集。它是一种包含了最小数量且为最必需的底事件的割集。或者说若 C 是一个割集,而任意去掉其中一个底事件后就不是割集了,则这样的割集称为最小割集。

系统故障树的一个割集,代表了该系统发生故障的一种可能性,即一种失效模式。由于最小割集发生时,顶事件必然发生,因此故障树的全部最小割集的完整集合代表了顶事件发生的所有可能性,即系统的全部故障。最小割集指出了处于故障状态的系统所必需修理的基本故障,指出了系统的最薄弱环节。

路集:也是若干底事件的集合,当这些底事件同时不发生时,顶事件必然不发生。

最小路集:如果路集中的任一底事件发生,顶事件一定会发生时,这样的路集称为最小路集;或者说是如果将路集中所含的底事件任意去掉一个就不再是路集,则这样的路集即为最小路集。它代表系统的一种正常模式。

割集与路集的意义可由图 4.12 说明。图中(a)给出了一个由 3 个单元组成的串、并联系统的逻辑图;(b)是该系统的故障树。由图(b)可见,故障树由 3 个底事件:x_1,x_2 和 x_3。它有 3 个割集:$\{x_1\}$,$\{x_2,x_3\}$,$\{x_1,x_2,x_3\}$。当各个割集的底事件同时发生时,顶事件必然发生。其最小割集有两个:$\{x_1\}$,$\{x_2,x_3\}$,因为从这两个割集中任意各去掉一个底事件,就不成为割集了。

图 4.12(b)中的 3 个路集是:$\{x_1,x_2\}$,$\{x_1,x_3\}$,$\{x_1,x_2,x_3\}$,因为当各路集中的全部底事件同时不发生时,顶事件也必然不发生。它的最小路集有两个:$\{x_1,x_2\}$,$\{x_1,x_3\}$,因为从这两个路集中任一各去掉一个底事件,就都不再成为路集了。

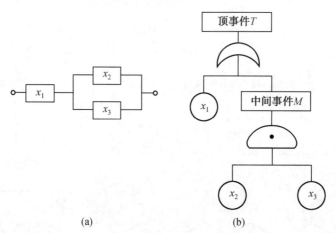

图 4.12　割集与路集

由上例可见,一棵故障树中的最小割集与最小路集均不只有一个。找出最小割集(或最小路集)很重要,因为这样就可以有针对性地改进设计,以合理地提高系统的可靠性水平。

（2）故障树的定性分析方法。

①下行法。

下行法的基本方法是，对于每一个输出事件而言，如果它是或门的输出，则将该或门的输入事件各排成一行；如果它是与门的输出，则将该门的所有输入事件排在同一行。

下行法的工作步骤是，从顶事件开始，由上而下逐个进行处理，处理的基本方法如前所述，直到所有的结构事件已被处理为止。最后所得每一行的底事件集合都是故障树的一个割集。将这些割集进行比较，即得出所有的最小割集。

下面以图 4.13 为例说明下行法求最小割集的过程。

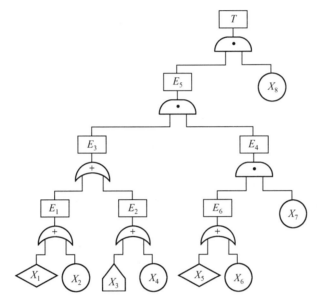

图 4.13　故障树

从顶事件 T 开始，它是与门的输出，所以把该与门的两个输入事件 E_5，X_8 排在同一行，即

$$T \rightarrow E_5 X_8$$

处理 E_5 及 X_8。E_5 是一个与门的输出，所以把该与门的两个输入事件 E_3，E_4 排在同一行，X_8 已为底事件，予以保留，即

$$T \rightarrow E_5 X_8 \rightarrow E_3 E_4 X_8$$

处理 E_3。E_3 是一个或门的输出，所以把该或门的两个输入事件 E_1，E_2 各排成一行，E_4，X_8 予以保留，得

$$T \rightarrow E_5 X_8 \rightarrow E_3 E_4 X_8 \rightarrow \begin{bmatrix} E_1 E_4 X_8 \\ E_2 E_4 X_8 \end{bmatrix}$$

处理 E_1，E_2，得

$$\begin{cases} X_1 E_4 X_8 \\ X_2 E_4 X_8 \\ X_3 E_4 X_8 \\ X_4 E_4 X_8 \end{cases}$$

处理 E_4，得

$$\begin{cases} X_1 E_6 X_7 X_8 \\ X_2 E_6 X_7 X_8 \\ X_3 E_6 X_7 X_8 \\ X_4 E_6 X_7 X_8 \end{cases}$$

处理 E_6，得

$$\begin{cases} X_1 X_5 X_7 X_8 \\ X_1 X_6 X_7 X_8 \\ X_2 X_5 X_7 X_8 \\ X_2 X_6 X_7 X_8 \\ X_3 X_5 X_7 X_8 \\ X_3 X_6 X_7 X_8 \\ X_4 X_5 X_7 X_8 \\ X_4 X_6 X_7 X_8 \end{cases}$$

至此，所有结构事件已处理完毕，这就是此故障树的 8 个最小割集。

②上行法。

上行法的基本方法是，对每一个输出事件而言，如果它是或门的输出，则将该或门的各输入事件的布尔和表示此输出事件；如果它是与门的输出，则将该与门的各输入事件的布尔积表示此输出事件。

上行法的工作步骤是，从底事件开始，由下而上逐级进行处理，直到所有的结果事件都已经被处理为止。这样得到一个顶事件的布尔表达式。根据布尔代数运算法则，将顶事件化成诸底事件的积的和的最简式，此最简式的每一项所包括的底事件集即一个最小割集，从而得出故障树的所有最小割集。

仍以图 4.13 为例，介绍上行法求最小割集的过程。从下开始，先处理 E_1，它是一个或门的输出，其输出为 X_1，X_2，故 $E_1 = X_1 + X_2$。仿此，$E_2 = X_3 + X_4$，$E_6 = X_5 + X_6$。

处理 E_3，得　　　　　　　$E_3 = E_1 + E_2 = (X_1 + X_2) + (X_3 + X_4)$

处理 E_4，得　　　　　　　$E_4 = E_6 X_7 = (X_5 + X_6) X_7 = X_5 X_7 + X_6 X_7$

处理 E_5，得

$$\begin{aligned} E_5 = E_3 E_4 = &(X_1 + X_2 + X_3 + X_4)(X_5 X_7 + X_6 X_7) = \\ & X_1 X_5 X_7 + X_1 X_6 X_7 + X_2 X_5 X_7 + X_2 X_6 X_7 + \\ & X_3 X_5 X_7 + X_3 X_6 X_7 + X_4 X_5 X_7 + X_4 X_6 X_7 \end{aligned}$$

处理 T，得

$$\begin{aligned} T = E_5 E_8 = &(X_1 X_5 X_7 + X_1 X_6 X_7 + X_2 X_5 X_7 + X_2 X_6 X_7 + \\ & X_3 X_5 X_7 + X_3 X_6 X_7 + X_4 X_5 X_7 + X_4 X_6 X_7) X_8 = \\ & X_1 X_5 X_7 X_8 + X_1 X_6 X_7 X_8 + X_2 X_5 X_7 X_8 + X_2 X_6 X_7 X_8 + \\ & X_3 X_5 X_7 X_8 + X_3 X_6 X_7 X_8 + X_4 X_5 X_7 X_8 + X_4 X_6 X_7 X_8 \end{aligned}$$

至此已不能再化简，顶事件已化为底事件的积的和的最简式。此式中共有 8 项，每 1 项包括的底事件组成一个最小割集。可见它与下行法所得结果是完全一致的。

③对偶树。

设 E_1，E_2 表示两个故障事件，它们是一个或门的输入，E_3 是该门的输出，这意味着，只要

E_1, E_2 中由一个故障事件发生,故障事件 E_3 就发生。亦即说只有 E_1, E_2 都不发生,E_3 才不发生。今以 $\overline{E_1}, \overline{E_2}, \overline{E_3}$ 表示 E_1, E_2, E_3 的余事件,$\overline{E_1}$ 表示 E_1 的故障事件不发生,等等,只有当 $\overline{E_1}$,$\overline{E_2}$ 都发生时,$\overline{E_3}$ 才发生,亦即 $\overline{E_1}, \overline{E_2}$ 是一个与门的输入,$\overline{E_3}$ 是该与门的输出。

如把故障树中或门的输入输出事件都换成它们的余事件,则或门须改成与门。因此,如把故障树中与门输入输出事件都换成它们的余事件,则与门须改或门。经过这样变换后的故障树称为成功树,顶事件变成希望不发生的事件。成功树也称为对偶故障树,简称对偶树。以图4.13 所示的故障树为例,给出其对偶的成功树如图4.14 所示。

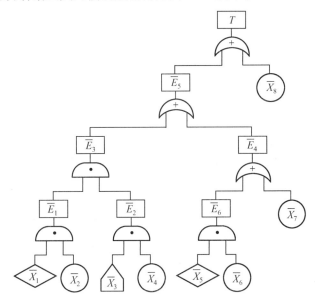

图 4.14　故障树(图 4.13)的对偶树

最小割集是导致顶事件发生的不能再缩减底事件的集合。对成功树而言,成功树的顶事件发生亦即故障树的顶事件不发生,因此成功树按最小割集法求得的最小割集实际上就是故障树的最小路集。

现在以图 4.14 所示的对偶树为例,按下行法求最小割集。

$$\overline{T} \rightarrow \begin{bmatrix} \overline{E_5} \\ \overline{X_8} \end{bmatrix} \rightarrow \begin{bmatrix} \overline{E_5} \\ \overline{E_4} \\ \overline{X_8} \end{bmatrix} \rightarrow \begin{bmatrix} \overline{E_1}\,\overline{E_2} \\ \overline{E_4} \\ \overline{X_8} \end{bmatrix} \rightarrow \begin{bmatrix} \overline{X_1}\,\overline{X_2}\,\overline{X_3}\,\overline{X_4} \\ \overline{E_4} \\ \overline{X_8} \end{bmatrix} \rightarrow \begin{bmatrix} \overline{X_1}\,\overline{X_2}\,\overline{X_3}\,\overline{X_4} \\ \overline{E_6} \\ \overline{X_7} \\ \overline{X_8} \end{bmatrix} \rightarrow \begin{bmatrix} \overline{X_1}\,\overline{X_2}\,\overline{X_3}\,\overline{X_4} \\ \overline{X_5}\,\overline{X_6} \\ \overline{X_7} \\ \overline{X_8} \end{bmatrix}$$

于是得故障树的 4 个最小路集为

$$\{X_1, X_2, X_3, X_4\} \quad \{X_5, X_6\} \quad \{X_7\} \quad \{X_8\}$$

在很多情况下,利用成功树求故障树的最小路集比较方便。

4. 故障树的定量分析

当数据足够时,可以估计出故障树中各底事件发生的概率,则在所有底事件相互独立的条件下,可对故障树进行定量分析。定量分析主要有顶事件发生的概率和底事件重要度的求取。

（1）顶事件发生的概率。

在故障树中，底事件、结果事件、顶事件等都是故障事件。取值 1 表示事件出现；取值 0 表示事件不出现。设底事件 X_i 出现的概率为 p_i，不出现的概率为 $q_i = 1 - p_i$，则 $p_i = P(X_i = 1)$，$q_i = P(X_i = 0)$。同样，顶事件 T 出现的概率为 p，不出现的概率为 $q = 1 - p$，则 $p = P(\varphi = 1)$，$q = P(\varphi = 0)$。显然，如令 $p = (p_1, p_2, \cdots, p_n)$ 为底事件的总数，设诸底事件是相互独立的，则有 $p = \Psi(p_1, p_2, \cdots, p_n) = \Psi(p)$，$\Psi(p)$ 称为故障树的概率组成函数。

通过故障树的最小割集和最小路集可以求得概率的组成函数。下面以图 4.15 所示的故障树为例介绍概率组成函数的求解过程。

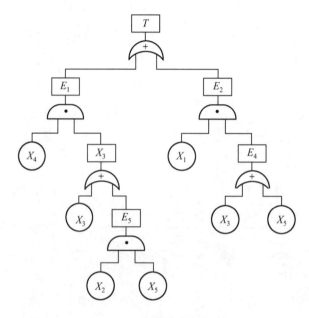

图 4.15　故障树的对偶树

它一共有 4 个最小割集，即 $K_1 : \{X_3, X_4\}$，$K_2 : \{X_2, X_4, X_5\}$，$K_3 : \{X_1, X_5\}$，$K_4 : \{X_1, X_3\}$，其中任何一个出现都会使顶事件出现，这 4 个最小割集出现的概率是容易计算的。每一个最小割集出现的概率即此割集内各底事件都出现的概率，由于假设各底事件是相互独立的，因此每一个最小割集出现的概率即此割集内各底事件出现概率的积。若以 p_{K_i} 表示第 i 个最小割集出现的概率，则有

$$p_{K_1} = p_3 p_4$$
$$p_{K_2} = p_2 p_4 p_5$$
$$p_{K_3} = p_1 p_5$$
$$p_{K_4} = p_1 p_3$$

它们的和为

$$F_1 = p_{K_1} + p_{K_2} + p_{K_3} + p_{K_4} = p_3 p_4 + p_2 p_4 p_5 + p_1 p_5 + p_1 p_3$$

但顶事件出现的概率不等于这 4 个概率的和 F_1。因为这些最小割集间不是相互独立的，例如 K_1, K_2 之间就有共同底事件 X_4。

按照概率法则，设 A, B 为任意两事件，$A \cdot B$ 为两事件的积事件，即两事件同时出现，$A + B$ 是两事件的和事件，即两事件至少有一个出现。由概率法则为

$$P(A + B) = P(A) + P(B) - P(A \cdot B)$$

对任意三事件 A,B,C 而言,有

$$P(A+B+C) = P(A) +P(B) +P(C) -P(A \cdot B) -P(A \cdot C) -P(B \cdot C) +P(A \cdot B \cdot C)$$

以此类推,只有当 $A_1,A_2,\cdots,A_n$ 之间为相互独立时, $P(A_i \cdot A_j) = 0, P(A_i \cdot A_j \cdot A_k) = 0, \cdots$,才有

$$P(A_1+A_2+\cdots+A_n) = P(A_1) +P(A_2) +\cdots+P(A_n)$$

因此,设故障树一共有 m 个最小割集 $K_1,K_2,\cdots,K_m$,以 F_1 表示这些最小割集出现的概率之和,以 F_2 表示这些最小割集两两同时出现(即交集)的概率和,以 F_3 表示这些最小割集三三交集出现的概率之和……,则按概率法则,顶事件出现的概率 p 为

$$p = F_1 -F_2 +F_3 -F_4 +(-1)^{m-1}F_m$$

以图 4.15 的故障树为例,它的 4 个最小割集两两同时出现的概率计算如下:

$K_1 K_2$ 同时出现,即 X_2,X_3,X_4,X_5 同时出现,故概率为 $p_2 p_3 p_4 p_5$,记为

$$P_{K_1 K_2} = p_2 p_3 p_4 p_5$$

$K_1 K_3$ 同时出现的概率为 $P_{K_1 K_3} = p_1 p_3 p_4 p_5$;

$K_1 K_4$ 同时出现的概率为 $P_{K_1 K_4} = p_1 p_3 p_4$;

$K_2 K_3$ 同时出现的概率为 $P_{K_2 K_3} = p_1 p_2 p_4 p_5$;

$K_2 K_4$ 同时出现的概率为 $P_{K_2 K_4} = p_1 p_2 p_3 p_4 p_5$;

$K_3 K_4$ 同时出现的概率为 $P_{K_3 K_4} = p_1 p_3 p_5$ 。

因此

$$F_2 = p_2 p_3 p_4 p_5 +p_1 p_3 p_4 p_5 +p_1 p_3 p_4 +p_1 p_2 p_4 p_5 +p_1 p_2 p_3 p_4 p_5 +p_1 p_3 p_5$$

按照此方法,可得

$$F_3 = 3 p_1 p_2 p_3 p_4 p_5 +p_1 p_3 p_4 p_5$$

$$F_4 = p_1 p_2 p_3 p_4 p_5$$

设 $p_1 = 1\%, p_2 = 2\%, p_3 = 3\%, p_4 = 4\%, p_5 = 5\%$,则可得

$$F_1 = 0.002\ 04 \qquad F_2 = 0.000\ 029\ 212$$

$$F_3 = 0.000\ 000\ 636 \qquad F_4 = 0.000\ 000\ 012$$

从而得概率组成函数为

$$p = \psi(P) = F_1 -F_2 +F_3 -F_4 = 0.002\ 201\ 141\ 2 \approx 0.002\ 01$$

至此利用最小割集求顶事件概率的过程介绍完毕。下面仍以图 4.15 为例,介绍用最小路集求顶事件概率的过程。它一共有 3 个最小路集:

$$p_1:\{X_1,X_2,X_3\} \qquad p_2:\{X_1,X_4\} \qquad p_5:\{X_3,X_5\}$$

每一个最小路集出现意味着此路集内各底事件全不出现。其中任一个最小路集出现就会使顶事件不发生。这 4 个最小路集出现的概率也是容易计算的,即此路集内各底事件都不出现的概率的积。设以 q_{p_i} 表示第 i 个最小路集出现的概率,则有

$$q_{p_1} = q_1 q_2 q_3 = (1-p_1)(1-p_2)(1-p_3)$$

$$q_{p_2} = q_1 q_4 = (1-p_1)(1-p_4)$$

$$q_{p_3} = q_3 q_5 (1-p_3)(1-p_5)$$

设故障树一共有 m 个最小路集 $p_1,p_2,\cdots,p_m'$,以 S_1 表示这些最小路集出现的概率之和,以 S_2 表示这些最小路集两两同时出现的概率之和……,则按概率法则,顶事件不出现的概率 q 为

$$q = S_1 -S_2 +S_3 -\cdots+(-1)^{m-1}S_m$$

$$S_1 = q_1 q_2 q_3 + q_1 q_4 + q_3 q_5$$

又可得

$p_1 p_2$ 同时出现的概率为 $q_{p_1 p_3} = q_1 q_2 q_3 q_4$；

$p_2 p_3$ 同时出现的概率为 $q_{p_2 p_3} = q_1 q_3 q_4 q_5$；

$p_1 p_3$ 同时出现的概率为 $q_{p_1 p_3} = q_1 q_2 q_3 q_5$。

故

$$S_2 = q_1 q_2 q_3 q_4 + q_1 q_3 q_4 q_5 + q_1 q_2 q_3 q_5$$

以此方法,可求出

$$S_3 = q_1 q_2 q_3 q_4 q_5$$

所以

$$q = 1 - q = q_1 q_2 q_3 + q_1 q_4 + q_3 q_5 - (q_1 q_2 q_3 q_4 + q_1 q_3 q_4 q_5 + q_1 q_2 q_3 q_5) - q_1 q_2 q_3 q_4 q_5$$

设 $p_1, \cdots, p_5$ 的值如前,则

$$q_1 = 99\% \qquad q_2 = 98\% \qquad q_3 = 97\% \qquad q_4 = 96\% \qquad q_5 = 95\%$$

可算得

$$S_1 = 2.812\ 994$$
$$S_2 = 2.673\ 283\ 14$$
$$S_3 = 0.858\ 277\ 728$$

故

$$q = S_1 - S_2 + S_3 = 2.812\ 994 - 2.673\ 283\ 14 + 0.858\ 277\ 728 = 0.997\ 988\ 588$$
$$q = 1 - q = 1 - 0.997\ 988\ 588 = 0.002\ 011\ 412$$

用最小割集法及最小路集法计算的结果是完全一致的。

在很多实际情况中,故障树的最小割集很多,而最小路集则往往不多,因此用最小路集来算概率组成函数常常是比较容易的。

从上面的利用最小路集求概率组成函数来看,决定顶事件出现的概率 p 的主要是 F_1,而 $F_2, F_3, \cdots$ 实际上可以忽略不计。实际工作中的底事件出现概率 p_i 往往比上例的概率要低得多,因此 $F_2, F_3, \cdots$ 比起 F_1 来要差一个甚至几个数量级。并且由于 p_i 的值也有一定估计误差,$F_2, F_3, \cdots$ 一般比这些 p_i 的估计误差还要小。从而精密计算 $F_2, F_3, \cdots$ 在工程上不是必要的。因此,在实际应用上

$$p \approx F_1$$

是很好的近似式。以图 4.15 为例,$p = 0.002\ 011\ 412$ 中,$F_1 = 0.00204$,相对误差不超过 1.5%,工程上是完全够了。

(2)底事件的概率重要度。

虽然顶事件的发生取决于底事件的发生,但各底事件发生对顶事件的重要程度并不相同。底事件概率的重要度表示了某一底事件发生概率的微小变化而导致顶事件发生概率的变化率。

设故障树有 n 个底事件,它的概率组成函数为 $p = \psi(P) = \psi(p_1, p_2, p_3, \cdots, p_n)$,对于给定的一组 $P_0 = (p_{10}, p_{20}, \cdots, p_{n0})$ 而言,有相应的 $p_0 = \psi(P_0)$。

第 i 个底事件 X_i 的出现概率在 P_0 基础上有单位的增长,则相应的第 i 个底事件的概率重要度为

$$I_{P_0}(i) = \left. \frac{\partial \psi(P)}{\partial p_i} \right|_{P = P_0}$$

以图 4.15 为例。由于 $\psi(P_0)$ 已求出,设 $P_0 = [1\%, 2\%, 3\%, 4\%, 5\%]$,则可算得

$$I_{p_0}(i) = \frac{\partial \psi(P)}{\partial p_i}\bigg|_{P=P_0} = 0.048$$

$$I_{p_0}(2) = 0.002$$

$$I_{p_0}(3) = 0.049$$

$$I_{p_0}(4) = 0.031$$

$$I_{p_0}(5) = 0.010$$

因此,这 5 个底事件按概率重要度从大到小的排列为:X_3, X_1, X_4, X_5, X_2。

习题四

4-1　当要求系统的可靠度 $R_s = 0.850$ 时,选择三个复杂程度相同的元件串联工作和并联工作,则每个元件的可靠度应是多少?

4-2　一个由电动机、皮带传动、单机齿轮减速器组成的传动装置,工作到 1 000 h,要求其可靠度为 0.960。已知它们的平均是效率分别为:电动机 $\lambda_1 = 0.000\ 03/\text{kh}$;皮带传动 $\lambda_2 = 0.000\ 40/\text{kh}$;减速器 $\lambda_3 = 0.000\ 02/\text{kh}$。试给它们适当的可靠度。

4-3　一个由电动机、皮带传动、单机齿轮减速器组成的传动系统,各单元所含的重要零件数:电动机 $N_1 = 6$;皮带传动 $N_2 = 4$;减速器 $N_3 = 10$,系统总的重要零件数 $N = \sum N_i = 20$。若要求工作时间 $T = 1\ 000$ h 时系统的可靠度为 0.95,试将可靠度分配给各单元。

4-4　某系统可靠性逻辑框图如图 4.16 所示,图中各单元的可靠度为:$R_A = 0.9$,$R_B = R_C = 0.8$,$R_D = R_E = 0.85$,$R_F = 0.7$,试用上下限法预计该系统的可靠度(设 $U = 2, L = 3$)

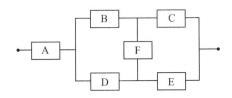

图 4.16　习题 4-4 系统可靠性逻辑框图

4-5　已知系统可靠度指标为 0.95,假设每个冗余单元分配得到的可靠度相同,每个冗余单元的零部件相同,对图 4.17 所示的可靠性框图中的产品进行可靠性分配。

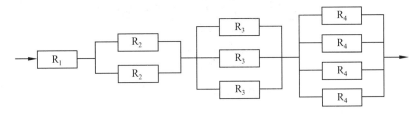

图 4.17　习题 4-5 系统可靠性逻辑框图

4-6　具有双天线发射机的通信设备的可靠性逻辑框图如图 4.18 所示,其中 A 为发射机,B_1,B_2 为天线,C 为接收机。试画出相应的故障树。

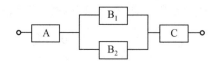

图 4.18　习题 4-6 发射机可靠性逻辑框图

4-7　系统的可靠性逻辑框图如图 4.19 所示,求:

(1)相应的故障树。

(2)故障树的所有最小割集。

(3)每个底事件(单元 A_i 事件失效)的结构重要度。

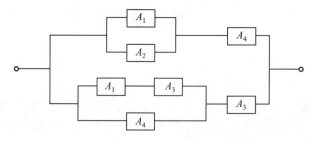

图 4.19　习题 4-7 系统可靠性逻辑框图

4-8　某型号飞机有 4 台发动机,左侧为 A 与 B,右侧为 C 与 D,当任一侧的两台发动机均发生故障时则飞机丧失正常功能。若只考虑发动机的故障,试:

(1)建立此飞机的故障树。

(2)求其最小割集。

(3)已知各发动机的可靠度均为 0.99,试求此飞机的可靠度 R_s。

4-9　使用布尔代数法,对以下的故障树进行定性分析,如图 4.20 所示,将顶事件表达为非冗余的基本事件。如果每个基本事件的概率为 0.005 且事件相互独立,顶事件发生的概率是多少?

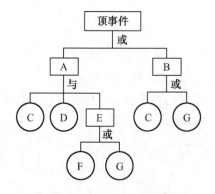

图 4.20　习题 4-9 的故障树

第二部分 智能维护系统

第5章 维护管理系统介绍

5.1 设备维护管理发展历程

5.1.1 维护管理的阶段划分

英国标准 3811 号给出维护的定义:各种技术活动与相关的管理活动相配合,其目的是使一个实体保持或者恢复达到能履行它规定功能的状态。在工业上,需要维护的对象包括生产产品的一切设施和系统以及企业向用户提供的各种产品。

工业维护管理(Industry Maintenance Management,IMM)是 20 世纪 70 年代末随着全球市场竞争的不断加剧,经营者为提高企业的竞争力而提出并逐步发展起来的。但就其发展的历史过程而言,IMM 是伴随着工业革命而发展起来的。关于 IMM 的发展历程,一般的观点将其划分为四个阶段。

(1)1950 年以前,是事后维修阶段。其特点是认为机械设备在使用中发生故障是不可预知的,只有等出了故障后再去维修它,不坏不修。

(2)1950~1960 年,发展到预防维修阶段。这一阶段的特点是强调预防为主。该阶段维修有两大分支:苏联形成了以固定保养期为特征的计划预防维修制,在英、美等国则形成了以定期检查为特征的预防维修制。

(3)1960~1970 年,发展为生产维修制。生产维修制是指对重点设备实行预防维修,对一般设备实行事后维修。在这个阶段,以预防维修为中心,开始考虑设备生产、设计等环节的可靠性;出现了可靠性、无维修性设计的思想。

(4)从 1970 年开始,进入各种维修模式并行阶段,或称为工业维护阶段。主要的代表理论有英国的设备综合工程学(Terotechnology)、日本的全员生产维修(Total Productive Maintenance,TPM)和美国的后勤学(Logistics)。这三种典型的现代设备管理都是以设备的一生为研究对象,追求寿命周期费用的最优化。同时,这三者都涉及可靠性问题。三者的区别是:后勤学的范围最广,不仅针对设备,而且还谋求降低产品、系统、程序的寿命周期费用;设备综合工程学虽然是仅针对设备,但也涉及从制造到设备维修的全过程;而全员生产维修制则是以主动、积极的态度进行设备的保养和维修,管理的范围主要是企业内部微观的设备管理和具体的管理方法。这一阶段总的特点是不仅局限于技术方面的考虑,而且涉及经济、管理等多方面。

20 世纪 70 年代初,设备维护逐渐发展为工业维护。到了 70 年代末,出现了工业维护管理的概念。但在工业维护阶段维护对象就已经不仅仅局限于设备,而是扩展到了与生产有关的一切设施和产品,维护的方法也从技术角度发展到技术、经济、管理并重。进入 90 年代,

IMM 的范围更加广泛,从工业领域扩展到了全社会,包括公用设施,并且更多地考虑了环保、安全和资源的有效利用。

IMM 是一个综合管理学科,其研究目标主要是使一个经济或非经济实体依据社会与市场的需求、自身的生产经营目标,综合考虑安全、环境保护、资源合理利用等各种因素,确立维护管理目标,动员全体成员参与,通过各种技术、经济、管理手段的相互配合,使包括设备、设施、系统及产品在内的维护实体,在寿命周期内保持、恢复或增强自身功能。IMM 是在设备维护的基础上,适应现代先进制造技术的发展和商业竞争的产物。IMM 立足于企业战略的高度,是建立世界级企业的必由之路,对提高企业的生产效率和竞争力起着十分关键的作用。

5.1.2　维护管理的发展

维护方式经历了上面四个发展阶段,目前正不断朝着智能化、网络化的方向发展,信息正在成为维护资源的主体。同时,维护管理更注重环境保护和可持续发展。

1. 绿色维护

近 30 多年来,人类极为重视防止环境污染与资源的平衡问题。在维护中,人们注意到很多故障不仅危及生产安全、影响使用,还可能污染环境、破坏生态平衡、违反公认的环境标准。1988 年,J. 莫布雷在其提出的故障后果的新分类法中加入了环境性后果,这是维护指导思想的一次飞跃。其中以产品全生命周期为中心的绿色再制造是极有前途的绿色维护技术。

2. 智能维护

随着现代化生产设备的广泛使用以及生产过程的不断复杂化,即使是行业专家也难以把握维护过程。近几十年来,人工智能技术得到了长足的发展。目前将智能技术与维护技术相融合,以辅助专家解决纷繁复杂的维护问题已成为研究热点。智能维护的高效性、可靠性及其解决复杂维护问题的能力不但能提高维护质量和效率,而且还能有效地降低现代化生产系统的维护成本。智能维护还很不成熟,目前其应用的广度和深度还非常有限。

3. 网络化协同维护

网络技术与生产过程的结合产生了网络生产模式,网络生产模式具有资源的分散性。在网络制造环境下的维护过程必须通过网络实现维护资源的整合,维护过程必须采用计算机支持的协同工作(Computer Supported Cooperative Working, CSCW)方式才能达到高效率、高质量。网络化协同维护是面向网络制造的一种新型维护模式,它将随着网络制造技术的发展而发展。

4. 基于信息驱动的维护

基于信息驱动的维护是信息技术、视情维护与维护资源调度相结合的产物。维护资源由人力资源和维护的工具、备品备件、时间、资金以及信息等组成。维护信息在现代化生产设备维护中的地位日益凸显。通过对监测系统所获信息的分析,预测并安排维护计划可以有效地提高设备的可用度,从而使停机损失降到最小。这对于影响面很大的并行生产过程非常适用。将信息作为维护系统的运作动力,可使生产与维护的联系更加密切。基于信息驱动的维护是未来维护管理系统的发展方向。

5.1.3　欧美国家设备维护管理现状

英国工商部设备综合工程委员会在 1967 ~ 1968 年对 515 家企业做了调查,对其中 80 家企业进行了详细调查。调查报告显示,英国制造业的设备维护直接费用每年约为 11 亿英镑,若加强和改善设备管理工作每年可以节约 2~2.5 亿英镑,而因维护不当,每年损失 2~3 亿英镑。德国维护管理受到普遍重视,自动化程度高的企业的维护人员比例可高达 20% 以上,维护费用占总支出的 6%~12%。按照德国工业标准 DIN31051,维护管理中,维修占日常工作量的 75%,其费用占维护总成本的 25%;检查占总工作量的 5%,其费用占总维护费用的 10%;维修占总工作量的 20%,占总维护成本的 65%。意大利的维护管理水平落后于美、英、德,TPM 仅在 15%~20% 的大企业实施。

1992 年 2 月,北欧国家开始实行 EUREKA 计划,想制定出 Scandinavia 国家的维护基准。北欧的一些主要维护协会,如丹麦维护协会、芬兰维护协会、瑞典维护协会、挪威维护工程师协会都参加了这项计划。其中,丹麦对 43 个工业企业进行了征询调查。对 Scandinavia 诸国的维护基准的一般趋势研究表明:需要制定一个明确的维护目标,确定关键变量来调整维护活动,以确保维护和生产更好地连接、关注组织的争论点、运行计算机化的维护系统、疏散一些维护活动、灌输更好的培训方法及深入研究现代维护方法。

怀尔曼(Wiremnan)在美国进行了一个类似的维护基准的调查。调查研究指出,自 1979 年开始,美国工业企业的维护费用每年提高 10%~15%。可是,在 1990 年,因维护不当而造成的过量支出约为 2 000 亿美元,相当于 1979 年的总维护费用。

怀尔曼的调查结果表明:美国企业需要制定更好的维护计划,进行更多的维护研究与开发。在被调查的所有企业中,只有约三分之一的企业正在应用维护计划系统。大多数时候,维护只是简单地更换一下不能再使用的零部件,几乎不进行任何失效分析。维护人员的加班时间通常占总维护时间的 14.1%。在典型制造企业中,维护和生产职能部门之间在协调上有明显的困难。而且,调查中的许多企业都是通过用大量的维护库存办法来解决及时维护的问题。正是由于不进行适当维护所造成的生产损失常常是维护费用的几倍甚至十多倍,例如调查得到的生产损失/维护费用比平均达到 4∶1,这应该是毫不奇怪的。在有些情况下,这一比率甚至高达 15∶1。其主要的维护问题反映在调度冲突、雇工、停产、培训、过量库存、缺少管理支持、预算控制上。造成维护管理系统失灵的一个主要原因是在企业中经常把计划和监控功能混淆起来。混淆引起混乱,结果造成采用被动式而不是主动式的维护管理。

5.1.4　我国设备维护管理现状

1. 我国维护管理的发展状况

(1)计划预修制阶段(20 世纪 50 年代)。

我国维护管理是 20 世纪 50 年代在苏联的计划预修制基础上,结合中国实际发展起来的。这种维护方式是以磨损规律为依据,通过使用维护对象和研究维护周期来制定以大修、中修、小修为主的周期性维护计划,以减少非计划停产次数,把事故隐患消灭在萌芽状态。这种方式在当时我国扩大再生产资金短缺、需要延长设备使用期的国情下起到了一定作用。

随着经济发展和维护对象的技术进步,计划预修制逐渐暴露了自身的缺陷。一是技术不成熟:由于维护对象的实际磨损状况与计划修理周期不相符,固定的维护计划易产生维护冗余或维护不足。此外,大、中、小修及保养的安排主要以经验为主,缺乏科学性。二是经济性差。这种维护方式重维护、轻更新,忽视维护对象的寿命周期费用(LCC),导致折旧率低,维护费用高。三是管理机制不健全,使用和维护部门不协调,操作人员与维护人员严格分工,不重视全员参与。

(2)计划保修制阶段(60 年代至 70 年代)。

　　针对计划预修制存在的种种弊端,我国企业在应用过程中不断摸索总结,创造出一些适合我国实际的维护经验。早在 20 世纪 50 年代鞍钢就提出"鞍钢宪法",提出工人参加、群众路线、合理化建议及劳动竞赛的做法。在 60 年代,我国又在总结计划预修制的经验教训的基础上提出了计划保修制,即专群结合、预防为主、防修结合,在机械行业中广泛应用。但这些方法都没有完全脱离开计划预修制,因此仍然存在很多缺陷。

　　(3)综合管理阶段(80 年代以后)。

　　进入 80 年代后,很多国外的维护管理技术被引入国内,包括预防维护、预测维护、基于状态维护、可靠性维护、综合工程学、全员生产维护、全员计划质量维护等,对我国的维护管理的发展产生了重大影响。我国企业在学习、应用国外的先进维护管理模式过程中不断改进、创新,取得了不少经验成果。在先后吸取了英国的设备综合工程学(Terotechnology)、美国的后勤工程学(Logistics)和日本的 TPM 经验的基础上,国家经委 1987 年在《工业交通企业设备管理条例》中正式提出了综合管理的思想。90 年代,国内的一些企业,如上海宝山钢铁集团、广东科龙电器集团、山东将军集团,先后引进 TPM 管理模式,结合各自的实际加以改进实施,都取得了很好的效果。

　　2. 我国维护管理存在的问题

　　我国对国内的汽车、机械、电子、钢铁、化工等部门多家大型、特大型企业集团的维护管理状况进行了初步调查,其调查结果显示出如下问题。

　　(1)多数企业尚未建立健全的维护管理体系,缺乏对维护管理思想系统的、深入的认识和研究。多数情况下,仅仅把维护管理简单地看作设备维护,而没有意识到维护管理是一项包括设备和产品维护、安全生产、资源合理利用及环境保护的基于企业集成战略的管理体系。

　　(2)不进行适当维护或维护不正确将会造成重大经济损失,其数额是维护费用的几倍到几百、上千倍。例如,1997 年北方的一家化工企业由于对一根管线上的砂眼维护措施不当,导致一套装置停产数天,每天停产损失高达 200 多万元。

　　(3)维护部门与生产部门相互间协调难度大,反映为人员、停产、培训等方面的调度冲突,常常导致维护不及时。

　　(4)维护管理方式落后,水平低,资料无法共享,信息反馈慢,常常是被动式维护管理。

　　(5)企业通常用加大维护库存量的办法来解决要求及时维护的问题。

　　(6)维护人员的加班时间占总维护时间的 20% ~ 40%。

　　(7)维护管理作业规范不健全,或对规范的执行不严格、不认真。

　　3. 我国企业采用的维护方式

　　20 世纪 80 年代前,我国企业主要的维护方式是沿袭前苏联的计划预修制,以及在此基础上发展起来的计划保修制。80 年代后开始引进 TPM 维护管理方式。因此,我们主要介绍并分析计划预修制和 TPM 在我国的应用状况。

　　(1)计划预修制。

　　计划预修制是 20 世纪 50 年代我国大多数企业的主要维护方式,在当时的国情下起到了一定作用。但随着经济发展和维护对象的技术进步,计划预修制逐渐暴露了自身的缺陷。

　　①对维护管理缺乏系统性思考,把设备的购买、使用、更新、改造、制造分割开来,无法进行设备寿命周期费用的管理。

　　②维护管理缺乏经济观点,不进行技术经济分析,造成设备购置的盲目性。

③维护组织结构不合理。

④维护过剩或不足。对于设备状态较好的机组,进行不必要的维护,会造成设备有效利用时间的减少及人财物的浪费,甚至会引发维护故障。如果机组由于各种原因在维护期未到时产生局部故障,但受到维护计划制约,就不得不带病运行;若故障继续恶化,会增大运行和维护费用并造成不必要的事故损失。

⑤维护技术力量薄弱,技术业务培训跟不上。企业内专业维护人员匮乏,对设备操作人员的专业培训不够,造成设备的操作、维护工作落后。

针对上述的问题,不少企业摸索出了一些有效的维护方式加以补充,主要有以下两类。

①现代化定检管理。定检就是定期检查、维护。维护计划是根据制造厂的要求、日常维护经验、负荷预测、维护工作量的合理分配以及设备的故障率统计等因素制定,编制从周、月、年到 10 年的长期维护计划,并根据设备的缺陷情况作动态调整。

②点检工程。点检员对设备进行定点、定期检查,对照标准发现设备的异常现象和隐患,掌握设备故障的初期信息,及时采取措施将故障消灭在萌芽状态。

(2) TPM。

20 世纪 80 年代后期,TPM 被引入中国,并首先在机械工业企业试点成功。目前,TPM 已经在机械、冶金、石化、电子等许多行业和企业得到应用,并取得明显成果。例如天津奥的斯(OTIS)电梯有限公司,从 1996 年开始应用 TPM,它从几年的实践经验中归纳出以下几方面经验。

①重视全员生产维护工作,追求零事故、零无计划停工、零缺陷、零降低速度和最少的生产设备更新费用等目标。通过建立严格的规章制度和提高员工素质,推行设备点检工作,及时排除故障隐患,使企业关键设备的故障停机率小于 8%。

②成立由主管经理负责的 5S 管理制度,制订 5S 改进计划。同时,确定企业仲裁委员会为5S 改进计划的考核机构,每月考核一次。通过这些措施使企业设备现场管理达到前所未有的水平。企业在实践中,把 5S 的内容调整为清理、整顿、清洁、规范、保持,使之更符合企业的需要。

③注重员工的技术、业务培训。企业每年都制订严密细致的培训计划,每年的培训费约 20 万元。在 1996 ~ 1999 年的 4 年中,共举办培训班 113 次,培训员工 850 人次,使全公司操作工人的维护保养意识和技能水平有了很大提高。

但是,我国企业在实施 TPM 过程中失败的例子也不少,总结其原因主要有以下几点:

①TPM 活动推进计划开始阶段缺乏必要的宣传(约占 40%)。

②公司全体对维护管理必要性的正确认识不足(约占 25%)。

③高层管理人员对 TPM 不了解,支持不够(约占 15%)。

④推动组织人选不当(约占 10%)。

⑤缺乏专业技术人员(约占 10%)。

同时,对维护管理总体而言,TPM 也不是万能的,TPM 最大的不足是缺乏对设备寿命周期内全系统的思考和设计。这个全系统是从空间和时间两个层面上分析的:空间层面是指 TPM 虽然肯定预防维护(PM)的应用,但忽视了对 PM 的设计,忽视了状态维护,忽视了社会的、专业的合同化维护以及以可靠性为中心的维护等先进方法的引入,忽视了这些方法与 TPM 的结合;从时间层面看,按照设备寿命周期的逻辑顺序,TPM着重于设备现场管理,但在设备前期管理、资产台账管理、备件管理、故障研究和维护模式设计、技术改造管理等方面却显得薄弱。TPM的推进与OEE的计算有利于找出损失,但却难以从系统的高度分析出原因,找出优先序,指引企业抓住重点来解决问题。TPM对企业发展有利,但作为维护系统是不完整的,作为维护工艺学的原理是不恰当的。

4. 设备维护管理的发展趋势

随着我国加入WTO和制造业竞争的日趋激烈,对工业维护管理的需求更加迫切,同时网络技术、信息技术、人工智能技术、先进制造技术的涌现和发展,为IMM提供了更为广阔的发展空间。加强环境保护,形成适应信息时代的维护集成系统是维护管理发展的基本要求。IMM具体目标如下:提高设备可靠性,提高维护质量,提高维护率,减少环境污染,减少能源消耗,减少总成本,减少原材料消耗。

IMM正在朝着网络化、智能化、集成化、个性化、社会化的方向发展,并注重以下几方面问题。

(1)人的可靠性。作为维修人员,人们长期关注设备功能的可靠性、可维修性,以提高设备可利用率和效率,但往往忽视对使用设备的人本身可靠性的研究。要提高设备的可靠性,就要提高人的可靠性,从管理做起。

(2)网络信息技术的引进。随着维护管理方式的不断变革,对管理现代化的要求日益提高,计算机信息系统的引入成为发展的必然趋势。维护管理系统大体上是由设备自动诊断系统、定期诊断或点检信息管理系统和设备维修管理系统这三部分组成。在设备系统的管理和设备状态的检测,如振动和腐蚀检测、设备故障诊断和分析等方面,计算机发挥着越来越重要的作用,这些软件表现出越来越高的智能化水准。

(3)维护管理的集成化。世界维护界越来越重视维护管理的集成化、综合化倾向,即技术的集成、功能目标的集成、过程集成、社会化集成。我们可以从3个方面来理解这种集成化维护管理的概念:①维护管理在世界范围内互相渗透,已失去明显国界,全球化维护成为历史的必然;②维护管理已不再仅限于维修,它实际上是对生产、质量、安全与环保的综合;③新的维护策略也绝不仅限于组织行为的变更,而应该是意识和文化的变革。

(4)高新技术的应用。计算机辅助设备管理、计算机网络化的设备检测、远程诊断、多媒体技术、声发射技术以及集约化诊断系统等先进的维修工艺研究成果明显增加。这充分说明了高新技术在IMM中的应用日益突出。

(5)维护管理教育。工业维护管理体系从思想、理论、概念的开发到工艺和技术的推广任务完全落在维护管理教育上。

近几年维护管理的理论发展非常迅速,新兴的科学技术的应用推广推进了新的维护管理理论、模式的研究与应用。维护管理理论的发展趋势是:基于网络技术的远程维护、在线维护,基于人工智能的智能维护、专家诊断系统,基于人机工程和行为科学的人的可靠性与维护管理的研究,综合平衡经济性与可靠性的适应性维护。

5.2 设备维护管理模型

1. 后勤学

后勤学是20世纪60年代,美国在经典的产品和设备寿命周期基础上,吸取了寿命周期成本、可靠性工程及维修性工程等现代理论形成的。后勤学被定义为"研究资源需求、设备、供应和维修,并以后勤保障、计划作为对象的管理艺术、管理科学和工程技术活动",被认为是体现设备周期管理的最为彻底的学科。后勤学学者认为,一个系统应包括基本设备和相应的后勤支援两部分。后勤支援的主要内容有:测试和辅助设备、备件和修理更换件、人员和培训、器材储运管理、辅助设施和技术资料等。基本设备和后勤支援的各个组成部分之间都必须在集成基础上发展,建立最优平衡,以生产出费用效果良好的产品。因此,后勤学被看作为保证一个系统在规划的寿命周期内得到有效而经济的支援,而需要考虑的全部问题的一门综合性学科。

2. 设备综合工程学

设备综合工程学是 20 世纪 70 年代由英国丹尼斯·巴克斯在一次国际会议上提出的。1975 年 4 月,英国工商部给这门学科做了如下的定义:"设备综合工程学即为了求得有形资产经济的寿命周期费用,而把相关的工程技术、管理、财物及业务加以综合的学科。"其中,设备综合工程学的业务工作范畴涉及设备及构筑物的规划、设计及其可靠性和维修性以及设备的安装、调试、维修、改造和更新等方面的内容。设备综合工程学把研究重点放在可维修性和可靠性设计上,即在设计、制造阶段就争取赋予设备较高的可靠性和可维修性,使设备在后天使用中,长期可靠地发挥其功能,不出故障或少出故障,或即使出了故障也便于维护。设备综合工程学把可靠性和可维修性设计作为设备管理的重点环节,它把设备先天素质的提高放在首位,将设备管理工作立足于最根本的预防。

设备综合工程学的内容可归纳为以下 5 个方面:

(1)把设备寿命周期费用的最经济作为研究目的。

(2)关于有形资产的工程、技术、管理、财务等方面的综合管理学科。

(3)进行设备的可靠性、维修性设计。

(4)关于有形资产(设备、机械、装置、建筑物),即关于设备全生命周期(方案、设计、制造、安装、运转、维修、保养、改造和更新等)机能的管理学。

(5)关于设计使用效果、费用信息反馈的管理学。

3. 全员生产维护(TPM)

TPM 是大家所熟悉的维护管理理论,是由 Nakajima 于 1971 年提出的。TPM 试图覆盖 JIT(Just in Time)生产方法所涉及的所有问题。在这种生产方式下,下一个生产指令随时可能到达,所以不可能对生产设备实行计划维护。TPM 依据于这样的事实:由于误操作和缺乏基本的护理(如润滑、清洁等)而加速了设备的老化,而这些都是可以通过操作者来避免的,操作者的努力可以推迟对 PM 的需要,但如果从来不作预防维护的话,高费用的失效还是会发生的。

TPM 有 5 个基本特性:

(1)设备效率最大化。

(2)对设备的一生开展生产维护。

(3)包括所有的训练(工程、设计、生产和维护)。

(4)包括所有雇员的积极性。

(5)通过诱导管理促进自主的小组活动。

TPM 通过包括维护预防(即免维护设计、预防维护和可维护性改进)在内的途径建立一个设备整个生命周期的维护计划。所有的成就都基于操作者的自主维护观念。TPM 寻求除去

"六大损失"，即设备失效、设置与调整、闲置与短暂停滞、减缓速度、过程缺陷以及减少产出。

在 TPM 中完全设备效率（OEE）的计算并非完整的分析，它仅考虑了效率、质量和速度，而没有考虑成本与利润，OEE 仅仅是 LCC/P 综合影响因素中的一部分。尽管有这样一些限制，OEE 概念还是有用的，如果能像 TQM（Total Quality Management）模型那样对其加以扩展会更有用。

基层操作者的小组活动是 TPM 的一部分，可提出改进实施的合理化建议，一个完整的 TPM 实施过程与 TQM 非常类似。

与 RCM 不同，TPM 不含有任何对企业经济不利的成分。但是从设备综合工程学上讲，TPM 不是一个完整的维护系统。公平地讲，Nakajima 特别指出，TPM 是仅仅针对设备综合工程学的设备方面的，他认为 TPM 是设备综合工程学的一部分，也是后勤学的一部分。然而，一些公司错误地将 TPM 作为解决维护管理任务的完整方案。LCC、设备综合工程学、TPM、后勤学的关系如图 5.1 所示。

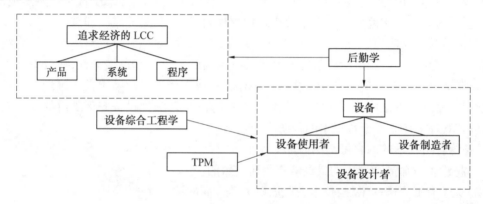

图 5.1　LCC、设备综合工程学、TPM、后勤学的关系

4. 以可靠性为中心的维护管理

以可靠性为中心的维护管理（RCM）最初是在民航工业中发展起来的，是决定有形资产在其运行情况下对维护需求的结构方法。RCM 建立功能需求并期望工厂和设备的执行标准，通过把这些与设计及内在的可靠性参数联系起来，就决定了功能失效特性。对于每一失效特性得出其失效模式并进行效果分析（FMEA），失效的影响有四种，即隐藏的影响、安全或环境的影响、操作性影响和非操作性影响。牟博瑞（Moubray）概述了 RCM 的决策逻辑程序（图 5.2）。

诺兰（Nowlan）和黑坡（Heap）于 1978 年提出的一般化的 RCM 也没有在意如何开发一个维护程序，人员并不是其基本哲理的一部分。

目前，维护管理研究中最受重视的就是 RCM。RCM 是一种系统化考虑系统功能、功能失效的方法，即基于优先权考虑安全性和经济性来确定可行的、有效的预防维护的任务。它是综合了故障后果和故障模式的有关信息，以运行经济性为出发点的维护管理模式。它也是一种综合的维护方法，对关键元件也体现了状态监控思想。RCM 主要用于生产及总控工厂主要设施的维护程序。目前，RCM 研究中涉及决策支持系统、专家评判方法、遗传算法（Genetic Algorithm，GA）、蒙特卡罗（Monte Carlo，MC）模拟、层次分析法（Analytical Hierarchy Process，AHP）、RCM 分析法、敏感性分析、失效模式和影响分析（Failure Mode Effect and Critical Analysis，FMECA）、影响图表法（Influence Diagram，ID）等，采用的模型有多原则决策制定模型和基于规则的模糊逻辑模型（对 AHP 和模糊逻辑集成）、比例风险模型（基于比例性风险的维护）等。表 5.1

为 RCM 中经常采用的方法。

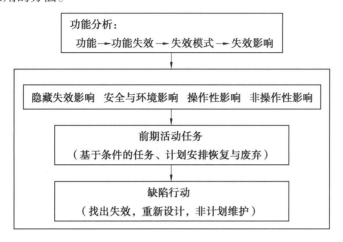

图 5.2　RCM 决策过程

表 5.1　RCM 中常采用的方法

方法	应用范围
专家评判法	估计故障形成期,评判设备、元件等重要性,优选维护策略
遗传算法	描述更新策略的维持和更新问题,包含可靠性和成本估计思想
蒙特卡罗模拟	经常与遗传算法结合,描述更新策略的维持和更新问题
层次分析法	制定元件故障重要性等级,分析其对企业效益的影响效果
RCM 分析法	关注系统功能,从故障后果的严重程度出发,确定维护的必要性和可行性,对维护要求进行评估,制定出实用的、合理的维护大纲
敏感性分析	测定设备、元件等的重要登记,经常使用于 RCM 方法中
FMECA 分析	确定潜在失效模式及其相应的原因、结果、发生频率和重要性
影响图表法	表达行为、特性与效用的关系,选择维护策略等

5. 基于风险的维护理论

基于风险的设备维护技术(Risk Based Maintenance,RBM)是设备管理的新领域和发展方向。西方国家从 20 世纪 90 年代才开始进行这方面的研究和应用,至今有二十多年的历史,进展很快,并取得了很多理论和应用成果。RBM 首先在流程企业中得到应用,如炼油厂、化工厂、石化厂、海上钻井平台等。该项技术是通过对设备或部件的风险分析,确定关键设备和部件的破坏机理和维护技术,优化设备维护计划和备件计划,为延长装置运转的周期、缩短检修工期提供了科学的决策支持。根据国外大型石化公司的应用经验,采用 RBM 技术后,一般可减少15% ~40% 设备检修量和维护费用。目前,该技术主要应用于压力容器和管道等静设备。欧盟的一项技术开发项目以风险为基准检查及维修程序已接近完成,该项目是对静设备的检查和动设备的维护,包括仪表系统、电气系统、安全装置等,提出了一条基于风险分析的途径,已在石油、化工、电力和冶金行业进行了初步使用,并取得了良好的效果。

基于风险的维护是指在维护过程中要充分考虑由于信息的不确定性而使维护过程产生的风险。维护计划及其实施过程要能根据风险进行动态调整,预测技术是基于风险的维护的核心。通过对被维护对象的状态进行预测,并充分考虑不确定信息对预测结果的影响,合理配置资源,从而将各类风险降至最低。图 5.3 所示为 RBM 原理示意图。这非常适合生产环境快速变化的现代化生产方式。工业发达国家已将研究重点转向该技术,我国也在开展这方面的研究。

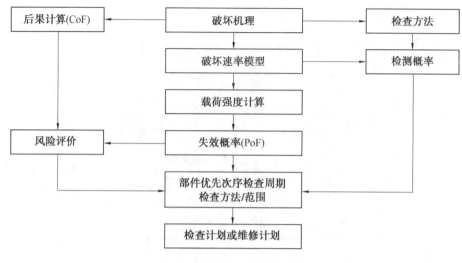

图 5.3　RBM 原理示意图

5.3　设备维护管理系统的构建

　　维护管理是在设备维护的基础上发展起来的,是适应现代先进制造技术和激烈的全球市场竞争的一种先进的维护管理模式与理念。在全球制造迅速扩张和激烈竞争的环境下,具有敏捷性、集成性、柔性、协调性和复杂性特征的维护管理对于制造企业降低成本、提高效益,在全球市场上保持其竞争力和较高的顾客满意度,提高企业的可赢利性和品牌的信誉度等方面将起到至关重要的作用。

5.3.1　维护管理系统结构

1. 维护管理的含义

　　维护管理(Maintenance Management,MM)是指企业依据其生产经营目标,综合地考虑安全、环境保护和资源合理利用等各种因素,动员全体成员参加,通过各种技术、经济、管理手段的相互配合,使包括企业生产设备、设施、系统及产品在内的实体,在寿命周期内保持或恢复自身功能的过程。

　　维护管理的目标是提高企业竞争力,即通过市场导向促进技术发展,实现技术与经济的结合,加速研究的应用化、产业化。维护管理涉及对象的范围从工业领域扩展到全社会,不仅包括生产设备、设施、系统,还考虑了产品(或服务)、非制造业的维护、公用设施的维护等等。维护管理综合运用技术、经济、管理等方法,从技术层面、经济层面、组织管理层面等多层次、全方位地考虑维护管理问题。

　　维护管理不仅仅是一种生产技术方式,更是企业经营、管理、运作的模式。维护管理包括技术的集成、管理的革新、方案的设计、企业文化的再造及人才的培养等多个方面,既要充分考虑人的因素,还应综合考虑环境、资源、安全等因素。

2. 维护管理系统结构的构建

在总结国内外对维护管理的研究成果的基础上,针对维护管理的目标、含义、特点,构建了维护管理系统结构(图 5.4),该结构包括战略层、理论层、应用实现层、技术工具层 4 个层面。

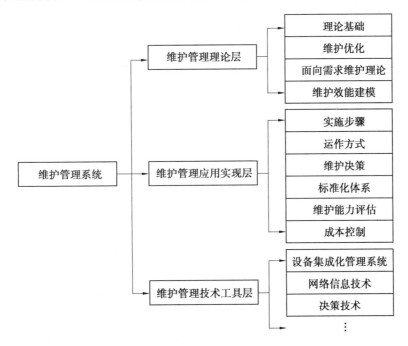

图 5.4　维护管理的系统结构

5.3.2　维护管理的理论层面

维护管理的理论层面主要是将维护管理问题纳入一个正确的方向、领域,在维护管理系统研究中起到了承上启下的作用,既对战略层进行了细化和解释,又为具体的实现提出了指导和规范。在理论层面主要提出了维护管理依托的理论基础体系,维护优化、面向需求的维护理论及维护效能建模与分析。

面向需求维护(Requirement Oriented Maintenance,ROM)理论是针对当前维护管理中存在的多目标而不能兼顾、多方法而不能并用、多理论而不能相容、多对象而不能区别的相对滞后等问题提出的。ROM 理论是以维护需求为核心,以效益、效率和安全可靠为目标,基于企业集成化信息环境,综合运用各种维护维修技术与方法,在有限维护资源限制条件下,以总体维护效果最优为目标,制定切实可行的维护维修方案来完成企业维护维修活动的一种现代维护管理理论。

维护系统作为企业生产系统的重要组成部分,其系统效能,无论是对于维护系统本身还是生产系统都是非常重要的。维护效能是检验、考评维护系统的重要尺度,标志着企业生产系统的完善程度。采用定量研究方法对维护效能进行定量度量与分析,可以有效地提高维护系统的效能。因此,对维护效能进行的建模分析、研究和定量计算工作成为维护管理研究的重点。

1. 维护管理的理论基础

为了解决使用现代化设备、设施所带来的一系列技术、经济、管理上的新问题,摆脱传统维护管理的局限性,实现现代工业生产无事故、无缺陷、无伤亡、无公害的要求,世界上工业发达国家先后提出了适应上述要求的维护管理理论。本章通过研究与分析国内外维护管理的理论研究成果,结合现代先进制造技术和我国的维护管理现状,介绍维护管理的理论基础体系。

　　维护组织与管理理论主要研究的是维护职能机构的建立与职能设计、维护计划的指定和维护方式的选择以及维护库存管理、档案管理、润滑管理等,主要的理论基础是系统论、决策论、信息论、组织行为学、运筹学等。维护的经济理论是研究设备的寿命周期成本理论、维护成本与绩效分析、设备折旧更新的技术经济分析等。这主要是建立在工程经济学、价值分析、市场学和营销学等学科的基础上。维护技术理论主要研究维护诊断技术和设备维修工艺学及其相关的规律、机理和形式,其主要的理论基础是研究摩擦学、故障物理学、可靠性科学等来解决设备维护体制和维护方式、时机、工艺、技术等各类问题。综合上述各种理论基础,提出了以维护工艺学、维护管理学和维护经济学三方面为基础的维护管理理论基础架构(图5.5),为进一步实现维护管理系统奠定了理论基础。

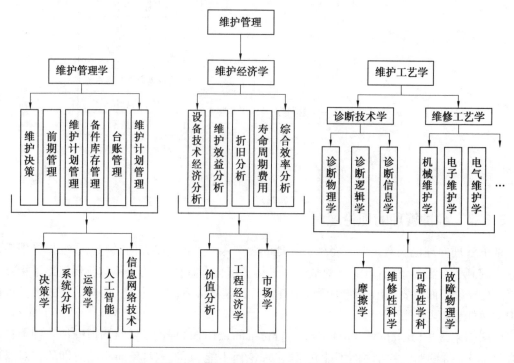

图 5.5　维护管理的理论基础体系架构

2. 维护优化

　　关于维护优化的研究始于 20 世纪 40 年代,是维护科学研究的重要领域之一,也是目前的研究热点,在理论和应用上取得了大量研究成果。维护优化模型是以寻找维护成本和维护效果的最优平衡为目标建立的数学模型。维护管理优化研究的对象涉及领域很广,包括维护方式选择与优化、维护人力资源管理、维护备件管理、维护评价以及不同领域间的组合优化。

　　维护方式(Maintenance Policy,MP)是指为维护管理决策提供指导的规则,以决定为了防止维护对象故障或恢复故障对象的功能所采取的维护技术和时间,如修复维护、预防维护等,也可以是这些维护技术的组合。维护方式优化是指在既定的维护方式下,根据维护对象的故障特点合理制订维护计划,以最小的成本实现如系统可靠性、可用性、安全性等维护目标。根据系统组成,维护方式优化模型可分为单单元系统优化模型和多单元系统优化模型。在建模过程中,根据维护活动后设备故障的恢复程度,维护活动可分为完全维护、不完全维护、最小维护、劣化维护和最坏维护。因此维护方式优化模型在不同维护度条件下会得出不同的结论。

维护人力资源优化是合理安排维护人员的数量和技术组成结构,以减少由于维护人员安排不当造成的维护工作延误或者人力浪费,同时使维护活动成本保持在恰当的范围内。设备的技术特性客观上决定维护人员的数量和各种维护人员的比例。计划维护由于具有较大的确定性,易于解决维护人员构成问题。非计划维护具有很大的不确定性,这给维护人力资源的安排带来很多问题。维护人力资源优化的目的就是将这种不确定性对设备维护活动的影响降到最小。

维护备件库存优化主要是针对需要为设备维护准备大量备件而库存成本较高的问题,研究在保障维护活动正常进行条件下,合理安排库存数量,以达到降低维护库存成本的目标。影响备件数量的主要因素包括所采用的维护方式、备件性能退化、部件的可修性和部件间失效的相关性等。

无论是维护方式优化,还是维护人力资源优化或备件库存优化,都只是以维护管理中的某个因素作为研究对象,综合考虑不同的因素,从维护管理的总体角度研究维护优化能得到更好的优化结果。如维护方式与备件库存的组合优化在降低维护成本与备件库存成本构成的总成本方面,比单独优化两类成本的结果更好。

5.3.3　维护管理的应用实现层面

应用实现层主要是解决维护管理系统的实现方法和过程,包括维护管理的实施方式、维护管理的运作方式、维护管理标准化体系、维护成本控制、维护决策和维护能力评估等部分。

维护管理过程存在大量复杂的决策问题,例如维护方式的选择、维护周期的确定、设备更新决策等等,其中,多个决策目标、多个决策变量及难以定量化等多方面问题影响着决策的准确性。维护方式的选择决策是维护管理决策问题中急需解决的关键。

维护能力是维护系统的固有属性,它反映了维护系统完成任务的能力和水平。对维护能力评估和分析进行研究,将有助于更好地评价企业的维护系统的水平。

1. 维护管理的实施步骤

维护管理的实现是从系统集成的角度出发,综合考虑资源的合理利用、环境保护、安全生产等问题,通过组织、技术、经济 3 个方面的分析、运作,使企业提高竞争力,取得良好经济效益和社会效益,以实现维护管理的战略目标。

维护管理是一个系统工程,它的实施应当从维护管理理论出发,运用系统化的方法和步骤进行。维护管理的实施步骤如图 5.6 所示。

(1)维护管理的总体规划。

实施维护管理的第一步就是要确定维护管理的目标。维护管理的目标分为两方面:一方面,维护管理的战略目标,是通过实施维护管理提高企业的竞争力,实现企业经营战略的转变,这是一个没有终点的过程;另一方面,每个企业实施维护管理的过程中要有一个确定的目标,确定实施过程的时间表和任务安排,使实施工作有的放矢,利于考核。

确定目标之后,还需要企业全体员工有坚定的决心和持之以恒的努力才能实现。维护管理成功实施的前提是全员参与,特别是企业领导者的重视与投入。企业员工和领导者必须认识到维护管理是在全球激烈竞争中求生存的需要,因此须转变观念。

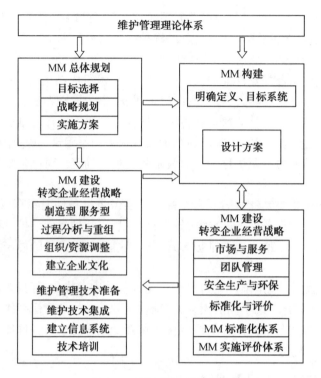

图 5.6　维护管理实施步骤

　　有了目标和决心,还要制定一个实现维护管理的战略规划和实施方案。企业要根据未来5~10 年的发展规划制定一个维护管理的总体目标。总体规划可以保证维护管理实施过程中每个分阶段目标的连续性和最佳效益。在每一阶段实施过程中,实施内容选择不要太宽,应集中在企业维护管理的瓶颈问题,集中人力、物力、财力,在该阶段时间内取得重点突破,为下一步工作积累经验、增强信心。

　　(2)维护管理的建设。

　　企业维护管理的建设包括企业经营战略的转变和维护管理技术的准备两方面。

　　企业经营战略的转变目的是使企业的经营过程、组织、人员、资源和文化等适应维护管理的要求,主要包括以下几方面。

　　①使制造型企业向服务型企业转变:让市场和客户的要求成为企业经营的出发点,使企业的生产经营目的由制造转变为为客户提供更好的服务。

　　②过程分析与重组:通过对企业生产和维护管理过程的深入分析,按照维护管理的要求,对维护管理运作管理过程进行重新调整和组合。

　　③组织和资源调整:建立以多功能团队为核心的维护管理组织结构,加强与维护管理相关的各部门的协调,并且使现有的维护资源得到合理的分配和利用。

　　④建立世界级的企业文化:世界级的维护管理要有与之相适应的世界级的企业文化,要使维护管理的观念深入每一个员工的思想。

　　企业维护管理的技术准备主要包括以下几方面。

　　①维护技术的集成:综合集成制造技术、自动化技术、信息技术、经济手段、管理技术及环境技术等,对原有维护系统进行技术改造。

　　②维护管理信息系统的建立:合理规划企业信息系统,使维护管理系统的物流、信息流和

资金流实现集成。

③技术培训:对员工进行维护技能培训,使维护技术能够在企业中得以顺利应用。

(3)维护管理的构建。

构建维护管理首先要明确维护管理的定义和目标系统,然后确定系统的构建方法和技术手段,建立完整的方案。维护管理构建的设计方案分为基本构架设计和实例化两个阶段。构架的设计主要从系统的功能角度出发,以系统功能为核心,将组织、资源、资金、技术等完整地集成起来。实例化阶段主要根据企业实施的情况,设计符合实际的、灵活的、快速的具体实施方案。

(4)维护管理的管理与运行。

在市场的竞争环境中,维护管理要以市场的需求为导向,为客户提供良好的服务为目标,通过社会维护体系加强组织协调、资源协调和信息协调。在企业内部,通过建立面向维护任务的多功能的维护管理团队,进行有效的管理和维护任务的实施。同时,建立安全和环境的监督、保障机制,实现安全生产和环境保护。通过三方面的共同运作,实现维护管理的经济和社会目标。

建立维护管理标准化体系和实施评价体系,有利于规范和指导维护管理的管理与运行,并在需要时进行调整。

2. 维护管理的运作方式

有学者指出,以往企业实施维护管理的一个主要问题是缺乏清晰、正确的维护目标。这个问题导致企业滥用有限的维护资源,表现为一些设备过分维护(Over-maintained),而其他的重要生产设备却维护不足;或者维护管理的某些方面研究太多而其他方面被忽视。以前,企业设法实施一些众所周知的维护方式和技术,如维修工艺学、TPM、预防维护、基于状态的预知维护等,这些方式(模式)和技术并没有很好地解决问题。

为了避免上述问题,维护管理的运作模式强调以市场、服务的维护需求为导向,以维护资源、维护技术为基础,以综合创新为核心,加强维护管理组织内部论证与审核,从而达到维护管理的经济目标(维护成本的节约、维护能力的提高)和社会目标(资源的集成与改善、环境与生态保护、安全)。维护管理的运作模式如图 5.7 所示。

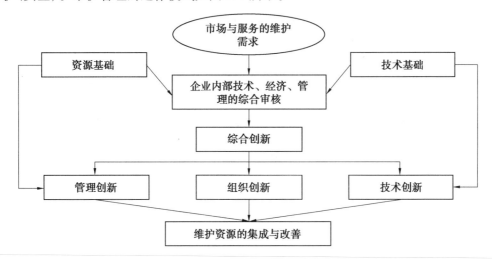

图 5.7 维护管理运作模式

（1）市场和服务的需求。

维护管理的运作是以市场和客户服务的需求为出发点，实施维护管理必须符合市场和客户对企业产品数量、品种等方面的要求，同时要考虑市场范围和市场的寿命。

（2）资源基础和技术基础。

两者是维护管理运作的前提与基础，是维护管理得以顺利实施的保障。资源基础包括资源分布、资源合理利用，技术基础包括设计技术、制造技术、维护技术等。

（3）综合论证与审核。

通过维护管理组织内部的技术、经济、管理的综合论证与审核，使企业明确维护管理的目标，找出维护运作过程中存在的问题并加以改善以实现维护管理的综合创新。

（4）综合创新。

只有通过对维护管理模式的综合创新，全面提升维护管理的技术、管理、组织等各个方面，才能真正解决维护管理存在的问题。综合创新包括管理创新、组织创新和技术创新。

3. 维护管理标准化体系

维护管理是工业生产活动的主要内容之一，是提高企业竞争力的重要手段。建立一套完备的维护管理标准化体系，是运作和实施维护管理的必然要求，有利于保障维护管理的顺利推广、实施，有利于维护管理运作的规范化，并为维护管理的绩效评价提供了基准。

维护管理标准化体系主要分为五部分（图 5.8），包括维护管理标准化基本原理和术语、维护对象/开发标准化、维护质量标准化、维护对象/备件采购/库存标准化、维护管理文件/合同标准化。

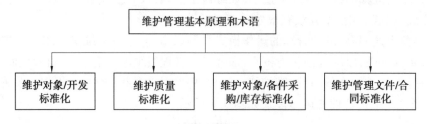

图 5.8　维护管理标准化体系

4. 维护成本控制

随着机械化和自动化的发展和设备复杂程度的提高，维护成本在企业总成本中的比重大大增加。加强维护管理成本控制必将大大提高维护管理的效用水平。建立起维护成本核算及成本控制模型，持续降低维护成本，将提高整个企业的经济效益和竞争实力。

（1）维护成本的构成。

成本是一个客观的经济范畴，维护中所涉及的成本与维护管理的应用范围是密不可分的。由于维护管理是一个系统工程，从企业的设施、设备、系统到产品都需要进行维护，因此其成本的发生可贯穿企业经营的全过程。维护成本的具体构成可见表 5.2。

表 5.2　维护成本的构成

成本形态	基本内容
科研项目成本	包括基础研究、应用研究、设备(设施、产品)维修性设计研究在内的各项费用总和
寿命周期成本	包括研制生产费用(研究开发费用、设计专用费用、制造成本、试运行费用等)、期间成本在内的总经营成本以及在产品寿命周期内运行、维护、修理、更换零部件在内的使用成本两大部分
新产品试制项目成本	包括设计费、设备调整费、必须增添的非主要设备和相应的土建工程费、专用工具卡、原材料、半成品、成品试验品、样品、样机购置费等
质量成本	企业为确保规定的产品质量和实施全面质量管理而支出的费用以及因未达到质量标准而发生的损失的总和。它既包含预防成本、检验成本、厂内损失、厂外损失等直接质量成本,又包含外部质量保证成本等间接的质量成本
技术组织措施项目成本	企业为提高产品质量、提高生产能力、节约能源等,而采取的技术组织措施项目支出的一切费用
挖潜、革新、改造项目成本	为扩大生产能力,进行固定资产的改建和扩建,实施新技术、新设备、新工艺、新材料等方面的革新项目所实际发生的购、建固定资产的一切支出
设备大修理项目成本	企业执行设备大修理计划与大修理费用预算而实际发生的一切支出
更新改造项目成本	企业为了挖掘设备增产潜力,执行设备更新改造计划,并在原有固定资产基础上进行技术改造等项目而实际支出的一切费用
环境保护项目成本	企业采用各种防治工业污染、实施环境保护措施项目而实际支出的一切费用
综合利用项目成本	企业为了治理生产过程中排放的废物,变废为宝,实施综合利用项目而实际支出的一切费用

通过分析,可将上述各项成本划分为直接成本和间接成本(表 5.3)。

表 5.3　维护成本分类

直接成本	间接成本
备件、辅助材料的材料费 外包维修费 设备折旧费 设备设计、研究开发费 设备大修费用	备件、辅助材料支持费用 房屋建筑物折旧、租赁费及税金 能源动力费用 维修费用 维修人员培训费用 损失费用 环境保护费用 一般管理费用

(2)维护成本控制模型设计。

维护成本核算模型如图 5.9 所示。直接成本可以直接归集到相应的设备类别上,间接成本采用作业成本分配模型分配到相应的设备类别中,以计算出各个设备类别消耗的费用总和。为了达到有效的维护成本控制,可以把各个设备类别消耗的费用占维护总成本的比重作为各个设备类别成本评价的指标。通过作业分析来及时发现维护成本浪费的根源,对维护成本实现源头控制。

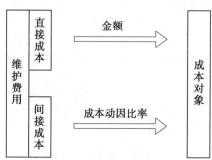

图 5.9 维护成本核算模型

在利用维护成本核算模型将维护成本归集到各设备类别中后,可对各作业中心的业绩进行评价,将此费用与预算费用相对比,以及时发现差异。由于成本核算模型可以实现对所有作业进行跟踪动态反映,找出消耗成本较高的作业和其对应的设备,进行作业分析和作业改进。同时,要根据实际情况及时对预算目标进行更新,以达到持续改进的效果。维护成本控制的实施是一个系统工程,首先需要高层领导的重视与大力支持。同时对生产和维护人员进行教育,培养协作精神,树立责任感,激励全员参与。关于生产设备的结构、性能、操作维护及技术安全等方面的业务知识,要定期组织培训,以保证设备处于良好的使用状态。维护成本控制模型如图 5.10 所示

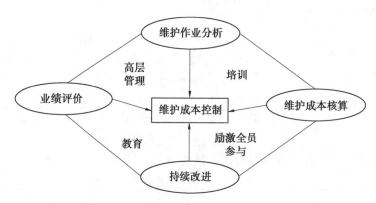

图 5.10 维护成本控制模型

5. 维护管理的技术工具层面

技术工具层是运用理论工具来为维护管理理论的实现方法提供技术、知识支撑,解决维护管理系统的构建、优化问题。此层面由管理技术工具、经济学工具、工程技术等组成,包括网络信息技术、人工智能技术、生产调度优化技术、底层自动化技术、工程经济学及组织行为学等。本节着重阐述运用网络信息技术构建的设备集成化管理系统(Plant Integrated Management System,PIMS)架构。

(1)PIMS 的作用。

PIMS 是实现设备管理工作的集成化和计算机化,保证企业对设备的物质运动和价值运动

的全过程实行科学化管理的一项行之有效的方法。

①处理数据。设备管理需要处理大量数据,如设备台账、技术状态、设备运行情况、价值核算、保养与维修等,工作量大,项目繁杂,对准确性和可靠性都有要求,由 PIMS 软件按设备管理的工作规范建立的标准规范的共享数据体系,可快速准确地对数据进行处理。

②管理账表。设备管理中存在着大量复杂的工作账目表,这些账表都可以由 PIMS 软件根据相关的数据库表自动生成和输出,能正确、及时、完整地反映设备的历史和当前状态。

③实施管理作业。利用系统提供的功能,可编制各类设备作业计划和作业记录,并将计划与实施结果进行比较分析,也可直接支持各种现场作业的工作质量考核。如果能适当地运用各种技术标准资料,还可为现场作业提供具体、方便的技术咨询。

④规范工作。PIMS 所处理的数据和账表,必须完整、标准、明确和有效,它的正确使用依赖于规范化的管理与严格的数据采集规程,这就对管理工作提出了制度健全、程序严格、操作规范的要求,也必然形成完善的工作制度和完整的管理文献。

⑤实施管理控制。现在计算机技术已经足可支持建立完善的 PIMS,对设备管理实施过程进行控制以实现整个设备管理工作从计划到作业的科学化管理。

⑥辅助决策。利用 PIMS 获得数据或信息,可以辅助各级管理部门做出决策,其有效性取决于 PIMS 应用的状态。

⑦监控设备资产与投资效益。PIMS 可快速、准确地对设备资产原值、折旧、净值、价值评估;对资产变动、设备作业成本及资产利润率进行计算和审查,确保企业对设备资产变动与投资效益的控制。

(2)PIMS 体系结构的构建。

PIMS 系统选择客户/服务器、浏览器/服务器相结合的体系结构,并采用相应的网络模型。终端主机或工作站包括客户和浏览器两个部分,归终端用户专有。终端用户执行其相应的功能,如浏览及提取网络资源、数据采集、提交设备数据和服务请求等。同时允许远程个人用户通过 Internet 访问企业 Intranet,完成信息查询、提交服务请求等活动。PIMS 的体系结构如图 5.11 所示。

服务器部分包括 Web 服务器、诊断服务器及数据库服务器等,负责管理和维护 WWW、FTP 等服务,网络资源及在线数据资源等,如管理共享外设,控制访问共享数据库,接受客户请求,同时完成设备的智能诊断过程,实现与 PIMS 其他子系统的信息交互。终端用户可以通过浏览器向服务器发出请求,然后由服务器部分执行相应的服务,并将执行结果通过浏览器送给终端用户。在设备诊断过程中也可以通过 Internet 或 DDN 专线与远程诊断中心连接以获得更准确、权威的诊断结果。

(3)系统设计功能模型。

PIMS 的功能模型由设备前期管理、设备档案管理、技术状态管理、设备维修管理、设备润滑管理、设备变动管理、系统管理等模块组成,从而将设备管理的各个方面集成为一个规范化的体系,使设备管理工作得到高效能的组织和实施。

①设备前期管理模块。设备的前期管理对于企业的投资效益和设备的寿命周期具有决定性的作用。该模块通过建立设备市场信息库,依据选型策略进行设备选型,制定年度设备采购计划,并对设备采购合同进行管理。对设备开箱验收与安装验收进行记录,结合设备基本信息,生成设备卡片。可从设备编号、设备类别、安装号等多方面对设备进行查询和输出。

②设备档案管理模块。设备档案由设备卡片、设备技术状态管理、设备维修管理、设备润

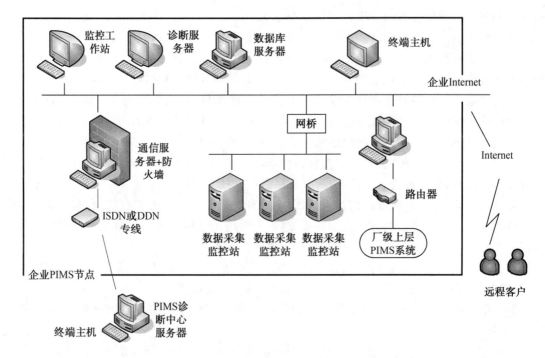

图 5.11　PIMS 体系结构图

滑管理中有关信息自动生成。可在任意时间统计分析全厂或各部门设备及主要设备的数量与价值,实现设备报废、移装、调拨、封存、闲置、租赁、维护、润滑与评估的动态管理。根据确定的检索条件生成符号条件的设备台账。检索条件可任意组合,条件台账也将是种类繁多。但当条件不满足时,将不生成设备台账。

③技术状态管理模块。现代设备管理与维修的发展趋势是以状态监测为基础的维修逐步取代定期维修,亦即对重点设备、关键设备等进行计划监测和设备大修,维修的修前监测,修后验收服务。设备技术状态管理对设备运行与安全检查进行记录并统计,根据设备事故与故障记录自动建立事故故障期报,制定设备保养周期计划与设备点检计划,实施保养与点检动态管理,自动制作包括设备完好率与故障停机率在内的设备管理状态统计。

④设备维修管理模块。设备维修管理模块对包括设备维修费用核算、备件消耗统计在内的维修实施动态作业管理体系,并对维修频率进行统计与分析。

⑤设备润滑管理模块。设备润滑管理是用科学的管理手段,按技术规范要求,实现设备的合理润滑和节约用油,以达到设备安全、正常运行的目的。企业的润滑管理方面要建立健全的润滑管理机构及相应机制,随时检查监测设备润滑状态,及时采取改善措施,完善润滑装置,解决润滑系统存在的问题,记录分析润滑换油情况,防止油料变质,不断改善润滑状况。

⑥系统管理模块。系统管理包括密码修改、操作注册、数据整理与备份、数据恢复、重建索引、员工管理、基本设置等子模块。该模块使系统准确无误地运行。通过设置操作权限,有效地保护了数据库的完整性与正确性。员工管理模块对员工日常工作时间的安排、请假记录、工作业绩、不同工种及不同职称工作人员的统计实现动态管理。基本设置主要是对该系统的一些规定进行说明,如设备类别的规定等。

习题五

5-1　设备的维护管理的发展历史主要分为几个阶段？各阶段的主要成果是什么？

5-2　什么是 TPM、RCM、RBM？各有何特点？

5-3　维护管理的定义是什么？如何从各个层面构建维护管理系统？

5-4　简述维护管理的实施步骤。

5-5　简述维护管理的运作方式。

5-6　维护管理系统的标准化体系包括哪些要素？

5-7　简述维护成本是如何构成的？

5-8　结合自己的想法，谈谈如何构建设备集成化管理系统？

第6章　维修性、维修和可用性

大多数设计的系统都是要维修的，即在系统出现故障时对它们进行修理，以及对它们进行作业使之得以继续运行。实施这种修理工作和其他维修工作的简便程度决定了一个系统的维修性。

维修性直接影响可用性。修理失效之处和进行日常预防性维修（PM）的期间都使系统处于不可用状态。因此可靠性和维修性之间有着紧密的联系，一个影响着另一个，二者都影响可用性和费用。在稳定的状态下，即在瞬时状态稳定下来后，并假定维修活动以一恒定的频率进行，则

$$可用性 = \frac{MTBF}{MTBF+MTTR} \times \frac{PM\ 周期}{PM\ 周期+PM\ 时间（总时间）}$$

其中，PM 周期＝完成全部 PM 任务的时间；MTTR 为平均修复时间；MTBF 为平均无故障工作时间。

系统的维修性是由设计来决定的，设计确定了各种特征，如可达性、便于测试、诊断和修理以及对校准、润滑和其他预防性维修活动等的要求。

6.1　维修性的概念

任何产品都不可避免地会出现故障和性能退化，下面的信息对于产品的维护具有重要意义。

（1）何时进行维修及维修频率。

（2）如何进行维修。

（3）需要多少维修人员。

（4）需要什么维修技能？怎么培训。

（5）修复需要多少费用。

（6）系统多长时间不能工作。

（7）需要什么（专用和通用）工具和设备。

上述所有信息都是重要的，因为它影响系统的可用性和寿命周期费用，为寻求这些问题的答案，已形成一门应用学科。

维修性是一门研究与用户需要进行的维修任务有关的完整性、因素和资源的学科，目的是保持系统的功能，并研究出鉴定、评估、预计和改进的方法。

维修工程正在日益显示出其重要性，因为它为工程师提供了很有用的工具，能够定量描述他们的产品通过规定的维修工作得以恢复的固有能力。它还有助于降低系统使用时间的维修费用，以实现寿命周期费用最佳化。

维修性工程涉及设计特性的各个方面，直接影响到维修和系统保障要求、修理方针和维修资源。诸如可达性、可视性、测试性、复杂性和互换性等物理设计特性，影响维修的速度和难易。

维修性研究具有下列目的：

(1)指导并做出设计决策。

(2)预计系统的定量维修性特性。

(3)识别必需的系统设计更改，以便符合使用要求。

在技术文献中，可以找到几种维修性定义，例如，美国军用标准 MIL-STD-721C(1996)定义维修性为：当具有规定的技术水平的维修人员，使用规定的程序和资源，并在每一规定的维修和修理级别上进行维修时，产品保持在或恢复到规定状态，所需时间和资源以及维修的相对难易和经济程度。

维修性可以用维修频率、维修耗时和维修费用等术语表示，因此，维修性是一种固有设计特性，它与进行维修作业的难易、准确、安全和经济程度有关，维修性要求作为系统运行要求和维修概念的一部分进行设计。维修性被描述为"器材设计和安装的特性，这种特性确定维修耗费的要求，包括时间、工时、人员技能、测试设备、技术资料和设施要求，以便在用户使用环境中完成工作目标"。

通常错误的概念之一是，维修性只是提高易于触及零部件的能力，以便进行要求的维修(可达性)。然而，除了可达性之外，还有许多其他方面要考虑，维修性还应考虑诸如可视性、测试性、复杂性和互换性。可视性是指看得见需要维修的零部件的能力，测试性是指检测出系统故障和故障隔离的能力。

维修性必须考虑的另一方面是在容许的时间内，可能发生的各种安全事故，也就是确定系统是否安全工作，如果不安全，需要采取什么措施。

6.2　停机时间分析

产品故障后会进入维修过程，维修过程本身可以分解为许多不同的子任务和延误时间，如图 6.1 所示。

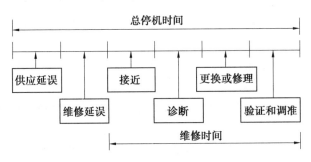

图 6.1　维修停机时间

供应延误指为获得维修所需备件而耗费的全部时间，包括管理延误时间、生产或采购时间、故障件修复时间和运输时间等。供应延误时间的长短在很大程度上受备件的广度和深度以及备件的可获取程度影响。广度是指库存备件的品种，深度是指某种备件的数量。供应延误并不一定发生在维修周期的起始阶段，也可能发生在诊断子任务发现故障部件后需将其更换的时刻。然而，将这段时间与其他时间区分开来是有好处的。显然，如果能够及时获得更换件，则供应延误时间为零。

维修延误时间是指由于等待维修资源或维修设施所花费的时间，包括管理(通知)时间和运输时间。维修资源包括人员、测试设备、保障设备、工具、技术手册或其他技术资料。维修延误时间受并行维修通道数目的影响。维修通道是指实施和完成维修工作所需除备件的其他维修资源和设施。如果产品故障后能够立即进入维修通道进行维修,那么维修延误时间为零。

由于供应延误时间和维修延误时间受到的是系统自身以外因素的影响(如资源库存量),所以不能将其作为产品固有维修时间的一部分。产品的固有维修时间定义为子任务接近、诊断、修理或更换、验证、调整持续时间的总和。接近时间是指抵达并得到故障产品所需时间,如拆卸面板或盖子所需时间。诊断或故障检测时间是确定故障原因所需时间,也称为故障隔离时间。维修时间或更换时间仅包括已确认并接近故障件后完成功能恢复过程所需时间。任何由于等待备件、人员、测试设备等资源造成的延误都属于供应或维修延误,不能看作更换修理工作的一部分。在修复工作完成后,需要对一些已修复的故障进行确认或核对,从而确保故障单元已恢复到可工作状态。如果有必要进行检查的话,则也应将这部分时间视为维修时间的一部分。

6.3 维修性参数

用户在产品使用之初,掌握产品的功能、成本、安全和其他特性信息极其重要,掌握用来确定维修时间的特性信息同样重要,甚至更重要。维修参数与维修的难易和经济性相关,比如产品在故障状态下耗费的时间,完成维修任务需要的工时,维修频率和维修费用。由于耗费的时间对系统的可用性有重要影响,使用人员希望知道维修时间,而不只是平均时间,还希望知道在规定时间内完成维修任务的概率。

恢复功能要求的时间长度称为维修时间,大多决定于设计阶段的早期。维修时间受到下述因素的影响:维修任务的复杂性,产品的可达性,修复的安全性,产品的测试性、物理位置,以及与对维修保障资源(设备、备件、工具、经培训的人员等)要求有关的决策。因此,维修时间是系统的维修性和保障性的函数。当然,它还受到系统寿命不同阶段的其他因素影响,但是在设计阶段做出的任何不合理的决定都将会在后续阶段的纠正中付出代价,并且将严重地影响运行费用和系统可用性。

(1)人员因素涉及有关人员下述方面的影响:技能、责任心、经验、地位、体能、自我训练、培训、积极性和其他类似特性。

(2)条件因素涉及需恢复产品下述方面的影响:使用环境、故障物理状态的后果、尺寸和形状。

(3)环境因素涉及下述方面的影响:温度、湿度、噪声、光线、振动,以及与恢复期间维修人员因素类似的其他因素。

这种维修性参数可以使用概率标志,即维修任务按规定时间完成的概率。由于维修耗时是一个随机变量,人们能够利用耗时的累积概率分布函数求出规定时间内完成维修任务的百分数。

1. 平均修复时间

度量维修性的一种方法是使用平均修复时间(MTTR),MTTR 是修复时间的期望值,利用分系统的可靠性和维修性数据,就能估算出系统的维修性,也就是系统的平均修复时间,即 MTTR_s。

假设系统的可靠性方框图是 n 项串联结构,无冗余,令 MTTF_i 和 MTTR_i 为系统中第 i 分系统的平均失效前时间和平均修复时间。

考虑到运行时间 T 相当长,假设设备的失效率为常数,在 T 期间第 i 个设备的期望故障次数为

$$N_{\mathrm{E}} = \frac{T}{\mathrm{MTTF}_i} \tag{6.1}$$

在 T 期间第 i 个设备的累积修复时间的平均值为

$$N_{\mathrm{M}i} = \mathrm{MTTR}_i \frac{T}{\mathrm{MTTF}_i} \tag{6.2}$$

整个系统的平均故障次数为

$$N_{\mathrm{M}} = \sum_{i=1}^{n} \frac{T}{\mathrm{MTTF}_i} \tag{6.3}$$

整个系统的累计修复时间的平均值为

$$T_{\mathrm{M}} = \sum_{i=1}^{n} \mathrm{MTTR}_i \times \frac{T}{\mathrm{MTTF}_i} \tag{6.4}$$

综合式(6.3)和式(6.4),我们得到系统级的平均修复时间(MTTR_s)为

$$\mathrm{MTTR}_\mathrm{s} = \frac{\displaystyle\sum_{i=1}^{n} \frac{\mathrm{MTTR}_i}{\mathrm{MTTF}_i}}{\displaystyle\sum_{i=1}^{n} \frac{1}{\mathrm{MTTF}_i}} \tag{6.5}$$

假设失效率为常数,即 $\lambda_i = \dfrac{1}{\mathrm{MTTF}_i}$ 和 $\lambda_\mathrm{s} = \displaystyle\sum_{i=1}^{n} \lambda_i$,式(6.5)可以改写为

$$\mathrm{MTTR}_\mathrm{s} = \sum_{i=1}^{n} \frac{\lambda_i}{\lambda_\mathrm{s}} \mathrm{MTTR}_i \tag{6.6}$$

【例6.1】 系统的4个分系统的 MTTF 和 MTTR 值在表6.1中给出,试估计系统级的平均修复时间 MTTR_s。

表6.1　分系统的 MTTF 和 MTTR 值

分系统	MTTF	MTTR
1	200	24
2	500	36
3	340	12
4	420	8

解 应用式(6.5)得到

$$\mathrm{MTTR}_\mathrm{s} = \frac{\dfrac{24}{200} + \dfrac{36}{500} + \dfrac{12}{340} + \dfrac{8}{420}}{\dfrac{1}{200} + \dfrac{1}{500} + \dfrac{1}{340} + \dfrac{1}{420}} \approx 20 \ (\mathrm{h})$$

2. 平均修复时间——多层次情况

许多复杂系统分解为若干个层次,对于这种系统,第 i 层单元的修复经常需要通过拆卸和更换第 $i+1$ 层单元来实现。在许多情况下,更换的第 $i+1$ 层单元并不是被拆卸下来的单元,它可能是新的(未使用过),或者它可能是从第 i 层另一单元拆卸下来,随后修复并放入库房备

用。

对于这种系统,修复时间应是在下一层次拆卸和重新装配单元的时间。维修耗时需要考虑后勤延误(即进行维修工作需要等待设备、人员、备件和运输)。

假设系统由 n 层构成,第 i 层的一个单元由 m_i 个第 $i+1$ 层的单元构成,为修复第 i 层的一个单元,拆卸和更换第 $i+1$ 层 m_i 个单元之一的平均时间分别为 $\mathrm{MTTRM}_{i,j}$,$\mathrm{MTTRP}_{i,j}$。假定 i 单元被拆下来而得不到 j 单元的概率为 $P_{i,j}$,那么在相当长运行时间 T 期间,系统的期望故障次数为

$$N=\frac{T}{\mathrm{MTTF}_1} \tag{6.7}$$

其中,MTTF_1 是系统在 T 期间的平均失效前时间。由于分系统 j 引发故障的概率为 $P_{i,j}$,所以分系统 j 的平均故障时间间隔为

$$\mathrm{MTTF}_{1,j}=\frac{1}{\lambda_{1,j}}=\frac{1}{P_{1,j}\lambda_1}=\frac{\mathrm{MTTF}_1}{P_{1,j}} \tag{6.8}$$

假设系统的可靠性方框图是串联的,无冗余,分系统 j 的期望故障次数为

$$P_{1,j}\frac{T}{\mathrm{MTTF}_1}=\frac{T}{\mathrm{MTTF}_{1,j}}=\lambda_{1,j}T \tag{6.9}$$

由分系统 j 引发故障的系统修复期望时间为

$$\mathrm{MTTR}_{1,j}=\mathrm{MTTRM}_{1,j}+\mathrm{MTTRP}_{1,j} \tag{6.10}$$

那么由分系统 j 在 T 期间发生故障而得出的系统总的修复期望时间为

$$P_{1,j}\frac{\mathrm{MTTR}_{1,j}}{\mathrm{MTTF}_1}T=\frac{\mathrm{MTTR}_{1,j}}{\mathrm{MTTF}_{1,j}}T=\lambda_{1,j}\mathrm{MTTR}_{1,j}T \tag{6.11}$$

所以由于分系统更换而得出的系统总的修复期望时间为

$$\sum_{j=1}^{m_1}P_{1,j}\frac{\mathrm{MTTR}_{1,j}}{\mathrm{MTTF}_1}T=\sum_{j=1}^{m_1}\frac{\mathrm{MTTR}_{1,j}}{\mathrm{MTTF}_{1,j}}T=\sum_{j=1}^{m_1}\lambda_{1,j}\mathrm{MTTR}_{1,j}T \tag{6.12}$$

其中,m_1 是分系统数目,则(由于系统发生故障而更换分系统)系统平均修复时间为

$$\mathrm{MTTR}_{1,E}=\sum_{j=1}^{m_1}\frac{\lambda_{1,j}}{\lambda_1}\mathrm{MTTR}_{1,j}T \tag{6.13}$$

为了确定总的维修时间,必须了解按这种方式维修分系统花费的时间,更换分系统中单元花费的时间,层层深入,直到修复最底层的可修元器件花费的时间,然后将所有花费的时间相加。

6.4　维修时间分布

为了定量描述维修性,首先需要定义维修时间分布函数。通常来讲,不断重复的维修活动会产生不同的维修时间,因此可以将维修时间看作随机变量。维修时间的不同可能是由于维修模式不同或故障部件不同造成的,也可能是与维修人员的技能水平、经验的丰富程度以及培训的多少有关。故障定位时间也有偶然性,与排除潜在问题的顺序有关。不同部件的调整或校正时间也由于设计公差的不同而有所不同。部件的更换时间则依赖于更换部件的兼容性。

为了定量描述维修时间,用连续随机变量 T 表示故障单元修复时间,令其概率密度函数为 $h(t)$,那么它的累积分布函数为

$$\Pr\{T \leqslant t\} = H(T) = \int_0^t h(t')\,\mathrm{d}t' \tag{6.14}$$

式(6.14)表示维修工作在时间内 t 完成的概率。可得出平均修复时间为

$$\mathrm{MTTR} = \int_0^\infty th(t)\,\mathrm{d}t = \int_0^\infty (1 - H(t))\,\mathrm{d}t \tag{6.15}$$

维修分布函数的方差为

$$\sigma^2 = \int_0^\infty (t - \mathrm{MTTR})^2 h(t)\,\mathrm{d}t \tag{6.16}$$

【例 6.2】　某故障机械件的维修时间概率密度函数为
$$h(t) = 0.083\,33t, 1\ \mathrm{h} \leqslant t \leqslant 2\ \mathrm{h}$$

式中
$$H(t) = \int_1^t 0.083\,33t'\mathrm{d}t' = 0.041\,665t^2 - 0.041\,665$$

那么,在 3 h 内完成维修任务的概率为
$$H(3) = 0.041\,665 \times 9 - 0.041\,665 = 0.333$$

其平均修复时间为

$$\mathrm{MTTR} = \int_1^5 0.083\,33t^2\mathrm{d}t = \frac{0.083\,33t^3}{3}\bigg|_1^5 = 3.44(\mathrm{h})$$

6.4.1　维修时间服从指数分布

如果维修时间服从指数分布,那么

$$H(t) = \int_1^t \frac{\mathrm{e}^{-t'/\mathrm{MTTR}}}{\mathrm{MTTR}}\mathrm{d}t' = 1 - \mathrm{e}^{-t/\mathrm{MTTR}} \tag{6.17}$$

式中,分布函数的参数是 MTTR。维修时间为指数分布时, $r = 1/\mathrm{MTTR}$ 是修复率(单位时间内的修复数目)。只有维修时间服从指数分布的情况下,修复率才为常数。

【例 6.3】　如果部件的修复率为 10 个/天(每天工作 8 h),那么维修时间超过 1 h 的概率是多少?

解　MTTR = 0.1 天 = 0.8 h。因此
$$\Pr\{T > 1\} = 1 - H(1) = \mathrm{e}^{-1/0.8} = \mathrm{e}^{-1.25} = 0.286\,5$$

6.4.2　维修时间服从对数正态分布

对数正态分布是维修的常用分布形式。在对数正态分布下,维修时间概率密度函数为

$$h(t) = \frac{1}{(\sqrt{2\pi}ts)}\exp\left\{-\frac{1}{2}\frac{[\ln(t/t_{\mathrm{med}})]^2}{s^2}\right\}, t \geqslant 0 \tag{6.18}$$

对数正态分布函数是双参数分布函数,式中 t_{med} 是修复时间中值, s 是形状参数。维修任务能在时间 t 内完成的概率可以通过正态分布和对数正态分布之间的关系推导得出

$$\Pr\{T \leqslant t\} = H(t) = \Phi\left(\frac{1}{s}\ln\frac{t}{t_{\mathrm{med}}}\right) \tag{6.19}$$

式中, $H(t)$ 是维修的对数正态累积分布函数; $\Phi(t)$ 是标准正态分布的累积分布函数。对数正态分布如图 6.2 所示,其形状是不对称的,它向右倾斜表明大多数的修复时间散布在分布函数中心附近,而只有相对较少的修复时间散布在函数分布的右端尾部。平均修复时间是对数正态分布函数的均值,它与修复时间中值有关,即

$$\text{MTTR} = t_{\text{med}} e^{s^2/2} \qquad\qquad (6.20)$$

对数正态分布符合我们的经验和直觉,即对一项作业或一组作业来说,当工作完成得相当快时是有可能的,但是在比通常情况短得多的时间里,要完成这样的工作相对是不大可能的,反之,发生导致比通常情况长得多的时间里完成工作的问题则是相对可能的。

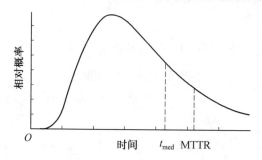

图 6.2　维修时间的对数正态分布

除了不同作业之间的变异性一般会导致修理时间的对数正态分布外,还有由于学习引起的变异性。根据数据的采集方式,这种变异性可以包括在作业之间的变异性之中,例如具有不同经验的技术人员同时进行工作的情况。然而,平均时间和变异应当随着经验和训练的增加而减小,可将对数正态分布或韦布尔概率用于描绘维修时间的数据。

【例 6.4】　某发动机燃料泵要求在 3 h 内完成故障修复(或更换)的概率为 0.9,如果维修时间服从对数正态分布且 $s = 0.45$,那么,为了达到这一目标,MTTR 应为多少?

解　首先需要找到 t_{med}。令 $H(3) = 0.90$,则

$$\Phi\left(\frac{1}{0.45}\ln\frac{3}{t_{\text{med}}}\right) = 0.9 \quad \text{或} \quad \frac{1}{0.45}\ln\frac{3}{t_{\text{med}}} = 1.28$$

式中,1.28 是累积概率为 0.9 时的分位点(z 值)。求得 t_{med} 为

$$t_{\text{med}} = \frac{3}{e^{1.28 \times 0.45}} = 1.686 \ (\text{h})$$

$$\text{MTTR} = 1.686 e^{0.45^2/2} = 1.866 (\text{h})$$

因此,最可能的修复时间为

$$t_{\text{mode}} = \frac{t_{\text{med}}}{e^{s^2}} = \frac{1.686}{e^{0.45^2}} = 1.377 (\text{h})$$

如果维修时间服从指数分布而不是正态分布,且具有相同的均值,那么在指数分布下维修任务能在 3 h 内完成的百分比仅为 80%,相比之下对数正态分布为 90%,也就是

$$H(3) = 1 - e^{-3/1.866} = 0.80$$

上述例子说明了维修时间分布函数在定量度量维修时间时的重要性。

6.5　维修类型

维修工作可以用多种方式进行分类,图 6.3 中给出了一些最常用的标志,描述如下。

被维修的系统可采用修复性维修(CM)和预防性维修(PM)。修复性维修包括把一个系统从失效状态恢复到运行或者可用状态的全部活动。因此,修复性维修的工作量是由可靠性决定的。修复性维修活动通常无法予以计划,虽然有时修理工作可以被推迟,但在发生失效时

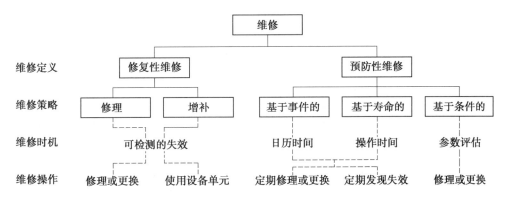

图 6.3 维修模型的分类

我们必须进行修理。

修复性维修可以用平均修复时间（MTTR）予以量化。但该修复时间含有若干项活动，通常被分为三组：

（1）准备时间：找到维修工作人员，准备工具和测试设备等。

（2）有效维修时间：实际进行维修工作的时间。

（3）延误时间（后勤时间）：工作一旦开始后等待备件的时间。

有效维修时间包括：在实际修复开始前研究图纸等花费的时间，以及验证修理是否合乎要求所花费的时间。它还可能包括在使设备成为可用之前用于编写修理后文件（当必须完成此文件时）的时间，如对于飞机上的设备就是这样。也可将修复性维修规定为平均有效修复性维修时间（MACMT），因为它仅是设计师可以影响的有效时间（不包括文件编写）。

预防性维修是试图通过防止失效发生，使系统维持在运行的或可用的状态。可以通过保养，如清洁与润滑，或者通过检验去发现并纠正初期的失效，如裂纹的检测或校准。预防性维修对可靠性有直接的影响。当打算进行预防性维修时，就要有计划地去完成。预防性维修是以完成规定的维修任务所花费的时间和规定的频度予以度量的。预防性维修可以分为以下几类：

（1）基于寿命的维修（Age-based Maintenance）。在这种情况下，是在一个系统指定寿命处实施 PM 工作。寿命可以用工作时间或其他时间概念来衡量，像一个汽车的千米数或一个飞机的起飞/降落次数。

（2）基于时间的维修（Clock-based Maintenance）。在这种情况下，是在一个指定的日历时间处实施 PM 工作。基于时间的维修工作可以预先定义时间，所以一个基于时间的维修策略通常比一个基于寿命的维修策略易于管理。

（3）基于条件的维修（Condition-based Maintenance）。在这种情况下，PM 工作是在系统的一个或多个条件变化的度量法基础上进行的。当出现一个条件改变或通过了极限值时，开始进行维修。条件改变的例子包括：振动、温度以及润滑微粒数的变化。条件变换可以被持续或在正则区间内监控。基于条件的维修也称为论断性维修（Predictive Maintenance）。

6.6 预防性维修策略

通过研究所维修零件的失效前时间分布和系统失效率趋势，可以使预防性维修的效能和经济性最大化。

一般来讲，如果零件的瞬时故障率是递降的，任何更换都会增加失效概率；如果瞬时故障率是恒定的,更换将不改变失效概率;如果零件的瞬时故障率是递增的,那么在理论上,以任何时间定期地进行更换会增加系统的可靠性。但是,如果零件具有某一无失效寿命(韦布尔 $\gamma>0$),那么在此时间之前进行更换将保证不发生失效。这些情况显示在图 6.4 上。

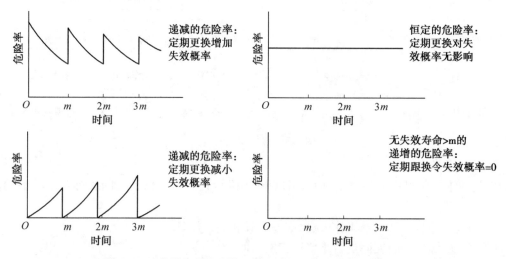

图 6.4　可靠性和定期更换理论的关系(m =定期更换间隔)

这些都是理论上的考虑,其中假设了更换活动不会引起其他的缺陷,而且失效前时间的分布是确切被界定了的。但在制定预防性维修策略时,考虑零件的失效前时间分布明显是最重要的。

除了考虑到被更换零件的失效前时间分布,从理论上决定更换对可靠性的影响外,还必须考虑维修活动对可靠性的影响。例如,根据水龙带泄漏情况,数据显示出高压水龙带在无失效寿命后呈递增的瞬时故障率。因此明智的维修策略可以是(比方说)在达到 80% 的无失效寿命后即更换该水龙带。但是,如果更换行动增加了从水龙带端接头泄漏水的概率,那么在失效时再更换水龙带也许更为经济。

还必须从对系统的影响和不能工作时间与修理费用两个方面考虑失效的影响。例如,在水龙带的例子中,如果水大量地流失,水龙带泄漏就很严重,但一般接头的泄漏只是轻微的,不会影响工效或安全。从费用的观点看,优化更换策略的好例子是更换白炽灯和荧光灯。对于像办公室和路灯那样大量安装的单元,在预计的比例失效之前按预定时间更换所有的单元是更为便宜的,而不是在每一个单元失效时再更换。但是,在家里我们只能在失效时再更换。

为了优化预防性更换,需要了解下面的每一部分:

(1)主要失效模式的失效前时间的分布参数。

(2)所有失效模式的影响。

(3)失效的费用。

(4)定期更换的费用。

(5)维修对可靠性的可能影响。迄今我们已经考虑了失效突然发生而没有给出任何告警的零件。如果刚出现的失效可被检测到,即通过检查、非破坏性试验等方法检测出来,我们还必须考虑。

(6)缺陷蔓延试验引起的失效速率。

(7)检查或测试的费用。

注意,由(2)可知,失效模式、影响与危害性分析(FMECA)是制订维修计划不可或缺的输入。考虑了可靠性的各方面情况,这种系统性的制订维修计划方法称为以可靠性为中心的维修(RCM)。图 6.5 所示出了这种方法的基本逻辑。以可靠性为中心的维修得到了广泛的应用,例如用于飞机、工厂的各类系统等。

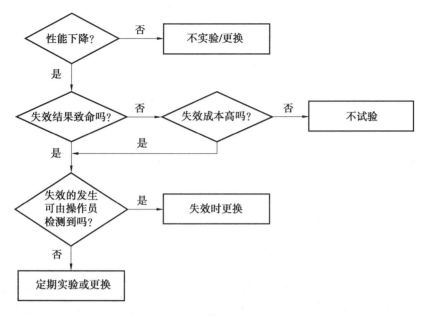

图 6.5　RCM 逻辑图

【例 6.5】　机器人装配线上的柔性电缆的失效前时间分布是韦布尔分布,其 $\gamma = 150$ h,$\beta = 1.7, \eta = 300$ h。如果在使用中发生失效,装配线停工和更换电缆的费用是 5 000 美元。在定期维修期中更换的费用是 500 美元。如果装配线一年运行 5 000 小时,而每周(100 小时)进行定期维修,以一周或两周为间隔,每年预期的更换费用是多少?

解　无定期更换时,发生失效的概率是

$$1 - \exp\left[-\left(\frac{t-150}{300}\right)^{1.7}\right]$$

在 m 小时后定期更换时,5 000 小时的定期维修费用为

$$\frac{5\ 000}{m} \times 500 = \frac{2.5 \times 10^6}{m}$$

而在每个定期更换间隔里预期失效费用为(假设在更换间隔里失效数不大于 1)

$$5\ 000\left\{1 - \exp\left[-\left(\frac{m-150}{300}\right)^{1.7}\right]\right\}$$

那么,每年的总费用为

$$C = \frac{2.5 \times 10^6}{m} + \frac{5\ 000 \times 5\ 000}{m}\left\{1 - \exp\left[-\left(\frac{m-150}{300}\right)^{1.7}\right]\right\}$$

结果见表 6.2。

表 6.2　例 6.5 计算结果

m	定期更换数	预期失效数	C
100	50	0	25 000 美元
200	25	1.2	18 304 美元
400	12	6.5	38 735 美元

因此最优策略是在交替的定期维修的间隔里更换电缆,但要冒微小的失效风险(注意,本例中假设在任意一个定期维修间隔里发生的失效数不大于1,如果 m 只比 γ 大一点,那么该假设是合理的)。

利用蒙特卡罗仿真,可以进行更完全的分析。这样我们可以考虑更详细的维修策略,如果能确定在定期维修期前不久由于失效已更换了电缆,那么这时就不更换了。

6.7　维修费用

全球航线花费在维修上的费用约为21万亿美元,其中21%花费在现场维修,27%花费在大修,31%花费在发动机翻修,16%花费在元器件检修和改进方面。

如果人们认识到维修本质上是对故障的管理,那么显然,这种花费主要是不良的质量和不可靠的后果。然而,由于不可能生产永不发生故障的系统,要想系统工作的时间足够长,我们必须考虑如何才能保持维修费用最低,同时又能确保系统的可用性、安全性和完整性。

我们已经看到有许多因素可能影响系统的维修费用。原始设计是重要影响因素,同时系统的使用者和维修人员通过采用最合适的维修方针,有可能大大降低业主的费用。

不管是基于时间的维修或基于状态监控的维修,维修活动的费用是与每项修复性或预防性活动有关的费用。期望的修复性维修费用是修理或更换故障产品所需的维修资源的总费用。系统和产品寿命期的总维修费用是修复性维修费用、预防性维修费用和其他费用之和,其他费用包括除直接费用、劳务费用和工厂设备费之外的所有费用。维修活动费用可分为两类:维修活动的直接费用、维修活动的间接费用。

1. 维修活动的直接费用

与每项维修活动有关的直接费用 CMT 是指在执行维修任务期间直接使用的维修资源的费用,可按下式确定

$$\text{CMT} = C_s + C_m + C_p + C_{te} + C_f + C_d \tag{6.21}$$

其中,C_s 为备件费用;C_m 材料费用;C_p 为人员费用;C_{te} 为工具和保障设备费用;C_f 为设施费用;C_d 为技术资料费用。

2. 维修活动的间接费用

间接费用包括成功完成任务所需的管理费和行政费,以及与完全或部分生产和收入有关的损失费用。它还包括一些先期费用,如当产品处于故障状态时损失的费用,包括员工的薪水、取暖、保险、纳税、设施、电费、电话费、信息技术、培训和类似费用。这些费用不能忽视,因为它们甚至高于其他费用。

生产和收入有关的损失费用为 CLR,系统在故障状态(不能工作时间)下直接占用的生产时间比,并折算成小时收益率 IHR,也就是系统在工作时赚到的金钱。这样收入损失可按下列公式确定:

$$\text{CLR} = (\text{DMT} + \text{DST}) \times \text{IHR} = \text{DT} \times \text{IHR} \tag{6.22}$$

其中,DMT 是维修活动的持续时间;DST 是保障活动的持续时间;DT 是总计不能工作时间。需要指出,系统并非总是连续工作,不能工作时间只应计算占系统正常期望工作时间的比例。特别是原先确定的计划或安排的维修通常是在系统处于空闲时进行,只有占用系统预期工作的时间才能计为不能工作时间。

3. 维修活动的总费用

维修活动的总费用是维修活动的直接费用和维修活动的间接费用之和,即

$$\text{CMT} = \text{CRT} + \text{CLR} \tag{6.23}$$

利用上述公式,完成每项维修活动的费用公式为

$$\text{CMT} = C_s + C_m + C_p + C_{te} + C_f + C_d + (\text{DMT} + \text{DST}) \times \text{IHR} \tag{6.24}$$

有必要强调,按上述公式确定的费用可能会有相当差异,这是因为:

(1)采用不同的维修方针。

(2)每项维修活动的直接费用。

(3)维修资源的消耗量。

(4)维修活动的持续时间 DMT^c、DMT^p、DMT^I 和 DMT^E。

(5)预防性维修活动的频率 FMT^L、检验的频率 FMT^I 和检查的频率 FMT^E。

(6)保障活动的持续时间 DMT^c、DMT^p、DMT^I 和 DMT^E。

(7)在规定的工作期间 L_{st} 进行的维修活动的期望次数 $\text{NMT}(T_{st})$,如在 FBM 情况下,

$\text{NMT}(T_{st}) = \dfrac{T_{st}}{\text{MTTF}}$。

(8)随机变量 DMT^c、DMT^p、DMT^I、DMT^E、DST^c、DST^p、DST^I 和 DST^E 可能采用不同的概率分布和不同的值。

(9)维修活动的间接费用。

每项维修活动费用的通用公式对于不同的维修方针就有不同的数据输入,即

$$\text{CMT}^c = C_{sp}^c + C_m^c + C_p^c + C_{te}^c + C_f^c + C_d^c + (\text{DMT}^c + \text{DST}^c) \times \text{IHR}^c$$

$$\text{CMT}^p = C_{sp}^p + C_m^p + C_p^p + C_{te}^p + C_f^p + C_d^p + (\text{DMT}^p + \text{DST}^p) \times \text{IHR}^p$$

$$\text{CMT}^I = C_{sp}^I + C_m^I + C_p^I + C_{te}^I + C_f^I + C_d^I + (\text{DMT}^I + \text{DST}^I) \times \text{IHR}^I$$

$$\text{CMT}^E = C_{sp}^E + C_m^E + C_p^E + C_{te}^E + C_f^E + C_d^E + (\text{DMT}^E + \text{DST}^E) \times \text{IHR}^E$$

其中,CMT^c 是故障后每项维修活动有关的费用;CMT^p 是基于时间检验维修情况的费用;CMT^I 是基于检验维修情况的费用;CMT^E 是基于检查维修情况费用。

对于规定时间 $\text{CMT}(T_{st})$ 期望的总计维修费用等于在规定的时间每项维修活动的维修费用与进行的期望维修次数 $\text{NMT}(T_{st})$ 之积,即

$$\begin{aligned}\text{CMT}(T_{st}) = &\text{CMT}^c \times \text{NMT}^c(T_{st}) + \text{CMT}^p \times \text{NMT}^p(T_{st}) + \\ &\text{CMT}^I \times \text{NMT}^I(T_{st}) + \text{CMT}^E \times \text{NMT}^E(T_{st})\end{aligned} \tag{6.25}$$

4. 影响维修费用的因素

对于许多系统或产品而言,维修费用构成总的寿命周期费用的重要组成部分,实践表明维修费用主要受系统开发早期阶段的设计决策影响。维修性直接与系统设计特性有关,决定能否以最少费用完成维修。度量维修费用的一种方式是每项维修任务的费用,即进行该项维修任务所需要的各项后勤保障有关的费用之和。

除上述之外,必须采取的每项维修措施的频率也是重要因素,包括维修性维修和预防性维修措施。显然,维修费用受到零部件可靠性的很大影响,还可能与进行维修的类型和频率有关。如果一个部件是修复件,那么该零部件的失效前时间将会小于用一个新部件更换的失效前时间。

人的因素考虑也很重要。这些考虑包括技术人员的经验、培训、技术水平和人数。

保障考虑包括支持系统的后勤体系和维修组织,它们包括备件、技术资料(手册)、测试设备,以及专用和通用工具的可用性。

如果维修任务需要高级的技术人员、洁净环境、装备昂贵的专用工具,那就不可能在第一级,甚至第二级经济地完成这项任务。如果维修性工程师尽心设计系统,使得维修任务只需要低级技术人员、标准工具,那么就会允许在现场进行维修,节约往返(不能工作)时间。如果在系统寿命期间只在维修中心或返回制造厂进行一次大修,那么就很少考虑上述问题。例如,在路边就能方便地更换破损的刹车片,增加的费用就很有限。否则,由于刹车片失效导致发动机损坏,在车辆再次使用之前,就不得不更换发动机或翻修。

6.8　维修优化

维修优化模型的目的是确定最佳维修活动,使得不能工作时间最短,提供系统的最有效的使用。维修优化模型可以是定量的,或者基于下述程序:以可靠性为中心的维修,基于寿命的维修或整体生产维修。

预防性维修的广泛应用产生了许多数学模型,回答如何安排预防性维修的问题。数学模型可以是确定性的或者随机的。预防性维修在确信将会提高系统的利用率时进行。用来确定最佳维修活动的数学模型大多数依据一些准则,开发维修模型经常使用的准则如下。

(1)最小化:维修费用、不能工作时间和修理时间最小化。

(2)最大化:收入、利润、故障间隔时间和可用性最大化。

(3)达到要求的可靠性和安全性水平。

数学模型及其算法的开发受大量维修策划需求驱动,维修策划要对下述问题提供最佳答案:产品应何时进行修理、更换、检验和检查。数学模型根据获得的信息和选择的准则对上述问题提供了答案。在许多情况下,开展维修活动的时间可能基于一项或多项准则。为了分析上述准则和类似度量对选择最佳维修活动的影响,必须建立它们之间的关系。这可通过建立模型来实现,即采用数学或工程方法建立模型,来确定它们之间的关系,并为所有分析提供必要的基础。

建立预防性维修模型的传统方法是,建立预防性维修间隔时间和每单位时间的运行费用或系统可用性之间的关系模型。使用不同的最佳化准则建立最佳预防性维修模型的例子如下:

(1)Barlow 和 Proschan(1975)介绍的确定最佳更换间隔时间的模型,这是基于最小的每单位时间的期望费用。

(2)Kelly(1976)提出的模型,以收益作为最佳化准则,而不是可用性。

(3)Handlarski(1980)提出的模型,以利润作为最佳化准则。

(4)Waston(1970)介绍的模型,以分组元器件每单位时间的不能工作时间最短作为最佳化准则。

(5)Asher 和 Kobbacy(1995)提出的利用非齐次泊松过程建立的具有上升失效率的预防性维修模型。

(6)Knezevic(1987)提出的模型,这是把要求的系统可靠性水平作为最佳化准则。

然而建立预防性维修模型的复杂性在于,难以定量估计按不同时间间隔进行预防性维修的影响。事实上,大多数数学模型都假定,完成预防性维修后,系统性能不是"像新的一样好"

就是"像旧的一样坏",除非整个系统用新的更换,这种假定极少真实。

6.8.1　最优更换时间

最佳更换时间技术只适用于具有上升风险(耗损状态)的系统。例行维修期间预防性更换造成的作废产品寿命费用与非计划修理的费用基本平衡。必须建立所考虑产品的失效前时间分布,然后才能取得下述两种费用的平衡,即非计划更换超过计划的预防性维修的费用与其失效前由于耗损被更换的产品的剩余使用寿命费用。这种方法依赖于良好的数据收集和分析,以识别故障分布。进一步说,这只有当非计划维修费用与计划更换费用之比较高时才有效,并且适用于无冗余的地方。如果需要,就必须计算在特定间隔时间内的失效函数,非计划维修费用和计划更换费用。

使得非计划维修费用和计划更换费用最小化的最佳更换时间间隔可遵循下列两条更换方针:

(1)寿命更换。

(2)成批更换。

有大量有关寿命更换方针的文献,Barlow 和 Proschan(1975)讨论了传统方法,即更换失效的产品或达到寿命期 T 的产品,以先出现者为准。这种方法得到 Pierskalla 等(1976)、Valdez-F'lores 等(1989)、Nakagawa 等(1983)、Berg 等(1986)、Black 等(1988)、Sheu(1994)、Vanneste(1992)、Dekker(1994)等专家的发展,并且大多作者认为失效时更换的最佳寿命更换方针依赖于最少修理的随机费用。这些论文提供了历年有关预防性更换维修研究的综合观点。

寿命更换情况:时间间隔起始于 $t=0$,结束于失效发生时或达到寿命期 T 时,以先出现者为准。在 $t=T$ 之前生存概率为 $R(T)$,则失效概率为 $(1-R(t))$。所有时间间隔的平均持续时间计算式为

$$\mathrm{MTBF} = \int_0^T R(t)\,\mathrm{d}t \tag{6.26}$$

则每单位时间内的费用为

$$Q_\mathrm{p} = \frac{[C_\mathrm{u} \times (i - R(t)) + C_\mathrm{p} \times R(t)]}{\int_0^T R(t)\,d(t)} \tag{6.27}$$

其中,C_u 是非计划维修费用,C_p 是计划更换费用。

成批更换情况:更换总是在 $t=T$ 时进行,不管在 $t=T$ 前发生故障的可能性。对于这种情况,每单位时间的费用为

$$\frac{C_\mathrm{u} \times T}{\mathrm{MTBF} \times T} + \frac{C_\mathrm{p}}{T} = \frac{C_\mathrm{u}}{\mathrm{MTBF}} + \frac{C_\mathrm{p}}{T} \tag{6.28}$$

需要指出,由于失效率不是常数,上述公式中使用的 MTBF 是 T 的可变函数。

有时可能要求寻找最适宜的更换时间。因为与其产品故障后修理得"像旧产品一样坏",还不如在时刻 t 加以更换。令

$C=$ 产品成本;

$C_\mathrm{o}=$ 每单位时间的运行费用;

$C_\mathrm{tr}=$ 总修理费用;

则总更换费用 $\mathrm{TC}_\mathrm{r}(t)$ 的式计算式为

$$TC_r(t) = C + C_o t + C_{tr} H(t) \tag{6.29}$$

假设产品失效前时间服从韦布尔分布，则总更换费用$TC_r(t)$计算式为

$$TC_r(t) = C + C_o t + C_{tr}(t/\eta)^\beta \tag{6.30}$$

每单位时间的更换费用$TC_r(t)$计算式为

$$TC_r(t) = \frac{C}{t} + C_o + C_{tr}\frac{t^{\beta-1}}{\eta^\beta} \tag{6.31}$$

为找到最佳更换时间t，我们设$dTC_r/dt = 0$使单位更换费用最少，并求解t。

$$\frac{dTC_r}{dt} = -\frac{D}{t^2} + C_{tr} \times (\beta-1) \times \frac{t^{\beta-2}}{\eta^\beta} = 0$$

最佳更换时间t^*计算式为

$$t^* = \left[\frac{C \times \eta^\beta}{C_{tr} \times (\beta-1)}\right]^{1/\beta} \tag{6.32}$$

6.8.2　修理与更换

在系统整体投入使用之前，当它还处于方案论证阶段时，就必须考虑系统的零部件是进行修理还是更换，在何处进行。最复杂的系统也有可修理的途径，但也存在少数例外。要把人造卫星或非人造卫星发送到太空需要使用火箭。在几乎所有情况下，这些火箭只使用一次，而不再寻求对它们的修理。

系统进入故障状态的零件通常被拆下来，并用处于工作状态的同样零件更换，拆下来的零件可以修复或抛弃。修理可以使系统恢复到"像新的一样"，但大多只可能恢复到"比旧的稍好些"状态。当更换的零件比取下的"更新"或者是经过改进设计（对可靠性而言），这种例外可能发生。更换汽车磨损的轮胎将会使车辆的零件更可靠，但不是汽车整车的可靠性。简而言之，更换汽车磨损的轮胎，即使是新的，也不可能使系统恢复到"像新的一样"状态。

虽然最复杂的系统通常也是可修理的，但是当修复它们变得不经济时，它们可能到达了寿命的终点。坠毁的飞机，高速撞击墙壁的汽车，已使用20年的阴极射线管式电视机，技术上全都是可修复的，但是，进行修理的费用可能高于更换的费用。在这种情况下，最重要的因素之一是寿命，其次是费用。寿命本身由几种方式显示：磨损、腐蚀和退化。

修复的有效性在决策零部件是可修或废弃时起重要作用。当修理零部件后风险函数值与新产品相同时，修理归类为"与新产品一样好"或者"与新产品相同"。如果修理零部件后风险函数值与失效前刚好相同时，修理归类为"像旧产品一样坏"或无效修理（或者"与旧产品同"）。如果修理零部件后风险函数值介于"与新产品一样好"和"像旧产品一样坏"之间，那么就称为"不完整的修理"。

关于修理或更换个别产品或整个系统的决策可根据下述原则做出：

（1）产品寿命和期望寿命或MTBF比较。如果寿命在寿命期望值之内，倾向于考虑修理；如果寿命即将或已超出寿命期望值，倾向于考虑更换。

（2）备件可用性。在技术快速变化领域，如果不能取得备件，显然修理不太现实。即使状态评估表明可修，也可决定更换。

（3）维修费用趋势。寿命周期费用分析通常可以论证在合理期限内更换能获得的费用效益。除了维修费用以外，更换能够证明在其他费用方面的节约，例如，由于使用现代高效系统能源费用的节约。

（4）可能对修理或更换的维修决策产生较大影响的资金限制。当系统设计师和维修工程师建议最好更换产品或系统时,资金限制可能决定进行修理。由于这种原因,只有特别重要、要求或理由充分时才会优先做出更换决定。

如上所述,在大多数情况下,决定更换产品而不是修理的主要理由是基于费用。修理费用,取决于下列因素:

（1）系统寿命内的期望的故障数。期望的故障数利用维修函数 $M(t)$ 或累计风险函数 $H(t)$ 计算。当修理可以"与新产品一样好"时,使用维修函数。如果修理是"像旧产品一样坏",那么使用累计风险函数。

（2）固定的修理费 F_r 涉及维修设施费、试验和保障设备费、培训维修人员费、技术资料费等。

（3）修理故障的可变费用 C_r 涉及劳务费、运输费和处理费等。

（4）不能修理的故障百分比 $p(0 \leqslant p < 1)$,在这种情况下,必须更换产品。

假设 C 表示产品费用,在"与新产品一样好"修理方针情况下,总的修理费用的计算式为

$$Q_T = F_r + M(t) \times C_r \times (1-p) + p \times (C+C_d) \times M(t) \tag{6.33}$$

更换费用取决于下列因素:

（5）更换的固定费用 F_d 涉及设施费、试验和设备费、培训费、技术资料费和报表费等。需要指出,更换产品要求的设备和技能比起修理产品要少。

（6）更换产品的费用 C_d（劳务费、运输费和处理费）。

再次假设 C 表示产品费用,更换费用的计算式为

$$Q_M = F_d + (C+C_d) \times M(t) \tag{6.34}$$

如果下列不等式成立,修理产品比起更换产品更便宜。

$$F_r + M(t) \times C_r \times (1-p) + p \times (C+C_d) \times M(t) \leqslant F_r + (C+C_d) \times M(t)$$

然而,当修理费用低于更换费用一定百分比（如 60%）时,许多军事和商业组织都是选择修理,而不是废弃。

6.9　维修性验证

维修性验证的目的是证明各种维修任务能够在允许的时间完成。一般来说,大多数重要问题是,系统能否通过分系统（线性可更换单元——LRU）在规定时间内更换而恢复。通常要求每一 LRU 能够拆卸和更换,而不影响另一个 LRU。事实上某些早期喷气式战斗机围绕发动机进行制造,便于更换发动机,在拆卸时不会发生太多问题。

现代商业飞机的革新是使用自动装置,在到达目的地之前告知检测到的关键部件故障（即不是最低设备一览表中的那些部件）,这就容许技术人员准备好,一旦飞机到达就能更换这些部件,如果这种更换能够在 50 分钟之内完成,就没有必要花费时间查找替代的飞机或延误起飞。

维修性验证还希望得到有助于整个开发过程的结果,识别诸如系统设计、测试设备和维修手册汇编中存在的任何缺陷。任何维修性验证会涉及下列步骤:

（1）识别系统可能使用的工作条件和环境条件。

（2）模拟系统故障并进行修复性维修,还应记录成功完成修理任务的维修工时。

重要的是关注验证期间的下述问题:

（1）测试必须按照最终确定的标准进行。

（2）测试条件必须具有代表性，设备、工具、维修手册、照明和类似因素必须仔细考虑。

（3）在必须进行修理的业务中承担实际修理的人员，其技能、培训和经验需要合理搭配。

一旦我们有了根据上述程序记录的修理时间数据，就容易利用下述程序验证是否达到维修性目标。

设 $t_1, t_2, \cdots, t_n$ 表示对于 n 个单元的一个样品观察到的完成修理任务的修理时间数据，$n>30$，$(1-\alpha)100\%$ 置信由式

$$MTTR+z_\alpha \frac{s}{\sqrt{n}} \tag{6.35}$$

给出。其中，z_α 是 z 值（标准正态统计），位于 α 区域，在其右侧，并能在正态表中查出。例如，对于 95% 置信限 z_α 为 1.645，MTTR 和 s 的计算式为

$$MTTR = \frac{1}{n}\sum_{i=1}^{n} t_i$$
$$s^2 = \frac{1}{n-1}\sum_{i=1}^{n} (t_i - MTTR)^2 \tag{6.36}$$

如果维修性目标是 $MTTR^*$，那么要证明系统达到了这一指标，我们必须证明

$$MTTR^* \leqslant MTTR+z_\alpha \frac{s}{\sqrt{n}} \tag{6.37}$$

当完成维修任务的修理时间数据少于 30 个时我们利用 t 分布，在这种情况下，验收条件为

$$MTTR^* \leqslant MTTR+t_{\alpha,n-1} \frac{s}{\sqrt{n}} \tag{6.38}$$

$t_{\alpha,n-1}$ 值可以从 t 分布表中查出。

6.10　可　用　性

可用性用来度量可靠性、维修性和后勤保障对于系统运行有效性的综合影响。处于故障状态的系统对于其所有者是无益的，事实上，它可能正在消耗所有者的资金。如果一架飞机发生故障，直到宣布它适宜飞行之前是不能使用的，这就会给乘客带来麻烦，不得不改乘其他航班，这可能打乱旅行时间表并且日后引起其他问题。

绝大多数航线具有很高的利用率，在待飞期间，不仅需要时间来传递票据、卸货、清扫机舱、添加燃料、补充下一次飞行的食物和其他物品，而且要迎接下一批乘客和行李，整个工作一般需要一个小时。任何延误都可能导致错过起飞位置，更严重的是错过着陆位置，因为飞机在批准之前不能起飞，甚至为此可能晚 12 小时。许多机场在夜间关闭，以避免产生不允许的噪声污染。如果该航班刚好在机场关闭之前准备着陆，错过着陆时间那就意味着延误若干小时。

系统的操作者希望知道，该系统需要时是否处于可工作状态。设计者和制造者知道，如果他们的系统不满足用户运行有效性要求的话，他们就不能长期保持经营。有许多可用性公式用来度量系统的有效性。固有可用性、使用可用性和可达可用性就是一些用来定量评估产品需要时是否处于可工作状态的尺度。可用性定义如下：当产品按照规定的方式运行、维护和保障时，在任一随机时刻（点可用性）或时期（区间可用性）处于可工作状态的可能性。

根据上述定义可知,可用性是可靠性、维修性和保障性等因素的函数(图 6.6)。

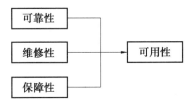

图 6.6　作为可靠性、维修性和保障性函数的可用性

在本节中,将研究一些重要的可用性度量方法,比如点可用性、固有可用性和使用可用性,以及可用性模型。

6.10.1　概念及内涵

可用性是系统或部件在规定的使用与维修方式下,在给定的时间内能够完成规定功能的能力。与可靠性和维修性类似,可用性也是一种概率,因此可以通过概率论将可用性量化,由此可用性的含义可以理解为系统在某一时间点上或一段时间内能够工作的概率,称为可用度,定义如下:

(1)$A(t)$为任意时刻 t 的可用度,称为点可用度。

(2)$A(T) = (1/T)\int_0^T A(t)\,\mathrm{d}t$ 为时间段[0,T]内的平均可用度。将平均可用度泛化后可以得到任务可用度或区间可用度

$$A_{t_2-t_1} = \frac{1}{t_2 - t_1}\int_{t_1}^{t_2} A(t)\,\mathrm{d}t \tag{6.39}$$

此式表示在 $t_1 \sim t_2$ 时间段(例如任务时间)内的平均可用度。

(3)$A = \lim_{T\to\infty} A(T)$ 是稳态可用度或长时间段上的平衡可用度。

依据系统能工作时间和不能工作时间的定义,稳态可用度可以有多种形式。

1. 固有可用度

固有可用度 A_{inh} 的定义为

$$A_{\text{inh}} = \lim_{T\to\infty} A(T) = \frac{\text{MTBF}}{\text{MTBF}+\text{MTTR}} \tag{6.40}$$

固有可用度仅与故障分布和维修分布相关,因此可以将其看作设计参数,在此基础上可以进行可靠性与维修性的设计权衡分析。

2. 可达可用度

可达可用度 A_a 的定义为

$$A_a = \frac{\text{MTBM}}{\text{MTBM}+\overline{M}} \tag{6.41}$$

式中,$\overline{M}$ 为系统停机时间;MTBM(平均维修间隔时间)包括非计划维修和计划维修,可通过下式计算得出:

$$\text{MTBM} = \frac{t_d}{m(t_d)+t_d/T_{\text{pm}}} \tag{6.42}$$

式中,T_{pm} 为预防性维修间隔期;t_d 为设计寿命;$m(t_d)$ 为设计寿命期内累积的故障个数。

虽然预防性维修可以提高 MTBF,但如果预防性维修过于频繁,则会影响系统的可达可用度。例如,图 6.7 给出了可达可用度随预防性维修间隔期 T_{pm} 变化的趋势。为得到图 6.7 所示曲线,需要假设 $MTBF=a+b/T_{pm}$,其中 $a,b>0$。这样,预防性维修对增加故障间隔时间有积极作用。然而,预防性维修间隔期越长,预防性维修对 MTBF 的作用越小。预防性维修间隔期过短会造成系统频繁停机,甚至导致可达可用度小于固有可用度。随着预防性维修间隔期的增加,可达可用度在逐渐增加到最大值后,会逐步降低并接近固有可用度。

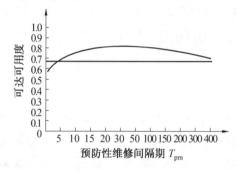

图 6.7　可达可用度与预防性维修间隔期的变化趋势

3. 使用可用度

使用可用度 A_o 的定义为

$$A_o = \frac{MTBM}{MTBM+\overline{M'}} \tag{6.43}$$

式中,$\overline{M'}$ 为 MTR,被定义为 MTR=MTTR+SDT+MDT。MTR 包括所有供应和维修延误时间,后面二者都是系统非计划停机时间的组成要素,这在处理存在维修排队和备件延期交货情况时非常有用。使用可用度的定义对于进行备件数量和维修通道数量权衡非常重要。从产品设计的角度来看,固有可用度或可达可用度比使用可用度更有意义,这是因为使用可用度包含了备件和维修能力,这已经超越了产品设计本身。

4. 通用的使用可用度

通用的使用可用度 A_G 的定义为

$$A_G = \frac{MTBM+处于完好状态的时间}{MTBM+处于完好状态时间+\overline{M'}} \tag{6.44}$$

当系统不连续工作时,就用工作时间来度量故障间隔时间和预防性维修间隔期,这就需要记录系统的不工作时间。式(6.44)假定系统处于完好状态、备用状态、空闲状态时不发生故障日历时间是另外一种用来度量故障间隔时间和预防性维修间隔期的时间单位,并用式(6.43)计算 A_o。

6.10.2　指数可用度模型

故障率 λ 和修复率 r 为常数(即服从指数分布)的单部件系统是计算点可用度、区间可用度和稳态可用度的最简单案例。假定系统仅有工作和维修两种状态,状态转移关系如图 6.8 所示,将这看作马尔可夫过程,状态转移方程为

$$\frac{dP_1(t)}{dt} = -\lambda P_1(t)+rP_2(t) \tag{6.45}$$

$$P_1(t) + P_2(t) = 1 \tag{6.46}$$

将 $P_2(t) = 1 - P_1(t)$ 带入上式，有

$$\frac{\mathrm{d}P_1(t)}{\mathrm{d}t} = -(\lambda + t)P_1(t) + r \tag{6.47}$$

用 $\mathrm{e}^{(\lambda+r)t}$ 作为积分因子，有

$$P_1(t)\mathrm{e}^{(\lambda+r)t} = \int r\mathrm{e}^{(\lambda+r)t}\mathrm{d}t + C = \frac{r}{\lambda+r} + C\mathrm{e}^{-(\lambda+r)t} \tag{6.48}$$

因为 $P_1(0) = 1$，所以

$$C = 1 - \frac{r}{\lambda+r} = \frac{\lambda}{\lambda+r} \tag{6.49}$$

则有

$$P_1(t) = \frac{r}{\lambda+r} + \frac{\lambda}{\lambda+r}\mathrm{e}^{-(\lambda+r)t} \tag{6.50}$$

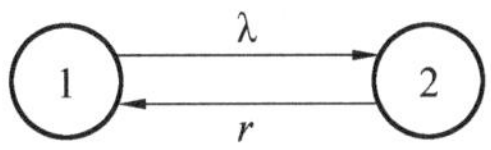

图 6.8　可达可用度与预防性维修间隔期的变化趋势

图 6.8 中状态 1 表示系统的可用状态，所以 $A(t) = P_1(t)$ 是系统在 t 时刻的点可用度，也就是系统在 t 时刻可用的概率。区间可用度或任务可用度为

$$A_{t_2-t_1} = \frac{1}{t_2-t_1}\int_{t_1}^{t_2}\left(\frac{r}{\lambda+r} + \frac{\lambda}{\lambda+r}\mathrm{e}^{-(\lambda+r)t}\right)\mathrm{d}t =$$
$$\frac{r}{\lambda+r} + \frac{\lambda}{(\lambda+r)^2(t_2-t_1)}\left[\mathrm{e}^{-(\lambda+r)t_1} + \mathrm{e}^{-(\lambda+r)t_2}\right] \tag{6.51}$$

稳态可用度可以通过计算式 $A_{\mathrm{inh}} = \lim_{t\to\infty}A_{t-0}$ 得到。根据式(6.51)给出的任务可用度，可以得到固有可用度

$$A_{\mathrm{inh}} = \frac{r}{r+\lambda} = \frac{\mathrm{MTBF}}{\mathrm{MTBF}+\mathrm{MTTR}} \tag{6.52}$$

【例 6.6】　某部件的 MTBF $= 200$ h，MTTR $= 10$ h，均服从指数分布，那么

$$A(t) = \frac{0.1}{0.1+0.005} + \frac{0.005}{0.1+0.005}\mathrm{e}^{-0.105t} = 0.952 + 0.48\mathrm{e}^{-0.105t}$$

则对于指定的时间点，$A(10) = 0.952 + 0.48\mathrm{e}^{-0.105\times10} = 0.969$。

最初 10 个单位时间内的区间可用度为

$$A_{10-0} = 0.952 + \frac{0.005}{0.105^2\times10}(1 - \mathrm{e}^{-0.105\times10}) = 0.981$$

6.10.3　系统可用度

由于可用度是概率，所以在知道部件或子系统可用度的基础上可以应用概率论计算系统可用度。因此，对由 n 个独立部件组成的串联系统，当各部件的可用度为 $A_i(t)$ 时，系统可用度为

$$A_s(t) = \prod_{i=1}^{n}A_i(t) \tag{6.53}$$

当 n 个部件组成并联系统时，系统可用度为

$$A_s(t) = 1 - \prod_{i=1}^{n} (1 - A_i(t)) \tag{6.54}$$

系统或部件的可用度可以是点可用度、区间可用度或稳态可用度。对于更为复杂的系统，可以使用可靠性框图来分析系统可用度。

1. 备用系统的可用度

可以将系统可用度的概念拓展到备用系统。例如，对于一个部件有备份的系统，允许一支维修队对部件进行维修，假定备份部件在备用时不会发生故障，则系统状态转移速率如图6.9所示。

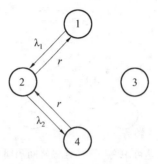

图 6.9　可修复备用系统在备用部件无故障发生情况下的状态转移图

状态转移方程为

$$\frac{\mathrm{d}P_1(t)}{\mathrm{d}t} = -\lambda_1 P_1(t) + rP_2(t)$$

$$\frac{\mathrm{d}P_2(t)}{\mathrm{d}t} = \lambda_1 P_1(t) + rP_4(t) - (\lambda_2 + r)P_2(t) \tag{6.55}$$

$$P_1(t) + P_2(t) + P_4(t) = 1$$

我们只对稳态解感兴趣，那么

$$\lim_{t \to \infty} \frac{\mathrm{d}P_i(t)}{\mathrm{d}t} = 0 \tag{6.56}$$

根据定义可知，稳态概率不随时间变化，因此可以令 $P_i(t) = P_i$，则式(6.55)可以写为

$$-\lambda_1 P_1 + rP_2 = 0$$

$$\lambda_1 P_1 + rP_4 - (\lambda_2 + r)P_2 = 0 \tag{6.57}$$

$$P_1 + P_2 + P_4 = 1$$

解式(6.57)，可得

$$P_1 = \left(1 + \frac{\lambda_1}{r} + \frac{\lambda_1 \lambda_2}{r^2}\right)^{-1} \tag{6.58}$$

$$P_2 = \frac{\lambda_1}{r} P_1 \tag{6.59}$$

$$P_4 = \frac{\lambda_1 \lambda_2}{r^2} P_1 \tag{6.60}$$

由于可用度定义为在给定时间点系统可用的概率，那么系统处于状态 1 或状态 2 的概率就是系统的可用度，即 $A = P_1 + P_2$。

【例 6.7】　一个由两部件组成的备用系统，$\lambda_1 = 0.002$，$\lambda_2 = 0.001$，$r = 0.01$，那么

$$P_1 = \left(1 + \frac{0.002}{0.01} + \frac{0.002 \times 0.001}{0.01^2}\right)^{-1} = 0.819\ 6$$

$$P_2 = \frac{0.002}{0.01} \times 0.819\ 6 = 0.163\ 9$$

$$P_4 = \frac{0.002}{0.01^2} \times 0.819\ 6 = 0.016\ 39$$

$$A = P_1 + P_2 = 0.983\ 5$$

在计算可靠度时,由于 $\lim\limits_{t \to \infty} R(t) = 0$,因而稳态解并不是我们所关注的。只有引入维修才存在非零稳态可用度。从可靠性的观点来看,即使可以进行修理和恢复,但是一旦所有部件都故障时备用系统还是会故障。

2. 稳态可用度

虽然可以通过状态转移图直接推导出稳态方程,但是需要假设部件的故障率和修复率均为常数(服从指数分布)。此外,还可以根据状态的转入转出关系得到各个状态 i 的稳态方程,即

$$\sum_j (\text{从状态} j \text{转移到状态} i \text{的概率}) \times P_j = (\text{状态} i \text{转移的概率}) \times P_i \qquad (6.61)$$

【例 6.8】　已知系统有 3 种状态:状态 1 表示系统处于满负荷工作状态;状态 2 表示系统处于降额工作状态;状态 3 表示系统处于故障状态。只有等系统故障后才能通过维修将其恢复到满负荷工作状态,系统状态转移如图 6.10 所示

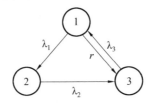

图 6.10　可修系统 3 种状态转移图

令 P_i 表示系统处于状态 i 的概率,那么状态转移方程为

$$\begin{aligned} -\lambda_1 P_1 - \lambda_3 P_2 + r P_3 &= 0 \\ \lambda_1 P_1 - \lambda_2 P_2 &= 0 \\ P_1 + P_2 + P_3 &= 1 \end{aligned} \qquad (6.62)$$

求解得

$$P_1 = \left(1 + \frac{\lambda_1}{\lambda_2} + \frac{\lambda_1 + \lambda_3}{r}\right)^{-1}$$

$$P_2 = \frac{\lambda_1}{\lambda_2} P_1$$

$$P_3 = \frac{\lambda_1 + \lambda_3}{r} P_1$$

$$A = P_1 + P_3$$

如果 $\lambda_1 = 2$,$\lambda_2 = 3$,$\lambda_3 = 1$,$r = 10$,那么 $P_1 = \dfrac{10}{28}$,$P_2 = \dfrac{15}{28}$,$P_3 = \dfrac{3}{28}$。如果将状态 1 和状态 2 视为系统的可用状态,那么系统可用度 $A = \dfrac{25}{28} = 0.893$。

【例6.9】　某热储备系统由两个部件组成,只有两个部件都故障后才能对系统进行维修,同一时间只能维修一个故障件。部件故障率分别为 λ_1 和 λ_2,平均修复时间均为 MTTR。系统状态转移图如图 6.11 所示。

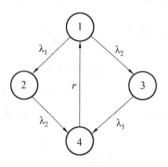

图6.11　可修复热储备系统的状态转移图

假定系统修复率 r 为常数,由此计算

$$r = \frac{1}{\text{MTTR}} \tag{6.63}$$

稳态方程为

$$(\lambda_1 + \lambda_2)P_1 = rP_4 \tag{6.63a}$$

$$\lambda_2 P_2 = \lambda_1 P_1 \tag{6.63b}$$

$$\lambda_1 P_3 = \lambda_2 P_1 \tag{6.63c}$$

$$rP_4 = \lambda_2 P_2 + \lambda_1 P_3 \tag{6.63d}$$

$$P_1 + P_2 + P_3 + P_4 = 1 \tag{6.63e}$$

从式(6.63a)可知 $P_4 = [(\lambda_1 + \lambda_2)/r]P_1$,由式(6.63b)和式(6.63c)可知 $P_2 = (\lambda_1/\lambda_2)P_1$,$P_3 = (\lambda_2/\lambda_1)P_1$,将上述结果代入式(6.63e),有

$$P_1\left(1 + \frac{\lambda_1}{\lambda_2} + \frac{\lambda_2}{\lambda_1} + \frac{\lambda_1 + \lambda_2}{r}\right) = 1 \tag{6.64}$$

$$P_1 = \left(1 + \frac{\lambda_1}{\lambda_2} + \frac{\lambda_2}{\lambda_1} + \frac{\lambda_1 + \lambda_2}{r}\right)^{-1} \tag{6.65}$$

且 $A = P_1 + P_2 + P_3$。

6.11　后勤保障

几乎没有几个系统能够在它们整个寿命周期一直保持正常运转,例如飞机、公共汽车、小轿车、船舶等都需要修理和更换配件。制造厂商则需要提供原材料维修和更换破损工具的服务。当一个系统的任何部件由正常运转状态(SoFu)变为故障状态(SoFa)时,这个系统将丧失一部分功能。对这个系统功能的恢复一定是通过维修完成的,并且所有的维修活动需要得到相关设施、设备和资源的保障。系统故障包括操作不灵故障到非常危险的故障。对于汽车来说,燃油用完可能你还需要走一段长路。但对于飞机来说,如果你还能走,那就太幸运了。提前了解系统什么时候将需要维修能够避免出现尴尬场面,甚至可以挽救人的生命。除此之外,可以省钱。通过使用从燃油表、油压警告灯、电磁油滤塞等简单的仪器到发动机健康和使用系统(HUMS)这样高度复杂的设备,可以帮助操作者选择实施预防维修的最佳时间。

在一定置信度下,根据可靠性可以预测出一个系统什么时候将出现故障状态。在上述工作基础上,维修性可以预测出维修工作需要多长时间使系统恢复正常。而保障性则推断出是否值得恢复,如果是,则判断在哪里维修,需要什么样的资源来进行维修。保障性工程与系统设计密切相关,以便使寿命周期保障费用最小化。这将需要考虑所需设施、设备和资源情况,以便使系统在最优化的费效模式下得到保障。

保障或后勤是一个决策过程,决策将需要什么样的设施、设备和资源,什么时间、在哪里需要这些设施、设备和资源,并且确保要求被满足,以保证维修任务进程延误时间最短。现在,保障性工程在产品寿命周期方面起着至关重要的作用,因为人们公认它在功能性剖面形状和运行费用方面贡献巨大。

进行保障性分析最佳时间是在寿命周期起始时期,也就是早期设计阶段。在早期设计阶段,最佳保障的选择面更宽并且也能充分利用现有资源。如果在研发周期的后期进行修改,费用可能会很高。波音公司就有一个例子成功考虑到了保障性的要求。波音公司决定将他们所有最新式飞机的驾驶舱设计成相同的尺寸和布局。这样一旦飞行员在其中一种型号飞机上接受训练,那么他或她就不必在其他类似飞机的模拟机上训练了,这将为买方省下一笔费用。因为如此一来,飞行员将有更多的时间飞行,同时还可以减少公司购买或租用模拟机的数量。

研发新型 777 飞机的过程清楚展示了波音公司对保障性进行了考虑。波音 777 是最大的飞机,拥有 8 个舱门。设计师们决定使其更具通用性。实际上,波音飞机的通用性已达 95 %。通用性将减少买方所持备件的数目。

1. 保障性

Knezevic(1993)对保障性定义如下:保障性是产品的固有特性,是反映实施规定维修任务时所需保障资源的保障能力。保障性定义中第一个要点就是保障性是产品的固有特性,也就是说是设计的必然结果,不论这个设计是经过深思熟虑还是偶然想到的。对保障来说设计的好坏是主要因素。为了解释保障性的物理意义,让我们在维修程序与产品处于故障状态的附加时间段之间建立联系。因此,保障性概念如图 6.12 所示,以图解的方式展示出来。其中,T 表示所需保障资源已到位且规定的维修任务能被实施的持续时间。

图 6.12 保障性概念

故障状态下消耗的附加时间取决于保障任务的性质,也就是保障时间(TTS)是一个随机变量。

保障时间的随机性是由下列因素形成的。

(1)维修因素。此因素与维修过程的管理有关,特别是与其概念、方针和策略有关。

(2)位置因素。此因素受产品的地理位置、通信系统、运输的影响。

(3)投资因素。此因素影响保障资源(备件、工具、设备和设施)的供应情况。

(4)组织因素。此因素决定信息和保障要素的流程。

因此,保障时间的随机变量是由上述因素决定的。也就是

$$TTS = f(维修、位置、投资、组织因素)$$

　　根据目前这种分析结果,我们能够得出一个结论:TTS 具有不可预测性,是恢复过程所有影响因素的可变性和复杂性共同作用的结果,同时也有保障资源供应情况的影响。考虑到具体设备在故障状态下所消耗的附加时间长短不一的情况,给出一个决定性的答案是不可能的,只可能在既定的瞬时时间给出一个概率或给出在规定的时间内完成/未完成的百分比。

　　2. 保障性工程

　　保障性工程可以定义为:保障性工程是研究与产品保障以及实施规定操作和维修任务所需资源有关的程序、活动、因素,并由此制定出对其进行量化、评估、预测和改进方法的一门学科(Knezevic,1993)。

　　军用和航空公司已经意识到产品保障性相关信息的重要性。

　　3. 后勤延误时间(LDT)和保障时间(TTS)

　　保障时间或后勤延误时间定义为恢复系统时间但不包括实施维修任务所用时间。主要是指用来筹备设施、设备、人力和备件的时间。实际上,这一时间要由若干元素组成,因为系统的恢复需要由几个维修任务完成,每个维修任务可能需要不同的设施、设备和资源。

　　4. 保障资源

　　每个操作和维修任务能够成功完成所需的资源可分为下列几种:

- 供应保障。
- 测试和保障设备。
- 运输和处理。
- 人员和培训。
- 设施。
- 数据。
- 计算机资源。

　　每个类别简要概括如下。

　　(1)供应保障。

　　供应保障是一个总称,包括所有备件、修补零部件、消耗品、特需供应品和其他需要保障操作和维修过程的相关库存产品。需要考虑的因素包括每个操作和维修任务,以及备件和维修零部件分布和存放的地理位置,备件需求率和存货标准,存货点之间的距离,采购提前期和材料分配方式。供应保障因素将主要由维修策略决定,例如实施维修的深度、实施地点和系统可用性水平(Walsh,1999)。

　　(2)测试和保障设备。

　　任何需要进行保障操作和维修任务的设备都可将其分类为保障设备。这个类别包括所有工具、特殊条件监控设备、诊断和检查设备、度量和校准设备、维修台、保障系统或产品计划和非计划维修活动必需的检修与处理设备。大部分维修任务需要一定类型的设备,包括绞车、起重机、一般工具(如锤子、螺丝刀、扳手)、特殊工具(如夹具、插头扳手、弹簧活门压缩器、十字改锥)。测试和保障设备可分为:"特殊"类型(新设计和/或现成的设备特别是正在研发的系统)和"通用"类型(库房中已存在的设备)。M. Turner(1999)提到 20 世纪 60 年代美国国防部发现他们花费了数百万美元在并不需要的各类保障设备上,这一事实使他们开始进行后勤保障分析(LSA)工作。通过这一分析工作,库房中各种保障设施都必须证明其合理性。

（3）运输和处理。

保障要素包括所有供应、集装箱（可重复使用和一次性的容器）、为保障包装所需供应品、防腐设备、储藏、管理和/或系统运输、测试和保障设备、备件和维修零部件、工作人员、技术数据和移动设施。实质上，这个类别主要包括产品的初始分配，操作和维修所需人员和材料的运输。

在一些情况下，故障组件已处于维修设施上。而有些情况下，需要将其移到维修设施上。如果飞机丧失了所有动力，就需要拖车将其从跑道/滑行道上移开。同样地，如果一艘船的发动机出现故障，就需要将其拖至安全的避风所、港湾或船坞。飞机发动机是很容易被盐水腐蚀的。如果飞机发动机有可能用船来运输，那么它们将需要防止被海水腐蚀。它们相当脆弱，就外置导管来说，如果遭遇碰撞，那么将极易被损坏。为了解决这些问题，设计师为一些发动机（例如 Rolls Royce EJ200）设计了专门容器。如果设计合理，它将显示出其优势，允许标准船坞设备厂对其进行堆垛和管理。

（4）人员和培训。

安装、检查、操作、管理和系统（或产品）维修所需人员，与测试和保障设备有关。每次操作维修所需人员都要考虑在内，根据人员的素质和技术水平，以及由地理位置确定的维修功能确定人员需求。正式培训包括普及系统/产品知识的初级培训及减缩人员和更新人员的补充培训。培训的目的是提高相关人员对系统的熟练程度。培训数据和设备（例如模拟机、实体模型和特殊仪器）研发是必需的，以便可以保障人员培训工作的进行。

每个维修工作的核心是由机械工完成的。这类人员将具备一定的技术而且可能还因为某种特定任务需要具备特殊技术。他们将进行一般和特殊培训。例如，在英国陆军中确定了三个技术水平。理想状态下，水平最低的机械工也能完成所有任务以此实现最大的灵活性。但是，一般情况下是不可能的。利用孔探仪、内腔检视器、内窥镜可以看到飞机发动机以及其他位置的内部情况。但是，它需要熟练的技术人员（检查员/机械工）对这些图片进行解释。另外，在培训人员时，录像机能够起到很重要的作用。

（5）设施。

这一类别指完成操作和维修任务所需的所有特殊设施。实体工厂、房产、活动房屋、住房、中型维修船舶、校准实验室、特殊维修工厂和大修设施是必须考虑在内的。一旦故障被登记，第一个维修任务启动。同时，也需要一定资源的协助。首先需要工作位置，也就是维修设施。设施指能够进行维修工作的物理位置，特别是指可使系统和维修人员免受一些因素（例如风、日光、雨、雪、海水、沙、核、生化污染、尘或烟）危害的位置。重要设备和公用事业（热、电、能量要求、环境控制、通信等）也属于设施的一部分。通常情况下，维修工作的第一级（例如拆除发动机、雷达设备或汽车轮胎）能够在像跑道或机动车道这样空旷场地上进行，所以不需要任何设施。

（6）技术数据。

技术数据包括所有储存在电子设备或硬件拷贝中的技术程序文件，包括系统安装和检查程序、操作和维修指南、检查和校准程序、大修程序、改装指南、设施信息、制图、实施系统操作和维修功能所需的规范。这些数据不仅涵盖了系统，还包括了测试和保障设施、运输和管理设备、培训设备以及设施的所有内容。

（7）计算机资源。

保障性工程的这个方面指所有计算机设备和附件、软件、项目磁带/光盘、数据库等实施系统操作和维修功能所需的所有资源。计算机资源也包括状态监控和维修诊断辅助仪器。

5. 故障形成

故障形成是指导致系统从正常运转到故障状态的不正常事件。故障形成可能是有规律的或无规律的、有计划的或无计划的、可预见的或不可预见的、与工作寿命有关的或无关的。

(1)有计划的故障形成。

有计划的故障形成是指由于出现与寿命有关的故障,所以更换设备零件以避免出现系统老化问题。飞机发动机的涡轮盘就有一个既定的"可预见安全寿命周期"。这个周期规定了涡轮盘必须更换前所承受压力周期的最大数。但是通常情况下,涡轮盘发生故障的时间是预期时间的 1/4,因为知道了涡轮盘的更换时间,在合理的置信水平下,我们就可以预测发动机何时将需要进行拆除,以便及时利用资源。

(2)非计划故障形成。

部件可能因为非寿命的外部因素而出现故障。例如,路面上飞起的石头砸坏了玻璃、钉子扎破了轮胎、鸟吸进了发动机里等。这些事可能导致非计划故障的形成。与寿命相关的故障也可能导致非计划故障的形成。但是这种故障可以因为有计划的维修而减少。

(3)状态监控下的故障形成。

许多维护任务是在例行或偶然检查/视察后进行的。一些检查/视察将造成系统故障,另一些则确认系统已处于故障状态。前者属于非计划故障形成,后者属于偶然维修的范畴。

6. 保障性度量

保障任务的主要目标是提供实施规定维修任务所需的资源。人们将其视为一种变量,称之为保障任务持续时间(DST)或者保障时间(TTS)。由于人们普遍接受大体相同的设备故障期时间长短不同,所以只能用概率来描述其保障系统的能力。因此,保障性完全用随机变量 DST 和概率分布情况来解释。

使用频率最高的保障参数是:保障性函数、DST_p 时间、预期保障时间。这些特性的简要定义和说明如下。

(1)保障性函数。

随机变量(DST)累积分布函数表示一个概率,它等于或小于某个特殊值的概率,即 $F(a) = P(X \leq a)$。这个值被称为保障性函数。在瞬时 t,保障性函数表示在规定的时间 t 或 t 之前提供所需资源的概率。

$$S(t) = P[\text{时间 } t \text{ 之前将提供保障资源}] \tag{6.66}$$

$$S(t) = \int_0^t s(t)\,\mathrm{d}t \tag{6.67}$$

在这里是 $s(t)$ 保障过程概率密度函数。

(2)DST_p 时间。

DST_p 时间是指按指定需求百分比提供所需保障资源的时间长度。DST_p 可以用数字方式表示为

$$DST_p = t \rightarrow S(t) = \int_0^t s(t)\,\mathrm{d}t = p \tag{6.68}$$

使用频率最高的 DST_p 和 DST_{90} 它表示在将完成保障任务的 90% 时的时间长度。

(3)预期保障时间。

随机变量(DST)的预期值可作为另外一种保障性度量计算。

$$E(\mathrm{DST_p}) = \int_0^\infty t \times s(t)\,\mathrm{d}t \tag{6.69}$$

这一特性也被称为平均保障时间（MTTS）。

习题六

6-1　全球定位系统的失效前时间服从韦布尔分布，特征寿命 $\eta = 1\,750$ h，$\beta = 3.5$。修理总费用为 800 美元，全球定位系统的成本为 20 000 美元。全球定位系统故障修理的最少，求全球定位系统的最佳更换时间。

6-2　自动飞行控制（AFC）系统购买费用为 150 000 美元，还知道 AFC 的失效前时间服从正态分布，均值为 1 200 飞行小时，标准偏差为 200 h。AFC 的 90% 故障模式是可修理的，然而固定修理费接近 400 000 美元（购置设施、设备、工具等）。平均每次修理费为 12 000 美元。更换的固定费用为 220 000 美元，每次更换费用为 2 000 美元。假设修理可使系统恢复到"与新产品一样好"，对于 15 000 h 期间，试分析修理或更换哪种方式更有利。

6-3　假设恢复一个气象雷达的保障任务时间服从参数 $\eta = 24$ h 和 $\beta = 7.5$ 的韦布尔分布。

（1）在最初 18 h 内提供保障资源的概率是多少？

（2）在 90% 的情况下提供所需资源的保障时间长度是多少？

（3）平均保障时间是多少？

6-4　某系统由两个部件组成，部件故障率和修复率分别为 0.1 次/h 和 0.2 个/h，当用部件分别组成串联系统和并联系统时，计算点可用度、10 h 的区间可用度以及稳态可用度。

6-5　某公司即将上市销售一种新型计算机，可靠性工程师负责计算机的设计工作。计算机故障率设计值为 0.02 次/天（假设连续使用），修复率为 0.1 个/天。

（1）计算最初 30 天的区间可用度以及稳态可靠度。

（2）一个主要顾客认为根据（1）计算得到的可用度太低，希望购买备用计算机。假定备用计算机不工作时不会发生故障，计算此时的稳态可用度。

（3）如果备用计算机处于热储备状态，稳态可用度为多少？

6-6　某可更换且可修复的发动机启动单元的故障率较高，其 MTBF 为 10 h，备用单元的可靠性更差，MTBF 为 5 h。如果单元平均修复时间为 2 h，试确定发动机启动单元的稳态可用度。

6-7　某关键通信中继站的故障率为 1 次/天，平均修复时间为 2.5 天（修复率为常数）。

（1）计算稳态可用度；

（2）计算执行时长为 2 天任务时的区间可用度（开始时间为 o>）；

（3）计算第 G 天结束时刻的点可用度；

（4）如果两个通信中继站组成串联系统，计（1）~（3）部分的可用度；

（5）如果两个通信中继站组成并联系统，计算（1）~（3）部分的可用度；

（6）如果两个通信中继站组成备用系统，且备用通信中继站处于储备状态时不会发生故障，计算此时的稳态可用度。

6-8　某系统有 3 种状态:工作、降额、故障。当系统处于工作状态时,故障率为 1 次/天,系统从正常状态转为降额状态的速率为 1 次/天,系统处于降额状态时的故障率增加为 2 次/天。修复工作只有在当系统处于故障状态时才会开始,修复率为 4 个/天。如果将正常状态和降额状态看作系统的可用状态,试确定系统的稳态可用度。

6-9　某紧急备用发电机处于备用状态时的故障率为 0.003 14 次/天,发电机的检查测试时间为 6 h,故障修复时间为 24 h。试确定使得发电机可用度最大的检测间隔周期。

6-10　计算两相同部件都处于工作状态且只有一个维修工时的稳态可用度,假定部件故障率为常数,修复率为 r。

第7章 预测性智能维护

7.1 原理与优势

所谓智能维护系统(Intelligent Maintenance System, IMS),或称为 E-maintenance,是采用性能衰退分析和预测方法,结合 Infotronics 技术(融合互联网、非接触式通信技术、嵌入式智能电子技术),使产品或设备达到近乎零故障(Near-Zero-Breakdown)的性能或生产效率的一种新型维护系统。

智能维护属于预测性维护,智能维护系统的采用将大大促进国家的经济发展。据统计,我国制造业产能利用率只是其最大能力的 76.7%(2019 年上半年,国家统计局数据),而据保守的估计,基于 Internet 的智能维护技术每年可以带动 2.5% 到 5% 的产能利用率增长,这意味着:在价值 2 亿美金的设备上应用智能维护技术,每年就可以多创造 500 万美金的价值。有关资料也表明:运用智能维护技术可减少事故故障率 75%,降低设备维护费用 25% ~ 50%。以我国目前国有企业总固定资产约 180 万亿元为例,每年用于大修、小修与处理故障的费用一般占固定资产的 3% ~ 5%,可见采用智能维护,每年取得的经济效益可达数万亿元。

在目前的制造企业,无论是维修还是定期的维护,其目的都是为了提高制造企业设备的开动率,从而提高生产效率。故障诊断技术的出现,大大地缩短了设备故障占用的时间,从而提高了设备的利用率。但故障停机给制造企业所带来的损失还是非常巨大的。如在新兴的 IC 产业,其生产线初期投资一般为 17 亿美金左右,而其有效生产周期只有 3 ~ 5 年,若生产线发生故障停机,不仅会使整个生产线上正在加工的半成品全部报废,而且会严重影响其投资回收速度。智能维护技术的出现进一步提高了企业设备的开动率,并且随着技术的发展,其可使企业的制造设备达到近乎零的故障停机性能。

智能维护与故障诊断有着密不可分的联系,其很多的技术基础起源于故障诊断,但它们之间又有很多区别。在传统的诊断维修领域,大部分的技术开发与应用集中在信号及数据处理、智能算法研究(人工神经网络、遗传算法等)及远程监控技术(以数据传送为主)。这些技术基于的基础理念是被动的维修模式 FAF(Fail and Fix),对产品和设备的使用者而言,维修的要求是达到及时修复。而智能维护技术是基于主动的维护模式 PAP(Predict and Prevent),重点在于信息分析、性能衰退过程预测、维护优化、应需式监测(以信息传送为主)的技术开发与应用,产品和设备的维护体现了预防性要求,从而达到近乎于零的故障及自我维护(图 7.1)。故障诊断技术在设备和产品的维修中虽然也发挥着重要的作用,但目前,由于工业界对预防性维护技术的需求,故障诊断领域的研究重点已逐步转向状态监测、预测性维修和故障早期诊断领域,其为智能维护技术的实现打下了扎实的基础。实际上,目前的故障诊断研究已经趋向于智能维护领域的初级阶段。

图 7.2 显示,智能维护系统可通过 Web 驱动的电子信息(Infotronics)平台对设备和产品

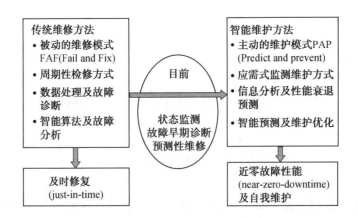

图 7.1　智能维护方法与传统维修方法的对比

进行不间断的监测诊断和性能的退化评估,并作出维护决策。同时,智能维护系统还能通过 Web 驱动的智能代理与电子商务工具(如客户关系管理 CRM,供应链管理 SCM,企业资源管理 ERP)进行整合,从而获得高质量的全套服务解决方案。另外,智能维护系统所得到的信息知识还可用于产品的再设计和优化设计,从而使未来的设备和产品达到自我维护的境界。

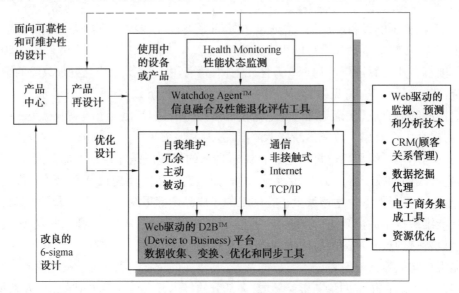

图 7.2　智能维护系统(IMS)构架

图 7.2 显示,智能维护系统的核心技术是对设备和产品的性能衰退过程的预测和评估,围绕这一核心,智能维护的应用基础研究主要包括以下几个领域。

(1)设备和产品的性能衰退过程的预测评估算法、方法研究。要对设备或产品进行预测维护,必须提前预测其性能衰退状态。与现有的故障早期故障诊断不同的是,智能维护侧重于对设备或产品未来性能衰退状态的全过程走向预测,而不在于某个时间点的性能状态诊断,因此,其不论在理念上,还是在方法上,都是有很大不同的。其次,进行预测和决策时,在分析历史数据的同时,智能维护引入了与同类设备进行"比较"的策略(P2P,Peer-to-peer),因而大大提高了预测和决策的准确度。P2P 是对传统故障诊断方法的一种超越。另外,在采集设备和产品的信息时,智能维护强调"相关信息"(包括人的反馈信息)的采集和有效"融合"(包括低层次和高层次的融合），并根据人脑的信息处理方式从中综合提取性能预测所需的信息。

（2）应需式远程监测维护领域。随着 Internet 和 Web 技术的发展，利用 Internet 和 Web 来进行实时监测数据的传输也已逐渐成为研究热点。应需式远程维护是指利用现代信息电子（Infotronics）技术实现异地间设备和产品性能衰退的监测、预测，并提出维护方案等的一系列行为，其强调的是根据实际的需要传输所需的"信息"，即根据设备和产品在不同环境下的各种性能衰退过程的实际快慢程度，及时地调整相应信息的传输频度和数量，而不是传统意义上的简单的"数据"（采样信号等）传输。

（3）决策的支持、数据的转换和信息的优化同步技术领域。为了实现真正意义上的电子商务、电子化制造和电子化服务，智能维护系统必须与现有的企业商务系统（CRM、SCM、ERP、MES 等）进行信息交互，因此，智能维护强调的是"信息一次处理（O. H. I. O. , Only Handle Information Once）"。为此，美国 Jay Lee 教授提出智能维护平台 D2B（Device to Business）的理念。D2B 平台的建立不仅为维护决策提供了平台工具，而且第一次实现了设备层到商务层的直接对话，并为产品的再优化设计提供了原始数据。当然，在维护决策时，D2B 平台系统同样采用 P2P 技术，以加强决策的准确性。

因此，从上面的分析可以看出，预测性智能维护是一个融合多学科、涉及多领域的综合性维护策略。其主要支撑技术有：信号处理技术，在线监测技术，数据融合技术，数据挖掘技术和智能预诊技术等。下面分别对这几种技术进行介绍。

7.2　信号处理与在线监测技术

7.2.1　信号处理

1. 信号的概念与分类

在实际应用中，除了使用消息和信号之外，也常用到信息（Information）这一术语。信息论中对信息的定义是：信息是消息的一种度量，特指消息中有意义的内容。因此，更严格地说，信号是运载信息的载体，也是作为通信系统（Communication system）中传输的主体。为有效获取和利用信息，必须对信号进行分析和处理。

信号就具体物理性质而言，有电信号、光信号、力信号等等。其中，电信号在变换、处理、传输和运用等方面，都有明显的优点，因而成为目前应用最广泛的信号。各种非电信号也往往被转换成电信号，而后传输、处理和运用。

在实际的工程应用中，并不考虑信号的具体物理性质，而是将其抽象为变量之间的函数关系，特别是时间函数或空间函数。通常信号用数学上的"函数（Function）"或"序列（Sequence）"来描述。比如 $f(t) = K\sin(\omega t)$，$f(n) = a^n\varepsilon(n)$ 等，它们既可看成是一种数学上的函数或序列，也可看成是用数学方法描述的信号。因此本书常常把"信号"与连续时间的"函数 $f(t)$"或离散时间的"序列 $f(n)$"等同起来。例如在电信号中，其最常见的表现形式是随时间变化的电压或电流，可以表示为连续时间函数 $u(t)$，$i(t)$ 或离散时间序列 $u(n)$，$i(n)$。

依据信号随时间变化的规律，可将其分为两大类：确定性信号与非确定性信号。

（1）确定性信号。

确定性信号是指能精确地用明确的数学关系式来描述的信号。在实际工程中，判断信号是确定性的还是非确定性的，通常以实验为依据，在一定的误差范围内，如果一个物理过程能够通过多次重复得到相同的结果,则可以认为这种信号是确定性的。如果一个物理过程不能通过重复实验而得到相同的结果,或者不能预测其观测结果,则可以认为这种信号是非确定性信号或随机信号。确定性信号可以分为周期性信号(包括简单与复杂周期性信号)和非周期性信号(包括准周期性和瞬变信号)等。

①简单周期性信号。

简单周期性信号是指信号随时间的变化规律为正弦波或余弦波,它们的数学表达式为

$$x(t) = x_0 \sin(\omega t + \varphi) = x_0 \sin(2\pi f t + \varphi) \tag{7.1}$$

或

$$x(t) = x_0 \cos(\omega t + \varphi) = x_0 \cos(2\pi f t + \varphi) \tag{7.2}$$

式中　x_0——信号的幅值;

　　　f——频率,$f = \dfrac{1}{T}$;

　　　ω——圆频率,$\omega = 2\pi f$;

　　　T——信号的周期;

　　　φ——初始相位角。

显见,只要知道了信号的幅值、频率和初始相位角,就能将其随时间变化的规律描述清楚。

②复杂周期性信号。

复杂周期性信号具有明显的周期性而又不是简单的正弦或余弦周期性。它通常由多个简单周期性信号叠加而成,与该复杂周期性信号的周期相等的正弦周期性信号称为基波,其频率称为基频。其他各个正弦周期性信号的频率和基频之比为有理数,常为整数倍,称为高次谐波。

这类信号常见的波形有方波、三角波、锯齿波等,其时变函数可按傅氏级数展开,即

$$x(t) = x_0 + \sum_{n=1}^{\infty} x_n \sin(2\pi n f t + \varphi_n) \tag{7.3}$$

③准周期性信号。

准周期性信号是由有限周期信号合成的,但各周期信号的频率相互之间不是公倍关系,无公有周期,其合成信号不满足周期信号的条件,因而无法按某一时间间隔周而复始重复出现。其时变函数仍然可以写为

$$x(t) = \sum_{n=1}^{\infty} x_n \sin(2\pi f_n t + \varphi_n) \tag{7.4}$$

它和复杂周期性信号区别在于:组成复杂周期性信号的各个谐波频率之比为有理数,且往往是基频的整数倍,而准周期性信号的谐波频率之比为无理数,如

$$x(t) = x_1 \sin(t + \varphi_1) + x_2 \sin(3t + \varphi_2) + x_3 \sin(\sqrt{50} t + \varphi_3) \tag{7.5}$$

中的某些频率比 $\dfrac{\sqrt{50}}{1}$,$\dfrac{\sqrt{50}}{3}$ 均不是有理数。因此它仍然是数个谐波叠加起来的,但信号不再呈现周期性。这样也需要用频谱图来描述它的特性,它的频谱图和复杂周期性信号的频谱一样,也是离散的。

④瞬变信号。

瞬变信号的特点是:仍然可以用时间函数式来描述,它的频谱图是一个连续的谱形。它们不能用傅氏级数展开而获得频谱图,而是用傅氏积分来表达,如

$$x(t) = \begin{cases} Ae^{-at}, t \geq 0 \\ 0, t < 0 \end{cases}$$

其傅氏积分为

$$X(f) = \int_{-\infty}^{+\infty} x(t) e^{-j2\pi ft} dt \tag{7.6}$$

其时间函数图与幅值频谱图如图 7.3 所示,其中 $|X(f)|$ 为 $X(f)$ 的模。

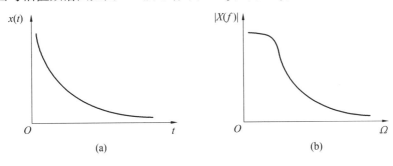

图 7.3　瞬变信号及频谱图

(2)随机信号。

随机信号无法用确定的时变函数来描述它,故称为非确定性信号,由于这类信号的幅值大小何时出现无法预知,是随机的,因而又称为随机信号。

由于随机信号幅值大小出现的随机性,在监测时,即使在相同条件下进行也无法得到相同的结果。因此,要得到精确的表征其特征的特征参数,必须进行无限长时间的测量,将这种无限次长时间测量所得信号的时间历程的总和称为随机信号的总体,而将某一次有限时间测量所得的时间历程称为样本。由于总体是由许多样本集合起来的,故又称总体为集合体,简称为"集"。通常都是通过测定随机信号的样本去估计总体。

随机信号根据它们的特性又可以分为以下几类。

①平稳随机信号。

平稳随机信号一般用符号 $\{\}$ 表示样本函数的总体。该总体在任一时间 t_i 时的总体平均值用式

$$\mu_x(t_i) = \lim_{N \to \infty} \frac{1}{N} \sum_{k=1}^{N} x_k(t_i) \tag{7.7}$$

来计算。它在两个时刻 t_i 和 $t_i + \tau$ 时的自相关函数值可以用 t_i 和两个时刻瞬时值的乘积的总体平均而得,即

$$R_x(t_i, t_i + \tau) = \lim_{N \to \infty} \frac{1}{N} \sum_{k=1}^{N} x_k(t_i) x_k(t_i + \tau) \tag{7.8}$$

如果 $\mu_x(t_i)$ 和 $R_x(t_i, t_i+\tau)$ 不随 t_i 的取值变化而变化,则称该随机信号为弱平稳的或广义平稳的随机信号。如果能够证明该随机信号的所有高阶矩(如均方值)和联合矩(如自相关函数)都不随时间 t_i 的取值而变化,则称该随机信号为强平稳或狭义平稳的随机信号。实际工程中,绝大部分随机信号都是弱平稳的。如果不特别指明,我们所讨论的随机信号都将是弱平稳的。由平稳的随机信号的定义,不难得出两个结论:

a. 尽管随机信号随时间的变化无规律性,但是,只要它是平稳的,它的总体具有一定的统计规律性,且其统计值不随时间变化;

b. 由于其统计值不随时间 t_i 的取值而变化,因而测取信号的起始时间和终止时间可以任

意取。

②各态历经的随机信号。

如果一个随机信号 $x(t)$ 满足下列条件：

a. 该信号是平稳的；

b. 它的总体特征参数和样本的统计特征参数相同，则认为该随机信号是各态历经的。

强各态历经过程一定是弱各态历经的，而弱各态历经过程则不一定是强各态历经。在工程应用上，由于往往只讨论随机过程的一阶和二阶统计特性，所以有时也不去区分弱各态历经和强各态历经。

③非平稳的随机信号。

若随机信号的总体平均值 $\mu_x(t_i)$ 和其相关函数 $R_x(t_i, t_i+\tau)$ 随时间 t_i 的取值而变化，则该随机信号是非平稳的。

对于非平稳随机过程，统计特性只能由组成随机过程的各个样本函数的总体平均来确定。因为在实践中不容易得到足够数量的样本记录来精确地测量总体平均值，这就妨碍了非平稳随机过程实用测量和分析技术的发展。通常的办法是先将其平稳化，而后再进行处理和分析。

随着数据处理技术的发展，数据处理机的容量增大了，实时功能增强了，因而非平稳的随机信号可以用谱阵图来描述。

要证明一个随机过程是否平稳，是否各态历经，要做大量的数据收集和数据分析检验的工作。严格地讲，实际发生的随机过程大都是非平稳过程。但是在随机振动研究中，有许多实际问题可假定在振动过程中环境条件保持不变，故也可假定为平稳过程和各态历经过程。因此，各态历经过程是很基本、很重要的一类随机过程。

在实际测试分析工作中，往往从问题的物理特性可直接判断过程是否为各态历经，或者凭经验直观检查样本函数图形来判断平稳性和各态历经性。当然，在没有把握时，还是应该做平稳性、各态历经性等各种数据检验工作，以确定过程的性质。

（3）能量信号和功率信号。

在非电量测量中，常把被测信号转换为电压或电流信号来处理。显然，电压信号 $x(t)$ 加到电阻 R 上，其瞬时功率 $P(t) = x^2/R$。当 $R=1$ 时，$P(t) = x^2(t)$。瞬时功率对时间积分就是信号在该积分时间内的能量。人们不考虑信号实际量纲，而把信号 $x(t)$ 的平方 $x^2(t)$ 及其对时间的积分分别称为信号的功率和能量。

当 $x(t)$ 满足

$$\int_{-\infty}^{+\infty} x^2(t)\,\mathrm{d}t < \infty \tag{7.9}$$

时，则认为信号的能量是有限的，并称之为能量有限信号，简称能量信号，如矩形脉冲信号、衰减指数函数等。

若信号在区间 $(-\infty, +\infty)$ 的能量是无限的，即

$$\int_{-\infty}^{+\infty} x^2(t)\,\mathrm{d}t \to \infty \tag{7.10}$$

但它在有限区间 (t_1, t_2) 的平均功率是有限的，即

$$\frac{1}{t_1 - t_2} \int_{t_1}^{t_2} x^2(t)\,\mathrm{d}t < \infty \tag{7.11}$$

这种信号称为功率有限信号或功率信号。但必须注意，信号的功率和能量，未必具有真实功率和能量的量纲。

2. 信号处理方法

在信号处理领域中,信号与系统的时域分析和变换域分析的理论和方法为信号处理奠定了必要的理论基础。在信号的时域分析中,信号的卷积与解卷积理论可以实现信号恢复和信号去噪,信号相关理论可以实现信号检测和谱分析等。在信号的变换域分析中,信号的 Fourier 变换可以实现信号的频谱分析,连续信号的 Laplace 变换和离散信号的 z 变换可以实现信号的变换域描述和表达,信号的变换域分析拓展了信号时域分析范畴,为信号的分析和处理提供了一种新途径。信号与系统分析的理论也是现代信号处理的基础,如信号的自适应处理、时频分析和小波分析等。

(1) 短时傅里叶变换。

如果用基函数

$$g_{t,\Omega}(\tau) = g(t - \tau)e^{j\Omega t} \tag{7.12}$$

来代替 $X(j\Omega) = <x(t), e^{j\Omega t}>$ 式中的基函数 $e^{j\Omega t}$,则有

$$<x(\tau), g_{t,\Omega}(\tau)> = <x(\tau), g(t - \tau)e^{j\Omega t}> =$$

$$\int x(\tau)g*(t - \tau)e^{-j\Omega t}d\tau =$$

$$\mathrm{STFT}_x(t, \Omega) \tag{7.13}$$

该式称为 $x(t)$ 的短时傅里叶变换(Short Time Fourier Transform, STFT),又称加窗傅里叶变换(Windowed Fourier Transform),式中 $g(\tau)$ 是一窗函数。式(7.12) 的意义实际上是用 $g(\tau)$ 沿着 t 轴滑动,因此可以不断地截取信号,然后对每段信号分别作傅里叶变换,得到 (t, Ω) 平面上的二维函数 $\mathrm{STFT}_x(t, \Omega)$。$g(\tau)$ 的作用是保持在时域为有限长(一般称为有限支撑),其宽度越小,则时域分辨率越好。比较 $X(j\Omega) = <x(t), e^{j\Omega t}>$ 和式(7.12),可以看出,使用不同的基函数可得到不同的分辨率效果。

(2) 时频联合分析。

短时傅里叶变换是最直观、最简单的时频联合分析。但是在 $\mathrm{STFT}_x(t, \Omega)$ 中,变量 t 和 Ω 仍是单独取值,因此,它并不是严格意义上的时频联合分析。自 20 世纪中叶以来,Wigner、Ville、Gabor 及 Cohen 等陆续给出了一些真正地将时间 t 和频率 Ω 联合起来进行分析的方法。并在 20 世纪 80 年代以后广泛应用于信号的分析与处理。

Wigner-Ville 时频分布是时频分析中最重要的分布,其函数表达式为

$$W_x(t, \Omega) = \int x(t + \frac{\tau}{2})x(t - \frac{\tau}{2})e^{-j\Omega t}d\tau \tag{7.14}$$

由于在积分中 $x(t)$ 出现了两次,所以该式又称为双线性时频分析。显然 $W_x(t, \Omega)$ 是关于 t, Ω 的二维函数。$W_x(t, \Omega)$ 有着一系列好的性质,因此它是应用甚为广泛的一种信号时频分析方法。

1966 年,Cohen 提出了如下形式的时频分布

$$C_x(t, \Omega : g) = \frac{1}{2\pi}\iiint x(u + \frac{\tau}{2})x(u - \frac{\tau}{2})g(\theta, \tau)e^{-j(\theta t + \Omega \tau - u\theta)}dud\tau d\theta \tag{7.15}$$

式中,$g(\theta, \tau)$ 是处在 (θ, τ) 平面的权函数。可以证明,若 $g(\theta, \tau) = 1$,则 Cohen 分布即变成 Wigner-Ville 分布,给定不同的权函数,可得到不同的时频分布。在 20 世纪 80 年代前后提出的时频分布有十多种,后来人们把这些分布统称为 Cohen 类时频分布,简称 Cohen 类。

Gabor 在 1946 年提出了信号时频展开的思想,即 Gabor 展开

$$x(t) = \sum_m \sum_n C_{m,n} g_{m,n}(t) = \sum_{m=-\infty}^{+\infty} \sum_{n=-\infty}^{+\infty} C_{m,n} g(t-mT) \mathrm{e}^{jn\Omega t} \tag{7.16}$$

式中, $g(t)$ 是窗函数; $C_{m,n}$ 是展开系数; m 代表时域序号; n 代表频域序号。这实际是用时频平面离散栅格上的点来表示一维的信号。由 $x(t)$ 得到展开系数 $C_{m,n}$ 的过程称为 Gabor 变换。Gabor 变换在信号处理,特别是图像处理中获得了越来越广泛的应用。

总之,对给定信号 $x(t)$,希望能找到一个二维函数 $W_x(t,\Omega)$,它应具有以下几个基本性质:

① 是物理量 t 和 Ω 的联合分布函数;

② 可反映 $x(t)$ 的能量随时间 t 和频率 Ω 变化的形态;

③ 具有好的时间分辨率和频率分辨率。

（3）小波变换。

在 20 世纪 80 年代后期及 90 年代初期所发展起来的小波理论已形成了信号分析和信号处理的又一强大工具。其实,小波分析也可看作信号时频分析的又一种形式。

对给定的信号 $x(t)$,希望找到一个基本函数 $\varphi(t)$,并记 $\varphi(t)$ 的伸缩与位移

$$\varphi_{a,b}(t) = \frac{1}{\sqrt{a}} \varphi\left(\frac{t-b}{a}\right) \tag{7.17}$$

为一族函数, $x(t)$ 和这一族函数的内积即定义为 $x(t)$ 的小波变换,即

$$WT_x(a,b) = \int x(t)\varphi_{a,b}^*(t)\mathrm{d}t = <x(t),\varphi_{a,b}(t)> \tag{7.18}$$

式中, a 是尺度定标常数; b 是位移; $\varphi(t)$ 又称为基本小波或母小波。

由傅里叶变换的性质可知,若 $\varphi(t)$ 的傅里叶变换是 $\Psi(j\Omega)$,则 $\varphi(t/a)$ 的傅里叶变换是 $a\Psi(ja\Omega)$ 。若 $a>1$,则 $\varphi(t/a)$ 表示将 $\varphi(t)$ 在时间轴上展宽;若 $a<1$,则 $\varphi(t/a)$ 表示将 $\varphi(t)$ 在时间轴上压缩。 a 对 $\Psi(j\Omega)$ 的改变(即 $\Psi(ja\Omega)$)的情况与 a 对 $\varphi(t)$ 的改变情况正好相反。若把 $\varphi(t)$ 看成窗函数, $\varphi(t/a)$ 的宽度将随着 a 的不同而不同,这也同时影响到频域,即 $\Psi(a\Omega)$,由此可得到不同的时域分辨率和频域分辨率。 a 越小,对应分析信号的高频部分,这时时域分辨率好而忽视频域分辨率;反之, a 越大,对应分析信号的低频部分,这时频域分辨率好而忽视时域分辨率。这正好符合对信号分析的需要。参数是沿着时间轴的位移,所得结果 $WT_x(a,b)$ 是信号 $x(t)$ 的尺度-位移联合分析,它也是时频分布的一种。

（4）信号的子带分解(Subband Decomposition)。

将一个复杂的信号分解成简单信号的组合是信号分析和信号处理中最常用的方法。 $X(j\Omega) = <x(t),\mathrm{e}^{j\Omega t}>$ 的傅里叶变换是一种分解,式(7.16)的 Gabor 展开是一种分解,其他众多的变换,如 K-L 变换、离散余弦变换(DCT)、离散 Hartley 变换等也是信号的分解,且都是正交分解。信号的子带分解和上述基于变换的分解不同,它是将信号的频谱均匀或非均匀地分解成若干部分,每一个部分都对应一个时间信号,称它们为原信号的子带信号。实现信号子带分解的主要方法是利用滤波器组(Filter Bank,FB)。一个 M 通道的分析滤波器组如图 7.4 所示。

图 7.4 中, $H_0(z)$ 是低通滤波器; $H_{M-1}(z)$ 是高通滤波器; $H_1(z)\cdots H_{M-2}(z)$ 是带通滤波器。这 M 个滤波器将信号 $x(n)$ 的频谱 $(-\pi,\pi)$ 分成了 M 份,因此得到了 M 个子带信号 $x_0(n),\cdots,x_{M-1}(n)$,它们的频率范围和 $H_0(z),\cdots,H_{M-1}(z)$ 的通带频率一致。

图 7.4 中 $\downarrow M$ 表示对 $x_0(n),\cdots,x_{M-1}(n)$ 分别作 M 倍的抽取,即将其抽样频率降低 M 倍。假定 $x(n)$ 的抽样频率是 f_s ,由于通过子带分解后 $x_0(n),\cdots,x_{M-1}(n)$ 的带宽仅是 $x(n)$ 的 $1/M$,因此抽样频率可降低 M 倍,这样,抽取后的信号 $v_0(n),\cdots,v_{M-1}(n)$ 的抽样频率是 f_s/M 。因此

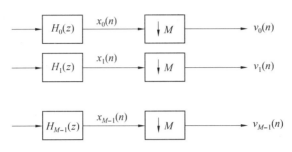

图 7.4　一个 M 通道的分析滤波器组(信号的子带分解)

可以看出,图 7.4 的系统是一个多抽样率系统(Multirate System)。近 30 年来,多抽样率系统的理论发展非常迅速,并取得了广泛的应用。由后面的讨论可知,在 $v_0(n),\cdots,v_{M-1}(n)$ 的后面再加上 M 个综合滤波器,则可将 $x(n)$ 恢复。

对信号作这样的分解的原因主要有两点:

其一是由信号的自然特征所决定的。除了白噪声,一个实际的物理信号绝不可能在 $0 \sim \pi$ 的范围内有着均匀的谱。既然信号的能量在不同的频带有着不同的分布,自然需要对它们分别对待。例如,对能量大的频段所对应的信号给予较长的字长,对能量少的频段所对应的信号给予较短的字长,从而达到信号压缩的目的,这实际上是对信号分层量化的概念。再例如,对不同频段所对应的信号还可给予不同的加权,或给予不同的去噪处理等。

其二是实际工作的需要。半导体技术特别是数字信号处理器(Digital Signal Processor, DSP)的飞速发展,为一维信号和二维图像的实时处理提供了可能。高速器件的发展推动了新的信号处理理论的发展。这些发展给现实生活带来了许多革命性的变化,如语音信箱、自动翻译机、可视电话、会议电视、远程医疗、高清晰度电视、数字相机、移动电话、便携式个人生理参数监护仪(如心电 Holter、脑电 Holter)等。所有这些应用领域都要涉及信号的滤波、变换、特征提取、编码、量化、压缩等众多环节中的一个或几个,而这些环节均离不开信号的分解。

(5)信号的多分辨率分析。

图 7.5 中的 M 个滤波器将 $x(n)$ 的频谱($0 \sim \pi$)均匀地分成了 M 等份,因此称其为均匀分析滤波器组。在实际工作中,有时需要对信号的频谱做非均匀分解,目的是适应在不同频段对时域和频域分辨率的要求。图 7.5 是由 3 个两通道分析滤波器组级联而成的多分辨率分析系统,它可实现信号的二进制分解。图 7.5 中 $H_0(z)$ 是低通滤波器,通带在 $0 \sim \pi/2$ 之间; $H_1(z)$ 是高通滤波器,通带在 $\pi/2 \sim \pi$。

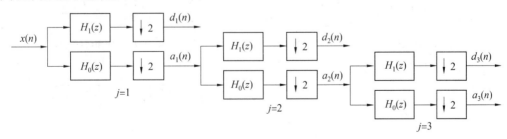

图 7.5　信号的二进制分解

显然, $a_1(n)$ 是低通信号,频率范围为 $0 \sim \pi/2$,而 $d_1(n)$ 是高通信号,频率范围为 $\pi/2 \sim \pi$,这是信号分解的第 1 级,记作 $j=1$;当 $j=2$ 时,由于是对 $a_1(n)$ 做分解,所以 $a_2(n)$ 是该级的低通信号,频率范围为 $0 \sim \pi/4$,而 $d_2(n)$ 是该级的高通信号,频率范围为 $\pi/4 \sim \pi/2$;同理,当 $j=3$

时,$a_3(n)$是低通信号,频率范围为 $0 \sim \pi/8$,而 $d_3(n)$ 是高通信号,频率范围为 $\pi/8 \sim \pi/4$。由此可以看出,每一次分解,$a_j(n)$ 的频率范围都比 $a_{j-1}(n)$ 的减少一半,因此,这种分解方式又称为信号的二进制分解。频带的二进制分解的过程如图 7.6 所示,图中假定 $x(n)$ 的抽样频率为 200 Hz。

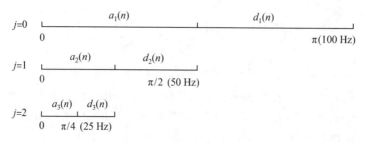

图 7.6　频带的二进制分解

由上述分解过程可知,每一次的分解都是对低频部分作分解,而对高频部分没有分解。由于 $d_1(n)$ 处在最高频段,且频带最宽,因此 $d_1(n)$ 相对其他子带信号应具有最好的时间分辨率及最差的频率分辨率。由于 $d_2(n)$ 所处的频段位置较 $d_1(n)$ 降低,且频带减半,因此时域分辨率变差而频域分辨率变好。同理,可分析 $d_3(n)$ 及 $a_1(n)$,$a_2(n)$,$a_3(n)$ 的时间、频率分辨率的情况。由于频带的不均匀剖分产生了不同的时间、频率分辨率,因此上述分解方法称为信号的多分辨率(Multiresolution)分析。同时,这一分解过程也正好满足实际要求,即对快变信号需要好的时间分辨率(忽视频率分辨率),而对慢变信号可以忽视时间分辨率,从而得到好的频率分辨率。

多分辨率分析也可从下述的角度来理解。如果对图 7.5 中的 $x(n)$ 及各个子带信号作 DFT,且作 DFT 的长度都一样,假如是 N,那么每一个子带信号的频率分辨率是不一样的。对信号 $x(n)$ 的频率分辨率是 f_s/N,对 $a_1(n)$,$d_1(n)$ 的频率分辨率是 $f_s/2N$,提高了一倍,对 $a_2(n)$,$d_2(n)$ 是 $f_s/4N$,对 $a_3(n)$,$d_3(n)$ 是 $f_s/8N$。

7.2.2　在线监测

在线监测系统主要是由被测物理量(信号)的监测、调理、变换、传输、处理、显示、记录等多个环节组成的完整的系统。电力设备在线监测系统原理框图如图 7.7 所示

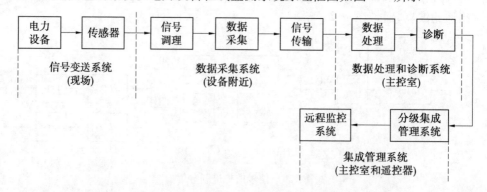

图 7.7　电力设备在线监测系统原理框图

信号变送系统是通过传感器从电力设备上监测出反映设备状态的物理量和化学量转化为电信号;数据采集系统是把电信号经过放大、A/D 转换等功能,变换成标准信号以便传输;信

号传输单元采用数字信号传输或光信号传输,使监测到的信号无畸变、有效地传输到主控室的数据处理单元;数据处理和诊断系统是把监测信号进行处理和分析,对设备的状态做出诊断和判定;集成管理系统就是把诊断数据接收到集成系统(如 Scada 系统),或者通过专用电缆或互联网往几十千米、几百千米以外的远程监测系统发送诊断数据和接收指令。

1. 传感器

传感器是一种装置,能完成检测任务,它的输出量是与某一被测量有对应关系的量,且具有一定的精度,被测量包括物理量、光、电气、化学量、生物量等。

传感器按用途可分为位移、压力、温度、振动、电流、电压、气体等。

表征传感器输出与输入之间关系的特性,称之为传感器的一般特性。当输入量为常量或变化缓慢的信号时称为静特性。当输入量随时间变化较快时,称为动特性(频率响应特性)。传感器的静态特性包括:

(1)线性度:指传感器输出量和输入量间的实际关系与它们的拟合直线(可用最小二乘法确定)之间的最大偏差与满量程输出值之比。线性度低,会产生系统误差。

(2)迟滞:指传感器正向特性和反向特性不一致的程度。迟滞大,会产生系统误差。

(3)重复性:指当传感器的输入量按同一方向作全量程连续多次变动时,静态特性不一致的程度。重复性差会产生随机误差。

(4)精度:表明传感器的准确度。一般来说,它主要由传感器的线性度、迟滞、重复性三种特性构成。

(5)灵敏度:指传感器对输入量变化反应的能力,通常由传感器的输出变化量 Δy 与输入变化量 Δx 之比来表征,即

$$S = \frac{\Delta y}{\Delta x} \tag{7.19}$$

灵敏度数值大,表示相同的输入改变量引起的输出变化量大,则传感器的灵敏度高。

(6)分辨力:亦称灵敏度阈,表征传感器有效辨别输入量最小变化量的能力。当用满量程的百分数表示时称为分辨率。

(7)稳定性:指在规定工作条件范围内,在规定时间内传感器性能保持不变的能力。一般分为温度稳定性、抗干扰稳定性和时间稳定性等。

2. 数据采集系统

数据采集系统的功能是采集来自传感器的各种电信号,并将其送往数据处理和诊断系统对监测到的数据进行分析、处理。数据的分析、处理一般是由微机配合相应的软件进行,而送入微机的信号应是数字信号,故应将传感器送出的信号预先进行模、数转换。此外,为提高监测系统的监测灵敏度,还需采取一些抗干扰措施以提高信号的信噪比。

(1)放大器。

由于传感器受到体积、功耗及转换效率等因素的限制,通常传感器的输入信号都比较弱,并且在传输过程中容易受环境的电磁干扰,很难直接用来进行显示和记录。为此,在测量系统中通常需对信号进行放大处理。一般是在传感器之后,配置前置放大电路。对有用信号进行放大,对噪声进行抑制(对于有些不受体积限制的传感器可以采取把放大电路装在其内部的方式),所以一般情况下,放大器是传感器后处理电路的第一个环节。

对放大器的基本要求是:线性好,增益高,转换速率高,抗干扰能力强,输入阻抗高(最好

在 60 MΩ 以上），输出阻抗尽量小，这样便于信号的匹配和传输。

（2）采样保持电路。

采样保持电路通常由保持电容器、输入输出缓冲放大器、逻辑输入控制的开关电路等组成。

① A/D 转换与 D/A 转换器原理。

A/D 转换器（Analog-to-Digital Converter），又称模/数转换器，它是将模拟量（连续变化的信号）转换成数字量（断续变化的信号）的器件。A/D 转换又称之为模拟量的离散化。D/A 转换器（Digital-to-Analog Converter），又称数/模转换器，它的作用与 A/D 转换器相反，是将数字量转换成模拟量的器件。

② 采集系统。

为了满足现代科学实验和生产过程中测量精度高、测量路数多、速度快、结果显示和打印形式多样化的要求，通常需要采用现代化的数据采集系统来完成。现代数据采集系统是由包括计算机在内的一些模块组成。由于集成度很高，模块不需要很多，因此结构紧凑，可靠性高。现代的数据采集系统由于对数据具有计算、分析和判断的能力，因此又称为自动数据采集分析系统、智能测量系统。

3. 信号传送与电磁干扰抑制

在线监测系统的信号不仅包括从传感器来的待测信号，而且还有来自微机的控制信号（一般是数字信号）。这些信号需在各个系统间、单元间，甚至部件间进行传递，如何保证在传递过程中不受其他信号（包括外界干扰信号）所干扰，以避免信号的畸变或误动作，是要认真考虑的问题。通常信号传送的方式有串行传输方法、并行传输方法和光电光纤传输方法。

7.3　数据融合技术

根据国外研究成果，信息融合比较确切的定义可概括为：利用计算机技术对按时序获得的若干传感器的观测信息并在一定准则下加以自动分析、综合以完成所需的决策和估计任务而进行的信息处理过程。

7.3.1　数据融合的级别

按照数据抽象的 3 个层次，融合可分为三级，即像素级融合、特征级融合和决策级融合。

1. 像素级融合

像素级融合是直接在采集到的原始数据层上进行的融合，在各种传感器的原始测报未经预处理之前就进行数据的综合和分析。这是最低层次的融合，如成像传感器中通过对包含若干像素的模糊图像进行图像处理和模式识别来确认目标属性的过程就属于像素级融合。这种融合的主要优点是能保持尽可能多的现场数据，提供其他融合层次所不能提供的细微信息。但局限性也很明显：

（1）它所要处理的传感器数据量太大，故处理代价高，处理时间长，实时性差；

（2）这种融合是在信息的最低层进行的，传感器原始信息的不确定性、不完全性和不稳定性要求在融合时有较高的纠错处理能力；

（3）要求各传感器信息之间具有精确到一个像素的校准精度，故要求各传感器信息来自同质传感器；

（4）数据通信量较大，抗干扰能力较差。

（5）像素级融合通常用于：多源图像复合、图像分析和理解；同类（同质）雷达波形的直接合成；多传感器数据融合的卡尔曼滤波等。美国海军 20 世纪 90 年代初在 SSN-691 潜艇上安装了第一套图像融合样机，它可使操作员在最佳位置上直接观察到各传感器输出的全部图像、图表和数据，同时又可提高整个系统的战术性能。

2. 特征级融合

特征级融合属于中间层次，它先对来自传感器的原始信息进行特征提取（特征可以是目标的边缘，方向，速度等），然后对特征信息进行综合分析和处理。一般来说，提取的特征信息应是像素信息的充分表示量或充分统计量，然后按特征信息对多传感器数据进行分类、汇集和综合。特征级融合的优点在于实现了可观的信息压缩，有利于实时处理，并且由于所提取的特征直接与决策分析有关，因而融合结果能最大限度地给出决策分析所需要的特征信息。目前大多数 C³I 系统的数据融合研究都是在该层次上展开的。特征级融合可划分为两大类：目标状态数据融合和目标特性融合。

特征级目标状态数据融合主要用于多传感器目标跟踪领域。融合系统首先对传感器数据进行预处理以完成数据校准，然后主要实现参数相关和状态向量估计。

特征级目标特性融合就是特征层联合识别，具体的融合方法仍是模式识别的相应技术，只是在融合前必须先对特征进行相关处理，把特征向量分类成有意义的组合。

3. 决策级融合

决策级融合是一种高层次融合，其结果为指挥控制决策提供依据，因此，决策级融合必须从具体决策问题的需求出发，充分利用特征级融合所提供的测量对象的各类特征信息，采用适当的融合技术来实现。决策级融合是三级融合的最终结果，是直接针对具体决策目标的，融合结果直接影响决策水平。

决策级融合的主要优点有：

（1）具有很高的灵活性；

（2）系统对信息传输带宽要求较低；

（3）能有效地反映环境或目标各个侧面的不同类型信息；

（4）当一个或几个传感器出现错误时，通过适当的融合，系统还能获得正确的结果，所以具有容错性；

（5）通信量小，抗干扰能力强；

（6）对传感器的依赖性小，传感器可以是同质的，也可以是异质的；

融合中心处理代价低。但是，决策级融合首先要对原传感器信息进行预处理以获得各自的判定结果，所以预处理代价高。

7.3.2　数据融合的技术和方法

数据融合作为一种数据综合和处理技术，实际上是许多传统学科和新技术的集成和应用，若从广义的数据融合定义出发，其中包括通信、模式识别、决策论、不确定性理论、信号处理、估计理论、最优化技术、计算机科学、人工智能和神经网络等。为了进行数据融合，所采用的信息表示和处理方法均来自这些领域。从信息融合的功能模型可以看到，融合的基本功能是相关、估计和识别，重点是估计和识别。典型应用是目标跟踪和识别。目标识别的技术又可应用到行为估计中。

有时,多传感器数据融合并不需要用统计方法直接模拟观测数据的随机形式,而是依赖于观测参数与目标身份之间的映射关系来对目标进行标识,这类方法称为基于信息论的融合方法,如模板法、聚类分析法、自适应神经网络和表决法等。除模板法外,对其他方法下面都有介绍。

1. 聚类分析理论在多传感器数据融合中的应用

聚类分析法是一组启发式算法,在模式类数目不是精确知道的标识性应用中,这类算法很有用处。聚类分析算法(图7.8)按某种聚类准则将数据分组(聚类),并由分析员把每个数据组解释为相应的目标类。例如,雷达的脉冲重复区间参数和无线电频率可用来区分不同型号的雷达,当一个或多个传感器观测到一个现象(如不同型号的雷达)时,就选择传感器数据,通过一个聚类分析算法将这些数据按类(如雷达型号)分组,可以把这些数据组解释为表示目标类的隶属关系。已经提出来的分类算法有分层聚集法、迭代分割法、分层设计法、因素分析法和图论法等。

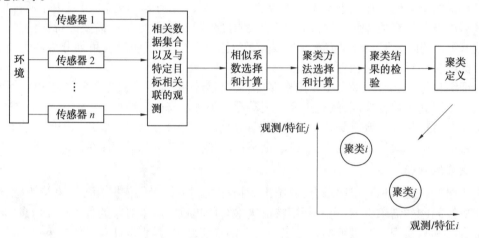

图 7.8　多传感器数据融合的聚类分析方法

为了聚类必须有一个聚类准则,如把各种各样的相似性或距离度量作为数据样本的聚类准则。例如,相距30 km的飞机一般不可能聚成一类,而相距100 km的舰船则很可能属于同一个舰队。对聚类可以分级或不分级,视聚类的复杂性。在聚类过程中可以加入启发式知识或人机交互选择某些聚类参数,以提高聚类速度。最近提出的一种自适应距离聚类算法是一种比较好的方法,在聚类过程中由算法根据实际观测到的聚类结构自动修改所使用的相似性度量。

接下来的问题是如何寻找聚类。一般是把相似数据集中在一起成为一些可识别的组,并从数据集中分离出来,众多的不同特征数据可用不同的结果聚类来表征。包含在特征空间中的某个模式集(聚类)的模式密度一般要比其周围区域中的模式密度大。目前已经提出了许多聚类方法,各种聚类方法的过程可用下面5个基本步骤来描述。

步骤1　从观测数据中选择一些样本数据。

步骤2　定义特征变量集合以表征样本中实体。

步骤3　计算数据的相似性,并按照一个相似性准则划分数据集。通常用一个预先规定的相似性度量与一个或几个值相比较的办法,把认为相似的模式分在同一类中。

步骤4　检验划分成的类对于实际应用是否有意义,即检验各模式的子集是否很不相同(如根据各聚类之间的距离或者相关性),若不是,则合并相似子集。

步骤5　反复将产生的子集加以划分,并对划分结果使用步骤4检验,直到再没有进一步的细分结果,或者直到满足某种停止准则为止。至于停止规则,可以是所建立的聚类数目已满足关于类的总数的一种先验知识,或者已达到限定的计算时间或数据存储量。

当选定一种相似性度量、差别检验以及停止规则后,就可得到一种特定的聚类分析算法。令 X_i 和 X_j 是两个给定的样本,它们的分量分别为 $X_{i1}, X_{i2}, \cdots, X_{in}$ 和 $X_{j1}, X_{j2}, \cdots, X_{jn}$。几种常见的相似性度量:

(1)点积

$$X_i \cdot X_j = |X_i| \cdot |X_j| \cdot \cos(X_i, X_j) \tag{7.20}$$

(2)相似性比

$$S(X_i, X_j) = \frac{X_i \cdot X_j}{X_i \cdot X_i + X_j \cdot X_j - X_i \cdot X_j} \tag{7.21}$$

(3)加权的欧几里得距离

$$d(X_i, X_j) = \sum_{k=1}^{n} W_k (X_{ik} - X_{jk})^2 \tag{7.22}$$

(4)不加权的欧几里得距离

$$d(X_i, X_j) = \sum_{k=1}^{n} (X_{ik} - X_{jk})^2 \tag{7.23}$$

(5)布尔"与"运算(或加权布尔"与"运算)

$$S(X_i, X_j) = \sum_{k=1}^{n} X_{ik} \cap X_{jk} \tag{7.24}$$

(6)规范化的相关系数

$$dep(X_i, X_j) = \frac{X_i \cdot X_j}{\sqrt{(X_i \cdot X_i) + (X_j \cdot X_j)}} \tag{7.25}$$

聚类分析算法主要用于目标识别和分类。然而,由于在聚类过程中加入了启发和交互,从而使它带有很大的主观倾向性。一般说来,相似性度量的定义、聚类算法的选择、数据的排列方位,甚至输入数据的次序,都可能影响聚类结果。Aldenderfer 和 Blashfield 用实例分析了这些因素的影响。因此,在使用聚类分析方法时应对其有效性和可重复性进行分析,以形成有意义的属性聚类结果。

2.人工神经网络(ANN)在多传感器数据融合中的应用

人工神经网络是一种试图仿效生物神经系统处理信息的新型计算模型。一个神经网络由多层处理单元或节点组成,可以用各种方法互联。图 7.9 表示一个具有三层节点的 ANN,输入的数据向量经过 ANN 的非线性变换,得到一个输出向量。这样一种变换能够产生从数据到标识分类的映射类型,从而使 ANN 能够用来把多传感器的数据变换为一个实体的联合标识说明。可见,ANN 以其特有的并行性和学习方式,提供了一种完全不同于传统的基于统计理论的数据融合方法。

在指挥和控制等多传感器数据融合系统中,ANN 的输入向量可能是与一个目标有关的测量参数集(如目标的 ESM 数据、红外特征、距离、距变率,以及前后关系数据,如根据图像和情报得出的目标相对尺寸等)。输出可能是目标身份,也可能是推荐的响应或行动。最近,ANN 在数据融合中的应用例子有:将载体与发射机关联(根据观测到的有关雷达的 PRI,RF 等数据来识别载体类型),以及声呐模式识别等。许多例子表明,经网络理论的融合方法优于传统的聚类分析方法,尤其是当输入数据中带有噪声或数据不完整时。然而,要真正让神经网络方法在实际的融合系统中得到应用,无论是在网络结构设计或是算法规则方面,还有许多基础工作有待解决,如网络模型,网络的层次和每一层的节点数,神经网络方法与传统分类方法的关系和综合应用等。

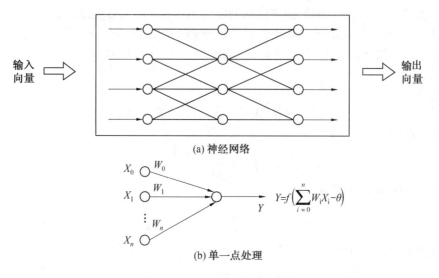

(a) 神经网络

(b) 单一点处理

图 7.9　人工神经网络的基本原理

7.4　数据挖掘

　　数据挖掘过程可以与用户或知识库交互,将有趣的模式提供给用户,或作为新的知识放在知识库中(图 7.10)。比较广义的定义是:数据挖掘是从存放在数据库、数据仓库或其他信息库中的大量的数据中挖掘有趣知识的过程。

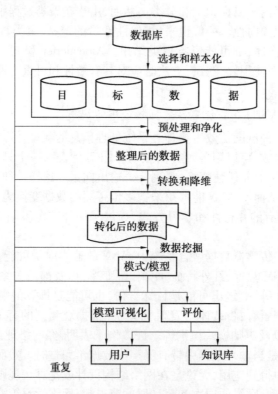

图 7.10　KDD 的步骤

按照这样的观点,典型的数据挖掘系统具有如下组成(图7.11)。

(1)数据库、数据仓库或其他信息库:这是一个或一组数据库、数据仓库、电子表格或其他类型的信息库。可以在此数据集上进行数据清理和集成。

(2)数据库或数据仓库服务器:根据用户的数据挖掘请求,数据库或数据仓库服务器负责提取相关数据。

(3)知识库:存放领域知识,用于指导搜索,或评估结果模式的兴趣度。这种知识可能包括概念分层,用于将属性或属性值组成不同的抽象层。用户确信度方面的知识也可以包含在内。可以使用这种知识,根据非期望性评估模式的兴趣度。领域知识的其他例子有兴趣度限制或阈值和元数据(例如,描述来自多个异种数据源的数据)。

(4)数据挖掘引擎:数据挖掘的基本组成部分,由一组功能模块组成,用于特征化、关联、分类、聚类分析以及演变或偏差分析。

(5)模式评估模块:通常使用兴趣度来测试,并与数据挖掘模块交互,以便将搜索限制在有趣的模式上。可以使用兴趣度阈值过滤所发现的模式。模式评估模块也可以与挖掘模块集成在一起,其不同在于所用的数据挖掘方法的实现。但是,有效的数据挖掘应将模式评估集成到数据挖掘的一定过程之中,从而可使搜索限制在感兴趣的模式上。

(6)图形用户界面:本模块在用户和数据挖掘系统之间通信,允许用户与系统交互,指定数据挖掘查询或任务,提供信息,帮助搜索聚焦,根据数据挖掘的中间结果进行探索式数据挖掘。此外,该模块还允许用户浏览数据库和数据仓库模式或数据结构,评估挖掘的模式,以不同的形式对模式进行可视化。

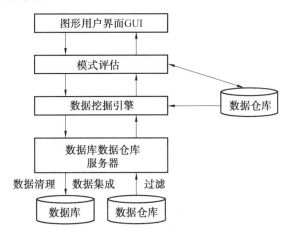

图7.11 典型的数据挖掘系统的结构

数据仓库是系统地组织、理解和使用数据的一种结构和工具。粗略地说,数据仓库也是一个数据库,它与某部门所有的操作数据库分别维护。数据仓库系统可将各种应用系统集成在一起,为统一的历史数据分析提供平台。数据仓库有多种定义,较为公认的定义为:数据仓库是一个面向主题的、集成的、时变的、非易失的数据集合,以支持部门的决策。所谓面向主题的,是指数据仓库围绕某个主题,剔除无用的数据,提供特定主题的简明视图。所谓集成的,是指数据仓库通常是多个异种数据源中的各种数据的集成。所谓时变的,是指数据仓库中的数据为历史数据,其关键结构隐式地或显式地包含着时间因素。所谓非易失的,是指数据仓库物理地分离式地存放数据,数据仓库中不需要事务处理、恢复和并发控制机制。

　　数据仓库的应用包括信息处理、分析处理和数据挖掘。其中,信息处理支持查询和基本的统计分析,并使用交叉表、表、图、图表进行报告。分析处理支持基本的 OLAP 操作,包括切片与切块、下钻、上卷和转轴,支持多维数据分析。数据挖掘支持知识发现,可以找出隐藏的模式和关联关系,构造分析模型,进行分类和预测,并用可视化工具提供挖掘结果。从数据仓库的观点,数据挖掘可以看成联机分析处理(OLAP)的高级阶段。然而,通过更高级的数据理解工具,数据挖掘比数据仓库的汇总型的分析处理更为先进。

　　数据挖掘是一个交叉的学科领域,包括了数据库技术、统计学、机器学习、可视化和信息科学。数据挖掘中主要采用的技术有神经网络、模糊理论、粗糙集理论、知识表示、归纳逻辑和高性能计算等。依赖所挖掘的数据类型或给定的数据挖掘应用,数据挖掘系统也可能集成空间数据分析、信息检索、模式识别、图像分析、信号处理、计算机图形学、Web 技术、数据可视化及经济、商业、生物信息学或心理学等领域的核心技术。通过数据挖掘,可以从数据库中提取有趣的知识、规律和信息,并可以从不同的角度观察和浏览。所发现的知识可用于决策、信息管理、查询处理、过程控制等等。因此,数据挖掘是当今信息技术学科最前沿的领域之一。

7.4.1　数据挖掘的分类

　　数据挖掘是一个交叉性的学科领域,涉及数据库技术、统计学理论、机器学习技术、模式识别技术、可视化理论和技术等。由于所用的数据挖掘方法的不同、所挖掘的数据类型与知识类型的不同、数据挖掘应用的不同,从而产生了大量的、各种不同类型的数据挖掘系统。掌握数据挖掘系统的不同分类,可以帮助用户确定最适合的数据挖掘系统。

　　1. 基于数据库类型的分类

　　数据挖掘系统可以根据所挖掘数据库类型的不同来分类。

　　根据数据模型分类,有关系型数据挖掘系统、对象型数据挖掘系统、对象-关系型数据挖掘系统、事务型数据挖掘系统、数据仓库的数据挖掘系统等。下面简要介绍其中几种数据库。

　　(1)关系型数据库。

　　关系数据库是表的集合,每个表都赋予一个唯一的名字。每个表包含一组属性(列或字段),并通常存放大量元组(记录或行)。关系中的每个元组代表一个被唯一的关键字标识的对象,并被一组属性值描述。语义数据模型,如实体—联系(ER)数据模型,将数据库作为一组实体和它们之间的联系进行建模。关系数据可以通过数据库查询访问。数据库查询使用如 SQL 这样的关系查询语言,或借助于图形用户界面书写。一个给定的查询被转化成一系列关系操作,如连接、选择和投影,并被优化,以便有效地处理。查询可以检索数据的一个指定的子集。

　　假定你的工作是分析 AllElectronics 的数据。通过使用关系查询,你可以提这样的问题:"显示上个季度销售的商品的列表"。关系查询语言也可以包含聚集函数,如 sum,avg(平均),count,max(最大)和 min(最小)。这些使得你可以问"给我显示上个月的总销售数,按分店分组",或"多少销售事务出现在 12 月份?",或"哪一位销售人员的销售数最高?"。当数据挖掘用于关系型数据库时,你可以进一步搜索趋势或数据模式。例如,数据挖掘系统可以分析顾客数据,根据顾客的收入、年龄和以前的信用信息预测新顾客的信用风险。数据挖掘系统也可以检测偏差,如与以前的年份相比,哪种商品的销售出人意料。这种偏差可以进一步考察(例如,包装是否有变化,或价格是否有大幅度提高)。

(2)事务型数据库。

一般地说,事务数据库由一个文件组成,其中每个记录代表一个事务。通常一个事务包含一个唯一的事务标识号(trans_ID)和一个组成事务的项的列表(如在商店购买的商品)。事务数据库可能有一些与之相关联的附加表,包含关于销售的其他信息,如事务的日期、顾客的ID 号、销售者的 ID 号、销售分店等等。

【例7.1】　事务可以存放在表中,每个事务一个记录。AllElectronics 的事务数据库的片段在图7.12 中给出。从关系数据库的观点,图 7.12 的销售表是一个嵌套的关系,因为属性 list of item_IDs 包含 item 的集合。由于大部分关系数据库系统不支持嵌套关系结构,事务数据库通常存放在一个类似于图7.12 中的表格式的展开文件中。

Sales

Trans ID	list of item IDs
T100…	I1,I3,I8,I16…

图 7.12　AllElectronics 销售事务数据库的片段

作为 AllElectronics 数据库的分析者,你想问"显示 Sandy Smith 购买的所有商品"或"有多少事务包含商品号 I3?"。回答这种查询可能需要扫描整个事务数据库。

假定你想更深地挖掘数据,问"哪些商品适合一起销售?"。这种"购物篮数据分析"使你能够将商品捆绑成组,作为一种扩大销售的策略。例如,给定打印机与计算机一起销售的知识,你可以向购买选定计算机的顾客提供一种昂贵的打印机打折销售,希望销售更多较贵的打印机。常规的数据检索系统不能回答上面这种查询。然而,通过识别频繁地一起销售的商品,事务数据的数据挖掘系统可以做到。

(3)对象型数据库。

面向对象的数据库基于面向对象的程序设计范例。用一般术语,每个实体被看作一个对象。对于 AllElectronics 例子,对象可以是每个雇员、顾客和商品。涉及一个对象的数据和代码封装在一个单元中。每个对象关联:

● 一个变量集,它描述数据。这对应于实体–联系和关系模型的属性。

● 一个消息集,对象可以使用它们与其他对象或与数据库的其他部分通信。

● 一个方法集,其中每个方法存放实现一个消息的代码。一旦收到消息,方法就返回一个响应值。例如 get_photo(employee)的方法将检索并返回给定雇员对象的照片。

共享公共特性集的对象可以归入一个对象类。每个对象都是其对象类的实例。对象类可以组成类/子类层次结构,使得每个类代表该类对象共有的特征。例如,类 employee 可以包含变量 name,address 和 birthdate。假定 sales_person 是 employee 的子类,一个 sales_person 对象将继承其超类 employee 的所有变量。此外,它还具有作为一个销售人员特有的变量(例如 commission),这种继承特性有利于信息共享。

(4)数据仓库。

假定 AllElectronics 是一个成功的跨国公司,分布遍及世界,每个分部都有一组数据库。AllElectronics 的总裁要你提供公司第三季度每种商品、每个分部的销售分析。这是一个困难的任务,特别是当相关数据散步在多个数据库,而这些数据又存放在许多站点时。

如果 AllElectronics 有个数据仓库,该任务将变得非常容易。数据仓库是从多个数据源收集的信息存储,存放在一个一致的模式下,并通常留驻在单个站点。数据仓库通过数据清理、数据变换、数据集成、数据装入和定期数据刷新来构造。图7.13 给出了 AllElectronics 的数据仓库的基本结构。

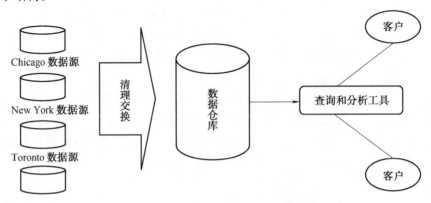

图 7.13　AllElectronics 典型的数据仓库结构

为便于作出决策,数据仓库的数据围绕诸如顾客、商品、供应商和活动等主题组织,数据存储,从历史的角度提供信息,并且是汇总的。例如,数据仓库不是存放每个销售实物的细节,而是存放每个商店,或汇总到较高层次的每个销售地区每类商品的销售事务汇总。

通常,数据仓库用多维数据库结构建模。其中,每一维对应于模式中的一个或一组属性,每个单元存放某个聚集度量值,如 count 或 sales_amount。数据仓库的实际物理结构可以是关系数据存储或多维数据立方体(data cube)。它提供数据的多维视图,并允许预计算和快速访问汇总的数据。

【例 7.2】　AllElectronics 的汇总销售数据立方体在图 7.14(a)中。该数据立方体有三维:address(城市值 Chicago,New York,Toronto,Vancouver),time(季度值 Q1,Q2,Q3,Q4)和 items(商品类型值 home entertainment,computer,phone,security),存放在立方体的每个单元的聚集值是 sales_amount(单位:$1000)。例如,安全系统第一季度在 Vancouver 的总销售为 $400 000,存放在<Vancouver,Q1,security>中,其他立方体可以用于存放每一维上的聚集和,对应于使用不同的 SQL 分组得到的聚集值(例如,每个城市和季度的、每个季度和商品的或每一维的总销售量)。

你可能会问:"我还听说过数据集市。数据仓库和数据集市的区别是什么?"数据仓库收集了整个组织的主题信息,因此,它是企业范围的。另一方面,数据集市(Data Mart)是数据仓库的一个部门子集。它聚焦在选定的主题上,是部门范围的。

通过提供多维数据视图和汇总数据的预计算,数据仓库非常适合联机分析处理(OLAP)。OLAP 操作使用数据的领域背景知识,允许在不同的抽象层提供数据,这些操作适合不同的用户。OLAP 操作的例子包括下钻(Drill-down)和上卷(Roll-up),它们允许用户在不同的汇总级别观察数据,如图 7.14(b)所示。例如,可以对按季度汇总的销售数据下钻,观察按月汇总的数据。类似地,可以对按城市汇总的销售数据上卷,观察按国家汇总的数据。

尽管数据仓库工具对于支持数据分析是有帮助的,但是仍需要更多的数据挖掘工具,以便进行更深入的自动分析。

根据所处理数据的特定类型分类,有演绎数据挖掘系统、空间数据挖掘系统、时间序列数据挖掘系统、空时数据挖掘系统、多媒体数据挖掘系统、文本数据的数据挖掘系统、WWW 数据挖掘系统等。

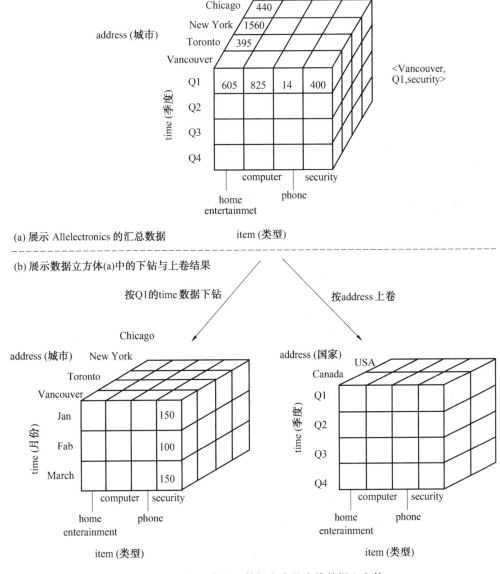

图 7.14　一个通常用于数据仓库的多维数据立方体

下面简要介绍其中的几种数据库。

（1）空间数据库。

空间数据库包含涉及空间的信息。这种数据库包括地理（地图）数据库、VLSI 芯片设计数据库、医疗和卫星图像数据库。空间数据库可能以光栅格式（Raster Format）提供，由 n 维位图或像素图构成。例如，每个像素存放一个给定区域的降雨量。地图也可以用向量格式提供，其中，路、桥、建筑物和湖泊可以用诸如点、线、多边形和这些形状形成的分化和网络等基本地理结构表示。

地理数据库有大量应用，包括从森林和生态规划，到关于提供电缆和电话、管道和下水道系统位置在内的公共信息服务。此外，地理数据库还用于车辆导航和调度系统。例如，一个用于出租车的系统可以存储一个城市的地图，提供关于单行道、交通拥挤时从区域 A 到区域 B 的建议路径、饭店和医院的位置以及每个司机的当前位置等信息。

数据挖掘可以发现描述特定类型地点(如公园)的房屋特征。其他模式可能描述不同海拔高度山区的气候或根据城市离主要公路的距离描述都市贫困率的变化趋势。此外,可以构造"空间数据立方体",将数据组织到多维结构和层次中,OLAP操作(如上卷和下钻)可以在其上进行。

(2)时间数据库和时间序列数据库。

时间数据库和时间序列数据库都存放与时间有关的数据。时间数据库(Temporal Database)通常存放包含时间相关属性的数据。这些属性可能涉及若干时间戳,每个都具有不同的语义。时间序列数据库(Time-series Database)存放随时间变化的值序列,如收集的股票交易数据。

数据挖掘技术可以用来发现数据库中对象演变特征或对象变化趋势。这些信息对于决策和规划是有用的。例如,银行数据的挖掘可能有助于根据顾客的流量安排银行出纳员。可以挖掘股票交易数据,发现可能帮助你制定投资策略的趋势(例如,何时是购买AllElectronics的股票的最佳时机)。通常,这种分析需要定义时间的多粒度。例如,时间可以按财政年、学年或日历年分解,而年可以进一步分解成季度或月。

(3)文本数据库和多媒体数据库

文本数据库是包含对象文字描述的数据库。通常这种词描述的不是简单的关键词,而是长句子或短文,如产品介绍、错误或故障报告、警告信息、汇总报告、笔记或其他文档。文本数据库可能是高度非结构化的(如WWW上的网页)。有些文本数据库可能是半结构化的(如e-mail消息和一些HTML/XML网页),而其他的可能是良结构化的(如图书馆数据库)。通常,具有很好结构的文本数据库可以使用关系数据库系统实现。

基于文本数据库上的数据挖掘可以发现对象类的一般描述,以及关键词或内容的关联和文本对象的聚类行为。为做到这一点,需要将标准的数据挖掘技术与信息检索技术和文本数据特有的层次构造,以及面向学科的术语分类系统集成在一起。

多媒体数据库存放图像、音频和视频数据。它们用于基于图像内容的检索、声音传递、视频颠簸、WWW和识别口语命令和基于语音的用户界面等方面。多媒体数据库必须支持大对象,因为像视频这样的数据对象可能需要兆字节级的存储,还需要特殊的存储和搜索技术。

2. 基于所挖掘的知识类型的分类

数据挖掘系统可以根据所挖掘的知识类型的不同,分为特征化(Characterization)、区分(Discrimination)、关联(Association)、分类(Classification)、聚类(Clustering)、孤立点分析(异常数据)(Outlier)和演变分析(Evolution analysis)、偏差分析(Deviation analysis)、相似性分析(Similarity Analysis)等分类。其中,特征规则挖掘系统从与学习任务相关的一组数据中提取关于这些数据的特征式,特征式表达了该数据集的总体特征,即主要采集隐含于目标数据库中的特征规则集合;区分规则挖掘系统发现和提取待学习数据(目标数据的某些特征或属性),使之与对比数据区分,即采集隐含于数据库中的数据的偶然性、相关于特定模型的趋势等,形成区分模型的相似匹配的规则;关联规则挖掘系统通过关联性发现一组项目之间的关联关系和相关关系,并将这些关系表示为规则形式,即在事务型数据库和关系数据库中采集关联规则的集合;分类规则挖掘系统产生对大量数据的分类,采集相应的分类规则的集合;聚类规则挖掘系统搜索并识别一个有限种类的集合或簇集合,以描述数据,聚类也意味着基于概念聚类原理聚类一个数据集(识别一组聚类规则),以把类似的事件聚合在一起;孤立点就是不符合数据一般模式的数据对象,孤立点分析即挖掘这样的孤立点;偏差分析规则挖掘系统探测现状、历史记录或标准之间的显著变化和偏差,采集不同概念层测试的阈值,形成检测规则的集合等等。一个全面的数据挖掘系统应该提供多种的或集成的数据挖掘功能。下面重点介绍关联分析以及分类和预测。

"什么是关联分析?"关联分析(Association Analysis)发现关联规则,这些规则展示属性–值频繁地在给定数据集中一起出现的条件。关联分析广泛用于事务数据分析。

关联规则(Association Rule)是形如 $X \Rightarrow Y$,即"$A_1 \wedge \cdots \wedge A_m \Rightarrow B_1 \wedge \cdots \wedge B_n$"的规则,其中 $A_i (i \in \{1, \cdots, m\})$,$B_j (j \in \{1, \cdots, n\})$ 是属性–值对。关联规则 $X \Rightarrow Y$ 解释为"满足 X 中条件的数据库元组多半也满足 Y 中条件"。

【例 7.3】　给定 AllElectronics 关系数据库,一个数据挖掘系统可能发现如下形式的关联规则

$$\text{age}(X, ''20 \cdots 29'') \wedge \text{income}(X, ''20K \cdots 29K'') \Rightarrow \text{buys}(X, ''CD \_ player'')$$

[sup port = 2% , confidence = 60%]

其中 X 是变量,代表顾客。该规则是说,所研究的 AllElectronics 顾客 2%(支持度)在 20~29 岁,年收入 20 K~29 K,并且在 AllElectronics 购买 CD 机。这个年龄和收入组的顾客购买 CD 机的可能性有 60%(置信度或可信度)。

分类(Classification)是这样的过程,它找出描述并区分数据类或概念的模型(或函数),以便能够使用模型预测类标记未知的对象类。导出模型是基于训练数据集(即其类标记已知的数据对象)的分析。

导出模式可以用多种形式表示,如分类(IF-THEN)规则、判定树、数学公式或神经网络。判定树是一个类似于流程图的树结构,每个节点代表一个属性值上的测试,每个分支代表测试的一个输出,树叶代表类或类分布。判定树容易转换成分类规则。当用于分类时,神经网络是一组类似于神经元的处理单元,单元之间加权连接。

分类可以用来预测数据对象的类标记。然而,在某些应用中,人们可能希望预测某些空缺的或不知道的数据值,而不是类标记。当被预测的值是数值数据时,通常称之为预测(Prediction)。尽管预测可以涉及数据值预测和类标记预测,通常预测限于值预测,并因此不同于分类。预测也包含基于可用数据的分布趋势识别。

【例 7.4】　假定作为 AllElectronics 的销售经理,你想根据销售活动的三种反应,对商店的商品集合分类:好的反应、中等反应和没有反应。你想根据商品的描述特性,如 price,brand,place _ made,type 和 category,对这三类的每一种导出模型,结果分类应最大限度地区别每一个类,提供有组织的数据集图像。假定结果分类用判定树的形式表示。例如,判定树可能把 price 看作最能区分 3 个类的因素。该树可能揭示,在 price 之后,帮助你进一步区分每类对象的其他特性包括 brand 和 place_made。这样的判定树可以帮助你理解给定销售活动的影响,并帮助你设计未来更有效的销售活动。

数据挖掘系统还可以根据所挖掘知识的粒度或抽象层进行分类,包括一般性知识挖掘系统,采集隐藏于目标数据集中的数据的一般性概括的知识(高抽象层);原始层知识挖掘系统,采集隐藏于原始数据层中的数据的规律性(原始数据层);多层知识挖掘系统,在多个抽象层上采集知识。数据挖掘系统也可分类为挖掘数据规则性(通常出现的模式)和数据不规则性(如异常或孤立点)。一个高级的数据挖掘系统应当支持多抽象层的知识发现。

3. 基于所采用技术的分类

数据挖掘系统也可以根据所采用的数据挖掘技术分类。目前,基于数据挖掘技术类的分

类有自动数据挖掘系统、证实驱动挖掘系统、发现驱动挖掘系统和交互式数据挖掘系统。

（1）自动数据挖掘系统：数据挖掘系统自动地从大量的数据中发现未知的、有用的模式，是数据挖掘的高级阶段。

（2）证实驱动挖掘系统：用户根据经验创建假设（或模型），然后使用证实驱动操作测试假设（或挖掘与模型匹配的数据），测试的过程即是数据挖掘的过程。所抽取的信息可能是事实或趋势。证实驱动数据挖掘的操作有查询和报告、多维分析和统计分析。其中，查询的目的是有效地表示一个假设；报告是分析结果的说明；多维分析针对每一维的层次结构，利用特定的查询语言和可视化工具进行分析；统计分析是将统计学与数据挖掘和可视化技术结合进行数据分析。

（3）发现驱动挖掘系统：在目标数据集上利用历史数据自动创建一个模型，以预测将来的行为，模型创建的过程即是数据挖掘的过程。所挖掘的知识可能是回归或分类模型、数据库记录间的关系、误差情况等。发现驱动数据挖掘的操作有：预测模型化、数据库分割、连接分析（即关联发现）和偏差检测。其中，预测模型化是基本的发现驱动数据挖掘操作。该操作利用数据库中的历史数据，根据过去的行为信息，自动产生一个模型，以预测将来的行为。数据库分割操作将数据库自动地分类为相关联的记录的集合，汇总分类后的数据。支持数据库分割的技术是聚类。如果模型化和分割操作是建立数据的概括性描述，则连接分析就是建立数据库中的记录之间的关系。换句话说，数据库中的记录之间往往隐藏着某种关系，体现了一定的相关性，连接分析便是找出这种相关性的数据挖掘操作。支持连接分析的技术是联合发现和关联发现。偏差检测的目的是设法辨别出不适合于分割的数据，然后说明这个数据是噪声还是要做详细检测的数据，该操作与数据库分割有关。支持偏差检测的主要技术是统计技术。

基于驱动技术的两种数据挖掘技术，一种方法用于验证模型，而另一种方法用于创建模型。目前 80% ~90% 的数据挖掘系统只使用了一种方法，其中 70% 的数据挖掘系统使用了证实驱动数据挖掘。近年来，随着神经网络和人工智能技术的渗透，发现驱动数据挖掘也开始了广泛的应用。

（4）交互式数据挖掘系统：利用交互式处理方式，逐渐明确数据挖掘的目标，动态改变数据聚集及搜索方式，逐步加深数据挖掘过程的一种数据挖掘系统。

4. 基于数据挖掘方法的分类

根据所采用的数据分析方法的不同（如面向数据库的方法、面向数据仓库的方法、机器学习方法、统计学方法、模式识别方法、神经网络方法）等，也有不同的分类。如基于概括的挖掘系统，它是利用数据归纳和概括工具，对指定目标数据的一般特征和高层知识进行概括归纳的系统；基于模型的挖掘系统，即根据预测模型挖掘与模型相匹配的数据的系统；基于统计学的挖掘系统，是指针对目标数据，根据统计学原理进行挖掘的系统；基于数学理论的挖掘系统，顾名思义，该系统对目标数据的挖掘基于相应的数学理论；集成化挖掘系统，其综合了多种数据挖掘方法对目标数据进行挖掘。

5. 基于数据挖掘应用的分类

数据挖掘系统还可以根据其应用来分类，从而产生了金融数据的数据挖掘系统、电信行业的数据挖掘系统、DNA 序列数据挖掘系统、股票市场数据挖掘系统、WWW 数据挖掘系统等等。不同的应用通常需要集成对于该应用特别有效的方法。因此，普通的、全功能的数据挖掘系统并不一定适合特定领域的数据挖掘任务。

7.4.2　数据挖掘的智能计算方法

1994 年,关于神经网络、进化程序设计、模糊系统的 3 个 IEEE 国际学术委员会在美国佛罗里达州奥兰多市联合举行了"首届计算智能世界大会"(The First IEEE World Congress on Computational Intelligence,WCCI´94),把本来是不同学科领域的专家们聚在一起,进行了题为"计算智能:模仿生命"(Computational Intelligence:Imitating the Life)的主题讨论会,取得了关于计算智能的共识。继人工智能之后,计算智能犹如异军突起,吸引着众多研究开发者投身于这一新领域的开拓。尽管关于模糊逻辑、神经网络、进化程序设计的研究开发历史可以追溯到上世纪五六十年代,但它们却在计算智能共识的启示下获得了新的内涵。所使用的计算智能方法大体上包括神经计算、进化计算、免疫克隆计算和模糊计算与模糊推理。

1. 神经计算(NC)

神经计算就是在微观层次上模仿脑神经网络的功能,并具有对外界刺激/信号的自适应反应能力。但是必须先对神经网络进行训练,使它"学会"对输入刺激模式做出期望反应而具备这种自适应反应能力。神经网络的学习过程,就是一种自适应调节过程,主要是根据实际输出反应与期望反应之间的偏差 8,按照给定的学习/训练算法,对神经网络的参数 W(连接"权重")和/或 θ(阈值)进行反复的自适应调节,直到对给定输入刺激模式集中每一个模式的输出反应偏差 θ 都在允许范围以内。只有通过这样训练的神经网络,才能作为系统中的一个功能模块发挥"神经计算"的作用。

2. 进化计算(EC)

这是在微观或宏观两个不同层次上模仿生物的演化过程。即遗传算法(GA)——模仿生物通过染色体的交配及其基因的遗传变异机制来达到自适应优化的过程。进化程序设计(EP)或进化策略(ES)是受到达尔文进化论的启发,模仿自然界"物竞天择"的物种自适应进化过程。EP 和 ES 在算法上可谓大同小异,只是前者发源于美国,着眼于不同种群间的竞争;而后者则发源于德国,着眼于种群内个体的竞争。

进化计算所对应的生态学仿生原型如图 7.15 所示。其中组成群体的"染色体""种群"或"个体",实际上是一些代表给定问题可能解的数据结构。进化计算的一般算法,就是关于如何按优生法则选配"染色体""种群"或"个体"进行"繁殖",如何进行自适应变异,如何评价个体的适应性,如何保持整体优势,如何最终求得可接受的优化解等的策略及其实施步骤的描述。

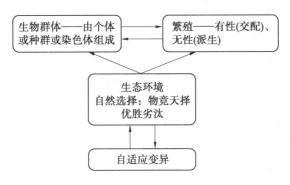

图 7.15　进化计算对应的生态学仿生原型

3. 免疫克隆计算（ICC）

免疫克隆计算是将细胞克隆选择学说的概念及其理论应用于进化策略,进一步可以认为,克隆是将一个低维空间（n 维）的问题转换到更高维（N 维）的空间中解决,然后将结果投影到低维空间（n 维）中,从而获得对问题更全面的认识。免疫克隆选择算法与普通进化算法相比,免疫克隆选择算法在记忆单元基础上运行,确保了快速收敛于全局最优解,而进化算法则是基于父代群体;其次,免疫算法通过促进或抑制抗体的产生,体现了免疫反应的自我调节功能,保证了个体的多样性,而进化算法只是根据适应度选择父代个体,并没有对个体多样性进行调解,这也是免疫策略用于改进进化算法的切入点;此外,虽然交叉、变异等固有的遗传操作在免疫算法中被广泛应用,但是免疫克隆算法新抗体的产生借助了克隆选择等传统进化算法中没有的机理。

在人工智能计算中,抗原、抗体一般分别对应于求解问题及其约束条件和优化解。因此,抗原与抗体的亲和度（即匹配程度）描述解和问题的适应程度,而抗体与抗体间的亲和度反映了不同解在解空间中的距离。亲和力就是匹配程度。那么克隆算子就是依据抗体与抗原的亲和度函数 $f(*)$,将解空间中的一个点 $ai(k) \in A(k)$ 分裂成了 qi 个相同的点 $ai'(k) \in A'(k)$,经过克隆变异和克隆选择变换后获得新的抗体群。免疫克隆算法的核心在于克隆算子的构造,在实际的操作过程中,即用克隆算子代替原进化算法中的变异和选择算子,以增加种群的多样性。在此,克隆算子具体可以描述为克隆、克隆变异和克隆选择。

（1）克隆算子。

可以直接对原有的抗体不加选择地进行克隆,也可以按照一定的比例先选出一些比较好的解进行克隆,本书选择后者。克隆规模的设定要合适,如果太大则比较耗时,反之,太小起不到克隆应有的作用,与此同时种群的规模随着改变。

（2）克隆变异算子。

本书采用高斯变异方法,为了保留抗体原始种群的信息,克隆变异并不作用到保留的原始的种群上,只作用到克隆的抗体上。

（3）克隆选择算子。

根据亲和度的大小,去除抗体群中与抗原亲和度小的抗体,从而更新抗体群,实现信息交换。

4. 模糊计算与模糊推理

可以说在计算语义变量的隶属度数值的基础上进行概念聚类,是对人类在日常生活中进行近似或非精确推断、决策能力的模拟。

从理论上讲,计算智能（CI）和传统的人工智能（AI）相比,CI 的最大特点,也是它的潜力所在是:它不需要建立问题本身的精确（数学或逻辑）模型,也不依赖于知识表示,而是直接对输入数据进行处理得出结果。以神经网络为例,只要把数据输入到一个已经训练好的神经网络输入端（相当于刺激模式）,就可以从输出端直接得到预期的结果（反应）。这个神经网络本身是一个"黑箱",问题是如何训练神经网络。但这类训练算法并非是求解问题本身的算法,而是使神经网络"学会"怎样解决问题的算法,可以说是一种准元算法;类似地,进化算法,无论是模仿生物通过遗传,还是"物竞天择"的自然进化机制来达到优化的目的,都是模仿生物进化的算法而不是根据问题本身的数学/逻辑模型来制订的算法,所以也是一种类准元算法。

上述神经网络的训练算法或进化算法,作为一类准元算法,有一个重要的特点,就是它们的计算复杂性不是完全 NP 问题,尽管它们要解决的问题可能是 NP 问题。具体说来,多层前馈神经网络的学习算法,其复杂性上界为 $O(n2)$,其中 n 为输入单元数或某一隐单元层神经元数中的较大者;对于进化算法,则为 $O(m*n)$,其中 m 为组成群体的个体数,n 为个体中可参与变异的变量数。

正是 CI 的上述特点,使它适用于解决那些用传统 AI 技术难以有效地处理甚至无法处理的问题。特别是对高维非线性随机、动态或混沌系统行为的分析、预测,例如,从反映市场价格变动及其相关诸因素的大量数据记录中发现预测模型。

7.4.3　数据挖掘的支撑技术

数据挖掘融合了人工智能、统计及数据库等多种学科的理论、方法和技术,这些学科中的多数技术和方法都可以直接应用在数据挖掘的过程中。例如,在统计中,除了实验设计和数据挖掘的关系不大,几乎所有其他的方法,如概率分布、估计、一致性、不确定性、鲁棒性、假设检验、回归分析、相关分析、主成分分析、马尔可夫链、基于案例的推断、时间序列分析及预测方法等,都可以用于数据挖掘,这些方法有的可以用于分析属性之间的函数关系(能用函数公式表示的关系),有些可以用于表述相关关系(不能用函数公式表示的关系)。这里,先简要地列举一些数据挖掘中用到的技术和方法。

1. 决策树方法

决策树(Decision Tree)是模式识别中进行分类的一种有效方法,它可以帮助人们把一个复杂的多类别分类问题转化成若干个简单的分类问题来解决,在形式上是一棵树的结构,由中间节点、叶节点和分支组成。一棵典型的判定树如图 7.16 所示,它表示概念 buyer - computer,即是,它预测 AllElectronics 的顾客是否可能购买计算机。内部节点用矩形表示,而叶节点用椭圆表示。

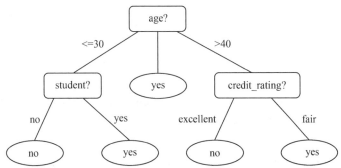

图 7.16　概念 buys - computer 的判定树,指出 AllElectronics 的顾客是否可能购买计算机(每个内部(非树叶)节点表示一个属性的测试,每个树叶节点代表一个类 buys - computer = yes,或 buys - computer = no)

决策树的构造从根节点开始,选择合适的属性是把样本数据集合分割为若干子集,建立树的分支,在每个分支子集中,重复建树的下层节点和分支的过程,直到条件满足为止。在建立决策树的过程中,通常要进行属性选择,例如上图所示决策树中 age、student、credit - rating 这三个属性节点的排序问题。通常在树的每个节点上使用信息增益(Information Gain)度量选择测试属性,这种度量称为属性选择度量或分裂的优良度量。选择具有最高信息增益(或最大熵压缩)的属性作为当前节点的测试属性。该属性使得对结果划分中的样本分类所需的信息量最小,并反映划分的最小随机性或"不纯性"。这种信息理论方法使得对一个对象分类所需的期望测试数目最少,并确保找到一棵简单的树。

2. 人工神经网络

人工神经网络(Artificial Neural Network,ANN)是为了模拟生物大脑的结构和功能而构成的一种信息处理系统。由大量的简单处理单元彼此按某种方式相互连接而成,靠其状态对外部输入信息的动态响应来处理信息。神经网络具有自学习、自组织、自适应、联想、模糊推理、大规模并行计算、非线性处理、鲁棒性、分布式存储和联想等方面的能力,可以帮助人们有效地解决许多非线性问题。神经网络技术是属于软计算领域内的一种重要方法,是多年来科研人员进行人脑神经学习机能模拟的成果,已成功地应用于多个行业和领域。神经网络的研究和应用已经渗透到机器学习、专家系统、智能控制、模式识别、计算机视觉、信息处理、智能计算、联想记忆、编码理论、医学诊断、金融决策、非线性系统辨识及非线性系统组合优化、实时语言翻译、企业管理、市场分析、决策优化、物资调运、自适应控制、神经生理学、心理学和认知科学研究等各个领域中。数据挖掘也是人工神经网络的应用领域之一。

人工神经网络基于自学习数学模型,通过数据的编码及神经元的迭代求解,完成复杂的模式抽取及趋势分析功能。神经网络系统由一系列类似于人脑神经元一样的处理单元(称之为结点,node)组成,结点间彼此互连,分为输入层、中间(隐藏)层及输出层。主要的神经网络模型有:

(1)前馈式网络,如形式神经元的数学模型—MP神经元模型、感知机、反向传播模型、径向基函数网络、Madaline网络和多层前馈网络等,用于预测及模式识别等方面。

(2)反馈式网络,如Hopfield离散模型和连续模型等,用于联想记忆和优化计算。

(3)自组织网络,如ART模型和Kohonen模型等,用于智能控制、模式识别、信号处理和优化计算等领域。

神经网络系统具有非线性学习、联想记忆的优点,但也存在一些问题:神经网络系统是一个黑盒子,不能观察中间的学习过程,最后的输出结果也较难解释,影响结果的可信度及可接受程度,其次神经网络需要较长的学习时间,在大数据量的情况下性能将可能出现严重问题。

在相关的数据挖掘应用方面,当需要从复杂或不精确数据中导出概念和确定走向比较困难时,利用神经网络技术特别有效。经过训练后的神经网络就像具有某种专门知识的“专家”,可以像人一样从经验中学习。

3. 模糊集合方法

现实生活中,有些概念本身没有确定的含义,其外延是模糊的,称为模糊概念。在人类的日常生活中,几乎到处都有模糊现象和模糊概念,如“年轻”“年老”“高个子”“矮个子”“胖子”及“瘦子”等。

精确的经典集合理论并非尽善尽美,在现实的复杂事物面前,它有时也会无能为力。模糊集合理论(Fuzzy Set Theory)的概念是由美国控制论专家扎德(Zadeh)首次提出的。1965年,他发表了奠基性的论文“Fuzzy Set”,标志着模糊数学的诞生。今天,模糊集合理论及其在各个领域中的应用已经形成了一个新的独立学科分支。模糊数学不是要降低数学的严格性,而是用数学去处理各种模糊现象,它吸取了人类对复杂事物进行模糊识别和模糊判断的特点,丰富了数学方法,扩大了数学的应用领域。

将模糊集合的理论应用于各个不同的领域就产生了一些新的学科分支。例如,模糊集合论和神经网络结合,产生了模糊神经网络,模糊集合论用于自动控制,产生了模糊控制。在数据挖掘中,模糊集合论常被用于模糊判断、模糊控制、模糊决策、模糊模式识别及模糊距离分析等。

模糊数据挖掘是模糊论在数据挖掘中的应用,可以协助发现一些不能形成精确挖掘要求的规律。模糊数据挖掘技术在多种挖掘任务(如关联规则、数据分类和聚类)中都有具体的应用。

4. 遗传算法

遗传算法(Genetic Algorithm,GA)是一类模拟生物进化的智能优化算法,模拟的是生物进化过程中的"物竞天择,适者生存"规律,多用于优化计算、分类等问题。它是由美国生物学家 J. H. Holland 于 20 世纪 60 年代提出的,目前已成为进化计算研究的一个重要分支。与传统优化方法相比,遗传算法有群体搜索、不需要目标函数的导数和概率转移准则等优点。它由以下 3 个基本算子组成:

(1)选择:从一个旧种群选出生命力强的个体,产生新种群。

(2)交叉:用来交换两个不同个体的部分基因,形成新个体。

(3)变异:用来改变个体的某些基因。

应该说,数据挖掘不是遗传算法应用的主要领域,遗传算法更多情况下是解决各种组合优化问题的强有力手段,但是由于数据挖掘的任务经常要归结为寻找最优解,因此遗传算法也可以用来协助完成数据挖掘任务。

5. 模拟退火算法

模拟退火算法(Simulated Annealing,SA)利用物理学的退火过程,将求解优化问题的最优解转化成求一系列随温度变化的物理系统的自由能函数的极小值,使算法能跳出局部极小值得到全局极小值,在模式识别、图形处理和数据压缩等领域中应用广泛。类似于遗传算法,模拟退火也是主要用于一些优化问题的求解,而数据挖掘中存在很多这样的问题,因此可以用到模拟退火算法。

7.4.4　数据挖掘与统计分析

数据挖掘和统计学之间存在着不可分割的联系,数据挖掘中采用的很多技术和方法都来源于统计,而统计可以认为是数据挖掘的最主要的来源,因为它们产生的目的都是为了处理数据,所不同的是统计学能处理的数据量远不如数据挖掘方法处理的多。事实上,只有在能管理海量数据的数据库技术加入数据挖掘领域的研究和开发之后,数据挖掘才成为一门受到应用部门特别是企业欢迎和重视的热点技术。

统计学一般可以描述数据之间的两种关系:能用函数公式表示的确定性关系称为函数关系;不能用函数公式表示但仍是相关确定性关系称为相关关系。从古代发展到今天,统计学已经包括了很多成熟的子学科,这里简单地介绍几种主要的统计方法。

1. 数理统计方法

数理统计方法主要涉及总体、个体、样本、统计量和抽样分布等基本概念和各种不同类型分布的性质等。参数估计和假设检验是两类常用的数理统计方法。参数估计包括点估计和区间估计等几种估计方法,假设检验则用于对诸如双边假设和单边假设的检验及均值与方差的假设检验方法等。

2. 多元统计分析

多元统计分析是在数理统计学基础上发展起来的,用于研究和解决多变量问题的理论和方法,主要包括多元方差分析、多元回归分析、多元相关分析、主成分分析、因素分析、判别分析及聚类分析等。

3. 时间序列分析及预测方法

时间序列分析及预测方法主要有调查分析预测法、时间序列趋势推测法、回归分析法、随机时间序列预测法、投入产出法和弹性分析预测法等。时间序列分析是预测中采用的主要方法之一,它是根据系统观测得到的时间序列数据,通过曲线拟合和参数估计来建立数学模型的理论和方法。

4.调查方法与应用

调查方法与应用包括调查问卷及量表的设计技术、访问调查、问卷调查、电话调查、观察与实验调查及文献调查的具体方法和应用。

5.相关分析

任何事物的存在都不是孤立的,而是相互联系、相互制约的。将客观事物相互关系的密切程度用适当的统计指标(相关系数)表示出来,这个过程就是相关分析。

6.差异分析

从样本统计量的值得出差异来确定总体参数之间是否存在差异。

7.5　智能预诊技术

随着设备的运行,故障不可避免地发生。传统的故障诊断方法是针对已经发生的故障,判断故障的类型,从而进行相应的维修。由于缺乏预见性,这不可避免地造成停机损失,甚至会引发人员伤亡。例如,1986 年 4 月 27 日前苏联切尔诺贝利核电站四号机组发生严重振动而造成核泄漏,致使 2 000 多人死亡,经济损失达 30 亿美元。预诊方法的特殊性在于从性能衰退的角度看待设备故障的发展和发生。设备在故障发生前一般都要经历一个潜在的变化过程,即整体的设备性能是从好到坏变化的。预诊技术正是关注此衰退过程,选取某些在此过程中发生变化的指标,经过相应的处理后作为设备整体的性能值。然后再利用预测模型对未来的性能值进行预测,进而得到剩余使用寿命。剩余使用寿命预测能够为停机和维修计划提供重要的依据,以便使决策人员制定出最小费用代价的维修策略。这对于日益现代化的工业生产来说具有重要的现实意义。因此,预诊技术越来越受到研究者和工业界的重视。最近,在美国和我国,先后成立了 PHM(Prognostic And Health Management)委员会,致力于预诊技术的研究和预诊产品的开发。2009 年 9 月 27 日到 10 月 1 日,在美国的圣地亚哥召开了第一届 PHM 年会,对最新的预诊技术的发展进行了介绍。

智能预诊技术为智能维护的实施提供了依据。只有以准确的预诊结果为基础,智能维护才有现实的意义。智能预诊系统主要包括预诊对象的数据采集、预诊前期数据处理、数据融合、寿命预测、基于 Web 的预诊信息发布等(图 7.17)。

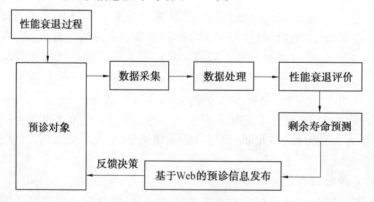

图 7.17　预诊系统框架

在对设备进行预诊时,首先通过内置在设备中的传感器,采集现场设备运行中的各种信号并传递给专家(专家系统),最常用的是振动信号;然后专家运用特征提取、特征选择方法对数据进行预处理;对选择的特征进行融合,建立性能评价模型,输出相应的性能衰退指标值;建立寿命预测模型,对性能的衰退趋势进行预测,获得相应的剩余寿命;最后通过网络把得到的预诊信息反馈给现场,以提供设备维护的决策。下面分别对各个模块进行介绍。

1. 数据采集

针对特定的预诊对象,通过适当的内置传感器采集现场设备运行的信号,以一定的格式进行存储或通过无线网络传输至远程终端进行存储。此模块处于整个智能预诊框架的前端,采集何种能反映设备性能衰退过程的信号决定了传感器安装的位置。同时,传感器安装的位置对采集数据的准确度有较大的影响。采集的数据可以是温度信号、振动信号、声音信号、油液中含有物的浓度数据等。数据采集可以由传感器和相应的数据采集仪完成。

2. 数据预处理

数据预处理包括对信号的去噪处理及特征提取、特征选择。从现场采集的数据里面必然含有噪声干扰,因此首先应该进行滤波、消除直流分量影响等去噪处理。然后进行特征提取和特征选择,以便为性能评价提供输入。

特征提取:系统所采集的信号主要分为慢变信号和快变信号,慢变信号通过机理模型以及专家经验等方法对预处理后数据实现特征提取,而快变信号则通过 STFT、FFT、小波包变换等方法对预处理数据进行变换分解实现特征提取。其相应的方法在前面章节中已经介绍。

特征选择:原始数据经特征提取分解之后,需要对分解后的数据重新进行分析,在所有分解得到的数据中选择出能够反映设备性能衰退变化过程的特征信息作为性能衰退评价的输入值。在某些情况下,所提取的特征能够很好地反映设备衰退变化过程,则无需再进行特征选择,可以将所提取的特征直接作为性能衰退评价的输入。

3. 性能衰退评价

信号特征选择后,将所选择的特征输入特征融合模型。经过相应的融合之后,可以得到 0 到 1 的性能值。其中"1"代表测得的设备最好状态,"0"代表测得的设备的最坏状态。此过程是把高维空间的多个特征通过模型映射到一维的性能值。因此,该性能值融合了各特征的信息,能够全面准确地表现设备的衰退过程。其核心部分是数据融合技术,已在 7.3 节中进行了介绍。

4. 剩余寿命预测

剩余寿命的预测是整个预诊框架中的核心部分,也是目前在智能维护领域中研究最多的部分。有多种方法进行寿命预测。①基于机理模型的预测:常利用材料的物理化学性能,建立相应的物理方程。此方法存在建立方程的初始条件难以确定和较难用于在线寿命预测的问题。②基于统计方法的预测:通过大量的实验建立相应的寿命分布模型,借此对设备的寿命进行预测。此种方法存在的问题是采用何种分布模型作为寿命的分布模型不太容易,而不合适的分布模型与实际存有太大的差距。同时,这种预测是静态的,是对统计数据的整体性能的反映。③基于智能方法的预测:近些年,随着智能算法的发展,越来越多的研究者把智能算法用于寿命预测,成为目前的研究热点。其实质上是数据驱动的方式。对于按照时间进行排列的性能衰退数据,根据当前时刻之前的已知信息,利用预测模型的特性,对当前时刻之后的各时刻性能值进行预测,从而得到当前时刻的剩余寿命。本书将采用基于智能方法的预测模型进行寿命预测,从而满足在线预诊要求。

下面以某振动信号为例,在性能衰退评价的基础上,给出寿命预测过程的示意图如图7.18。在时刻1,利用已知的信息,给出性能衰退的趋势预测曲线,如图中预测曲线1所示。RUL1为设备在时刻1的剩余寿命。当设备运行到时刻2时,更新已知信息,得到性能衰退的趋势预测曲线,如图中预测曲线2。每一时刻,预测曲线和剩余寿命都应该是动态计算的。随着时间的推移,根据预测得到的剩余寿命,判断设备到达维护点后,进行相应的维护或更换,设备开始进行新一次的运行循环。

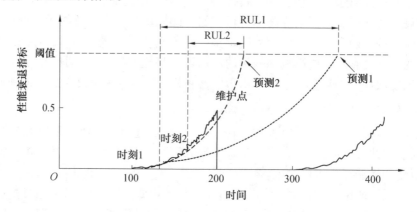

图7.18　剩余寿命预测示意图

下面以预测曲线1为例,介绍时刻t_1的具体的单步连续寿命预测过程。

第一步预测如图7.19中(a)所示,以t_1时刻前$N-1$点:时刻$t_1-N+1 \sim t_1-1$时刻的性能值$\{d_{t_1-N+1}, d_{t_1-N+2}, \cdots, d_{t_1-1}\}$(图7.19中以竖线表示)输入预测模型,获得在$t_1$时刻预测的性能值$\hat{d}_{t_1}$(图7.19中以黑点表示),判断此时预测的$t_1$时刻的性能值$\hat{d}_{t_1}$是否小于设定的阈值$L$。如果小于阈值则停止预测,剩余寿命$\hat{y}_i$为1个时间周期;否则,进行第二步预测。如图7.19(b)中所示,预测的时刻$t1$的性能值$\hat{d}_{t_1}$返回预测模型的输入序列作为$N-1$点时间序列滑动窗口的最后一点,除去t_1-N+1时刻的性能值,重新组合成$N-1$点的时间序列滑动窗口$\{d_{t_1-N+2}, d_{t_1-N+3}, \cdots, d_{t_1}\}$输入预测模型,获得在时刻$t_1+1$的性能预测值$\hat{d}_{t_1+1}$。此时与第一步预测相同,将第$t_1+1$时刻性能预测值$\hat{d}_{t_1+1}$与设定阈值$L$相比较,如果大于阈值,则重复进行预测直至进行到第$k$步预测,如图7.19(c)中所示,满足阈值截止条件$\hat{d}_{t_1+1} < L$,则获得在$t1$时刻的剩余寿命为$\hat{y}_i = k$个时间周期。

具体的智能寿命预测模型,常用的有神经网络(ANN)模型,线性回归滑动平均(ARMA)模型,模糊逻辑(Fuzzy Logic)模型,支持向量机(Support Vector Machine)模型,灰色理论(Grey Theory)模型等。

5. 基于 Web 的预诊信息发布

为了能够实现远程的预诊和维护,通过服务器和客户端的模式,把预诊信息经由互联网传送,从而可以达到优化维护调度,减少人员浪费,节约维护成本,实现及时维护的目标。维护人员可以在任意一台接入互联网的计算机上,通过在浏览器地址栏输入正确的访问地址,打开人机交互的维护界面,并可以在界面上输入或选择相关的信息,使远程服务器完成预诊,并将结果返回给维护人员。智能预诊的 Web 实现可以使预诊不受地域限制,同时加大了数据共享的范围,但是预诊的网络化实现必然引入一些新的问题,比如数据传输和实施预诊耗用时间等。我们也将在后续章节来介绍解决这些问题的方法。

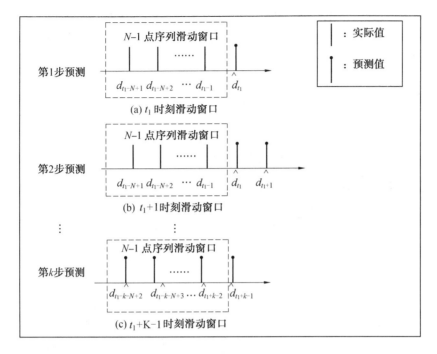

图 7.19　时刻 t_1 的单步连续寿命预测过程

7.5.1　预诊方法在转子不平衡中的应用

转子在旋转时,由于其质量分布的不均匀性,造成转子在其径向方向质心不在回转中心上,当转子在静止时就表现出的不平衡为静不平衡。本节以基于 Bently-RK4 转子试验台的转子静不平衡实验,模拟汽轮机转子在运行过程中逐渐由静平衡发展至许用不平衡状态所造成转子振动逐渐加剧而导致转子性能衰退的过程。通过实验中采集的振动信号来进行转子的智能预诊。

1. 实验数据采集

Bently-RK4 转子试验台是由美国内华达本特利公司生产的精密多功能的旋转机械装置,能够模拟产生转子不平衡、不对中、碰摩、松动、油膜涡动、油膜振荡等多种旋转机械常见故障,目前很多实验室都以该试验台作为对象,进行汽轮机转子运行中可能出现的各种典型故障仿真实验。在转轴的中间位置安装一个卡盘,卡盘沿四周均布有 16 个孔。实验时,通过往转盘圆周的孔加载螺钉,造成转子质心偏移,从而造成转子周期性摆动,再利用涡流位移传感器检测轴的表面与探头之间的距离,进而转换成电压信号,最后通过变送器对信号进行调理并传送至 USB 数据采集仪,最后通过采集软件存储到计算机中,从而完成转子不平衡实验的数据采集。通过逐渐加载螺钉、螺母等零件,完成转子从开始不平衡状态至许用不平衡状态的整个发展过程的模拟实验。

本节所用的实验中数据采集由波普公司生产的 USB 数据采集仪完成,数据采集仪分辨率为 16 位。设定转子转速在 2 700 r/min 左右,采样频率为 1 000Hz。实验共采集了 5 组转子从初始平衡状态到许用不平衡状态的数据。

2. 转子不平衡数据预处理

从实验采集的原始数据中取一组样本的前 2 048 点,其时域波形如图 7.20 所示。可以看出信号的变化频率较高,属于典型的快变信号。对快变信号的分析有时域和频域两种,一般从频域分析可以获得更加丰富的信息,因此对这 2 048 点作快速傅里叶变换(FFT)后的频谱特性如图 7.21 所示。由于实验过程中使用的是涡流传感器,其初始位置与转子之间有一定间隙,因此存在似直流信号源,为了减少直流信号对后端特征提取的影响,对原始数据进行数据预处理。通过原始信号与其平均值做差的方式消除直流信号对数据的影响。

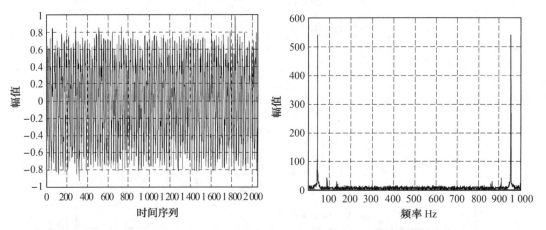

图 7.20　转子不平衡实验时域波形　　　　图 7.21　转子不平衡实验幅频特性

由于实验的转速为 2 700 r/min 左右,所以转子振动的基频为 45 Hz,从图 7.21 中可以得到,原始信号在 1 倍频处存在较大的峰值,且其基频处幅值较小及其他频率下幅值基本为 0 或是与倍频处的幅值数量级相差较大。这些特征符合转子不平衡的振动频率特点,因此可以忽略转子其他故障类型的影响。

为了实现性能评价和剩余寿命预测,需从原始信号中挖掘出能够反映转子不平衡状态变化的特征,进而实现性能评价和剩余寿命预测。但是从图 7.21 中可以看出,对预处理后的整个信号进行 FFT(傅里叶变换)后,不能获得时间信息,因而无法获得转子在不同时间下的性能衰退程度,因此需要一种能够对信号进行时频联合发布的处理方法。STFT(短时傅里叶变换)是一种典型的时频联合发布处理方法,它可以对信号进行变换,既表现频域信息也表现时域信息。

短时傅里叶变换是 Gabor 在 1946 年提出的概念,用以测量信号的定位。其基本原理可参阅相关参考书,这里不再赘述。图 7.22 所示为转子实验台不平衡实验的时频联合发布。从图中可以看出在基频的整数倍频率附近,有明显的峰值,且伴随分解周次的增加,其变化也较为明显。为了从频域中提取反映转子不平衡发展的特征信息,考虑增加分辨率导致频域定位不准确的问题,因此,对整个频域进行分段求取能量来分析频域信息,又因基频为 45 Hz 左右,分解频段时,兼顾基频整数倍附近频率的幅值贡献,综合考虑,决定对整个频段分成 16 段。

分解为 16 个频段后,对各频段内求能量之和,如图 7.23 ~ 7.25,分别为第 20 个、第 40 个和第 90 个分解周次的整个频段能量图。从图中可以得到,每个分解周次的第二个频段能量明显大于其他频段的能量,因此可以推断,在分解的频带中,某几个频带能量的变化过程可能会反映转子不平衡程度逐渐变大的趋势。综上分析,对各个频带的 94 个分解周次,绘制出其各个频带能量的时间序列如图 7.26 所示。

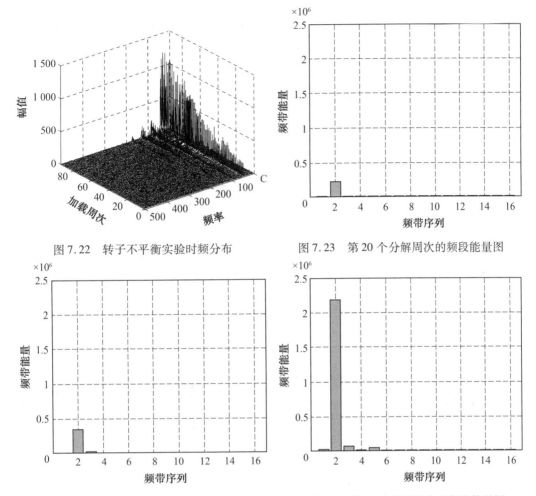

图 7.22　转子不平衡实验时频分布　　　　图 7.23　第 20 个分解周次的频段能量图

图 7.24　第 40 个分解周次的频段能量图　　图 7.25　第 90 个分解周次的频段能量图

从如图 7.26 可以看到,较多频段的能量都有逐渐向一个方向变化的趋势,但同时也可以看到,各频段能量组成的时间序列中有的频段能量波动较大,有的波动相对较小。因此,需从 16 个频段时间序列中选择某些既具有趋势同时波动较小的频段作为性能评价的特征频段。

特征选择的目的是从提取的各个频段中选择能够反映转子不平衡的发展趋势,其通常做法一般是对样本各个频段组成的时间序列进行分类。然后对分类后的结果通过某种方法选择合适的一组集合作为数据融合的特征,进而完成性能评价和剩余寿命预测,特征选择的好坏直接影响后端的性能评价结果。

竞争学习神经网络是一种无导师的学习网络,通过对样本数据的不断学习,寻找到样本的潜在规律,进而根据所学习到的规律对样本进行分类。选取平均离散度最小的频段作为性能评价的输入。以其中一组样本为例介绍特征选择的过程。经过竞争神经网络的分类结果如图 7.27 所示。对应分类矩阵的平均离散度见表 7.1。

从表可以看到,通过竞争学习,16 个频段时间序列被分成 4 类,其中第二类的离散度最小。因此,选择第二类各频段作为数据融合特征。

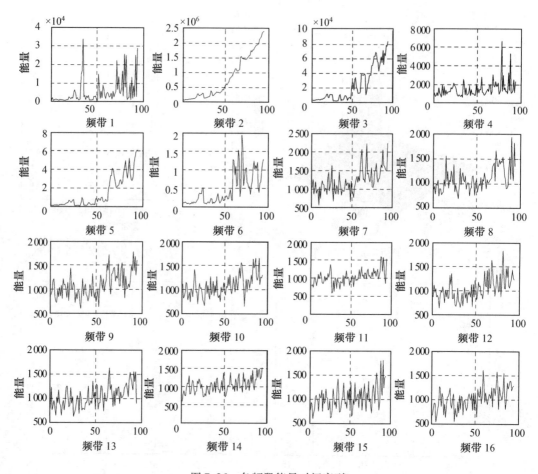

图 7.26　各频段能量时间序列

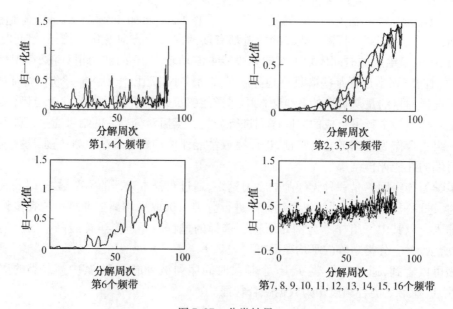

图 7.27　分类结果

表 7.1　各类平均离散度

类别	第一类	第二类	第三类	第四类
频带	1,4	2,3,5	6	7~16
离散度	0.077 6	0.057 1	0.093 1	0.105 0

3. 基于 BP 神经网络的性能衰退评价

由于整个时间序列分解为 94 个周次,因此,我们把第一个周次的性能定义为 1,最后一个周次的性能定义为 0。本节中采用 BP 神经网络模型对特征数据进行融合,从而获得性能评价数据。BP(Back Propagation)神经网络是目前应用最为广泛的神经网络之一,在数据融合中也显示了较大的优越性。其基本思想是:学习过程由信号的正向传播和误差的反向传播两个过程组成。BP 网络神经是一种典型的多层前馈网络,由输入层、隐层和输出层组成。在本例中,网络的输入为每个训练样本中经特征选择后得到的三个特征频段值,输出为性能值。训练时的目标性能值根据经验得到。为了得到最优的网络结构,即最佳隐层神经元数,本例建立了隐层神经元数从 3 变化到 13 的 11 种类型的神经网络。同时,为了减弱初始化对网络性能的影响,对每一类型的神经网络分别随机建立 10 个,取其平均值作为最终的输出值。取训练误差(平均平方差)最小的神经网络为最佳选择。选取 5 组数据中的 3 组作为训练样本,结果显示,当隐层神经元数为 12 时所得到的训练误差最小。因此,确定神经网络的隐层神经元数为 12。用其余的 2 组样本进行验证,效果也较好。其中一组样本的性能评价结果如图 7.28 所示。

4. 基于 BP 神经网络的寿命预测

在得到性能评价数据之后,利用此数据进行转子不平衡的寿命预测。首先,对样本数据进行分解,以得到足够多的训练样本。在时刻 $t=T$ 时,取 $T-N+1 \sim T$ 的性能值作为一输入样本,取 $T+1$ 时刻的性能值为目标输出值。按照此方法,可将 3 组性能衰退样本拆分为多组输入向量个数为 T,输出向量个数为 1 的训练集。然后,确定好网络结构和网络模型的传递函数,迭代优化算法、学习率等参数,对预测模型进行训练,求得最优的寿命预测模型。

在求解最优预测模型时,由于对样本的每一时刻的剩余寿命预测是通过单步连续的时间预测实现的,而不是简单的单步预测就截止。因此,评价网络模型的优劣不能再以模型的训练误差(平均平方差)作为标准,而是以预测寿命的平均误差,作为最优预测网络模型的标准。

$$\overline{E} = \frac{\sum_{i=1}^{n} | \hat{y}_i - y_i |}{n} \tag{7.26}$$

式中　$\hat{y}_i$——第 i 时刻起至性能预测值到达失效阈值的预测剩余寿命;

y_i——第 i 时刻起至实际失效的剩余寿命;

n——总预测次数。

为确定网络结构,与建立性能评价网络模型的过程类似,对隐层神经元从 3 到 13 的 11 种神经网络,分别随机选取初始值建立 10 个神经网络,取这 10 个网络的输出剩余寿命平均值作为最终的预测剩余寿命输出值。计算这 11 种不同的神经网络模型各自的预测寿命平均误差,取预测寿命平均误差最小的模型为最终的预测模型。选取 3 组样本作为训练样本,结果显示,当隐层神经元数为 10 时,模型预测效果最好。因此,确定预测网络模型隐层神经元数为 10。其中的一个检验样本的寿命预测图如图 7.29 所示。

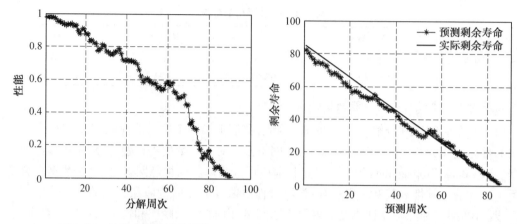

图 7.28　检验样本的性能评价　　　　图 7.29　检验样本的剩余寿命预测

从图 7.28 和图 7.29 可以看出,检验样本的性能评价结果有一定的波动,但因 BP 神经网络本身的容错能力较强,因此在转子剩余寿命预测中,其结果较为理想,能够满足智能预诊的要求。

至此,完成智能预诊的主要部分。下面介绍为适应远程预诊所进行的预诊信息的 Web 发布。

7.5.2　预诊信息的 Web 发布

Web 数据发布在智能预诊中的主要作用是为后期的远程智能维护奠定了基础,其改变了传统智能在单机或是小范围内的预诊结果共享方式,提供了一种基于网络的广泛数据共享方式,因此对智能预诊具有重要的意义。

目前,基于 Web 的数据发布主要分为 C/S(Client/Server)和 B/S(Browser/Server)两种模式。C/S 模式是指由一个或多个客户和一个或多个服务器与下层操作系统和通信系统形成的一个允许分布式计算、分析和表示的复合体系,在 C/S 模式中应用系统被分成客户机和服务器两个部分,在客户端集中了大量应用软件。其主要特点是应用处理由 Client 端完成,数据访问和事务管理由服务器端完成。B/S 模式是三级或多级的全新体系结构,第一层为客户端浏览器,提供统一的用户接口;第二层为应用服务器(Web 服务器),提供用户所需的服务功能;第三层为数据库服务器,完成数据的存储与管理。它综合了浏览器、信息服务和 Web 技术,在客户端仅通过一个浏览器就能访问多个应用服务器,形成一点对多点、多点到多点的结构模式。这种结构使开发人员在前端的工作减少了很多,而将主要精力转移到怎样合理组织信息,提供对客户的服务上来。B/S 的关键技术主要是 Web 的数据库访问技术,主要有 ASP、JSP、CGI、PHP 等技术,它们可以根据用户的需要对数据库进行操作,并通过网页将数据发布到网络中。下面通过一个实例来介绍一下预诊信息 Web 发布的实施过程。

转子不平衡预诊结果的 Web 数据发布系统如图 7.30 所示,对不平衡预诊结果的数据信息存储于 Access 数据库中,当用户通过客户端浏览器向 Web 服务器发送 HTTP 请求时,Web 服务器端通过 IIS 接收到 HTTP 请求,调用 ASP 执行请求的 VBScript 脚本程序,通过 ADO 的内置对象 Connection 或 RecordSet 在 OLEDB 数据库驱动下,对指定的 SQL 语句进行解释访问 ACCESS 数据库,并将数据库操作的结果返回给 Internet 信息服务器,最终 Web 服务器再以静

态网页 HTML 的形式发送给客户端,从而实现整个预诊结果的 Web 数据发布。该系统主要包括以下 3 个模块:

(1)用户登陆模块:用户登陆模块用于实现不同权限用户的功能限制,分为普通用户和管理员用户,普通用户享有基本的查阅权限,而管理员享有更高级别的数据库操作权限。

(2)预诊结果实时数据发布模块:实时预诊结果的 Web 数据发布是针对实时预诊对象而实现的数据发布功能,并采用定时刷新技术,实现网页的自动刷新,从数据库中读取预诊结果,并以静态网页的形式显示于浏览器中,供用户查询当前对转子不平衡实时预诊的结果,以便于信息交互。

(3)历史预诊信息查询模块:历史数据查询模块用于实现其他转子不平衡预诊的历史数据信息查询功能,用户可以根据自己的需要选择所要查询的具体对象,服务器根据用户的请求,从相应的数据库中读取历史数据,以静态网页的形式发送至客户端浏览器显示,从而实现历史预诊信息查询功能。

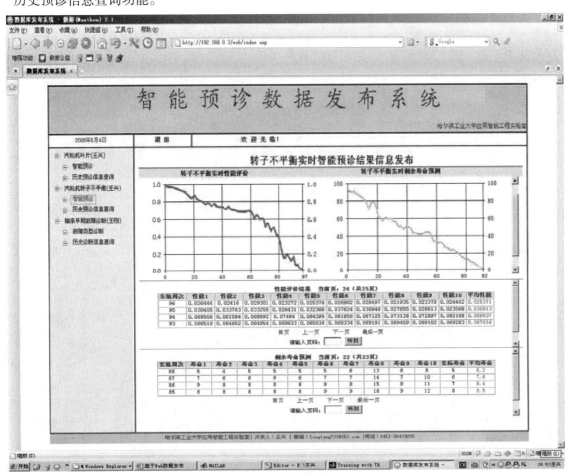

图 7.30　实时预诊寿命发布界面

习题七

7-1　智能维护系统的定义是什么？它的优势是如何体现的？

7-2　常用的信号处理方法有哪几种？

7-3　智能预诊技术和传统故障诊断技术的区别是什么？

7-4　简述单步连续预测的过程。

7-5　简述智能预诊的主要模块及各模块的作用。

第三部分 相关技术论题

第8章 智能维护集成工具关键技术

基于 Web 的远程智能预诊在各个领域都已经取得了一定的成就,目前存在的两个问题为:

第一,大多数的现有系统仍然依赖于远程数据分析系统才能进行设备的性能评估和决策支持,而大量数据传输必然带来很大网络承载负担以及数据存储问题。

第二,目前很多的预诊算法都是根据特定应用开发的,缺乏一种柔性的智能预诊工具对不同类型的设备进行性能衰退评估和性能预测,将设备的状态信息转换成与性能相关的信息。这使得软件系统维护困难以及影响了软件系统未来的进一步拓展和移植。

为了解决这两个问题,编者提出基于 J2EE 的智能预诊集成工具。该工具采用面向对象的设计思路,利用 Java 与生俱来的跨平台和网络运算能力,来解决远程数据的传输问题,系统集成了多种可配置的监控和信息处理软件单元,能够快速、有效地部署各种机械设备的智能预诊应用。

8.1 基于 J2EE 的智能维护集成工具

J2EE(Java 2 Platform, Enterprise Edition)是一套全然不同于传统应用开发的技术架构,包含的许多组件简化且规范应用系统的开发与部署,进而提高可移植性、安全与再用价值。将 J2EE 作为智能预诊工具的开发平台,实现远程智能预诊,不但能够减少设备生产企业和用户的时间和维护成本,而且能够扩大工具的适用范围。

8.1.1 基于 J2EE 的智能预诊集成工具构成

目前在智能预诊应用中,经常面对不同类型的预诊对象,因而必须采用合适的方法才能进行智能预诊,这很大程度上影响了预诊实施进度,而且程序重复开发问题严重。从上文可知,智能预诊的本质就是要实现设备运行状态信息到设备性能的转换。智能预诊集成工具的三个任务是:

(1)对机械设备状态进行实时动态监测,用来判断设备运行状态是否正常;

(2)对机械设备信息进行特征提取和特征选择;

(3)对机械设备当前运行状态进行性能评估并预测设备的未来性能发展趋势,目的是为了预知设备劣化的速度和程度。

智能预诊集成工具的构成包括 4 个模块,分别为实时动态监测模块、特征提取模块、特征选择模块、智能预诊模块。如图 8.1 所示,实时动态监测模块从数据库服务器内的实时数据库中读取采集信号(振动信号、电流信号等),并根据用户设定的刷新频率,将信号趋势图实时地绘制到网页上。特征提取模块的作用是分析原始信号数据并提取信号的特征以满足分析需求。特征选择模块的作用是选取最能体现设备性能的特征信息,进而减少计算冗余和提高预诊准确性和快速性。智能预诊模块的作用是利用特征选择模块抽取的特征信息对设备进行性能评价、寿命预测、故障诊断。

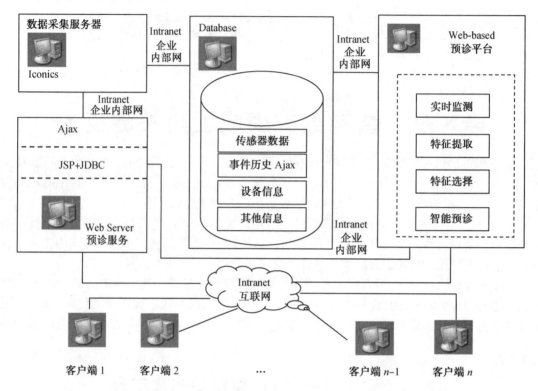

图 8.1 基于 J2EE 的智能预诊集成工具构成图

8.1.2 基于 J2EE 的智能预诊实现

J2EE 是美国 SUN 公司推出的一个开放、基于标准的平台,用以开发、部署和管理相关的复杂问题的体系结构。近年来,随着 Internet 的快速发展,J2EE 平台已成为使用最广泛的智能预诊系统设计技术。典型的 J2EE 智能预诊框架采用三层模型的形式表达,包括客户端层、业务层和智能预诊信息系统层。在智能预诊应用中对各层可进行如下设计。

客户端层用来处理用户接口与用户交互。当用户登录到智能预诊工具的 Web 页面时,客户端层负责显示 HTML 或 JSP 页面,用户根据页面所显示的内容,可以对页面相应的表单进行操作,并提交表单数据进行智能预诊。在完成业务层的事务处理后,将诊断结果以报表、状图、趋势图等形式返回给客户端。客户端层设计不仅需充分考虑智能预诊工具用户界面的美观性和易用性,而且还应考虑业务层的事务处理过程。本文采用了框架式的网页设计模式,并在预诊结果的表达上大量地应用 JfreeChart 绘图,很好地展现了预诊的结果。

业务层是 J2EE 处理事务的运算层,它封装了智能预诊应用的各部分代码,将智能预诊业务处理层的关键代码封装成多个 JavaBean,这些 JavaBean 负责从客户端层接受请求,并对请求进行处理(数据查询、时域分析、频域分析等)并将结果返回给客户端层,同时将智能预诊信息保存到数据库。采用 JavaBean 技术实现了网页的 HTML 代码与业务处理代码分开,简化了系统维护的难度,增强了系统的拓展性和移植性。

智能预诊信息系统层是 J2EE 数据持久化的实现层。智能预诊信息系统层包括设备运行状态数据库、智能预诊中间结果数据库、专家知识库、设备维护管理记录数据库等。合理的智能预诊信息系统层设计,不但可以简化业务层代码的编写,而且可以为智能维护集成工具的良好运行提供良好的数据支持。

8.2　基于 J2EE 平台的智能维护关键技术

智能预诊技术随着电子技术、计算机技术、网络技术的发展而突飞猛进,如何利用这些高新技术的发展成果,是智能预诊技术发展的关键问题。而随着 J2EE 技术的广泛应用,相继有很多公司和社区推出了优秀开源的程序框架,开发人员可以直接把这些技术集成到自己的应用中,大大地节省了开发时间和开发成本。本节阐述了基于 J2EE 的智能预诊工具所采用的关键技术,包括 Java 和 Matlab 交互技术、JSP 技术数据库技术及数据库连接池技术、Ajax 异步刷新技术、JfreeChart 绘图技术以及 Joone 开源神经网络技术,并说明了这些关键技术在智能预诊中的作用。

8.2.1　Java 和 Matlab 交互实现预诊算法

Matlab 是目前科学研究中使用最为广泛的数学软件,它具有强大的数值计算、数据处理、系统分析、图形显示,甚至符号运算功能,是一个完整的数学软件平台。软件平台提供了丰富的基础数学库函数,在编程时可以被直接调用,这大大提高了工程分析算法的开发效率。此外,Matlab 为多个领域提供了专门工具箱(比如信号处理、神经网络计算、金融分析),这些工具箱的出现进一步增强了 Matlab 在数学应用领域的地位。而 Java 是一种面向对象的网络编程语言,具有稳定、可靠、跨平台等优点,目前 Java 平台已经嵌入了几乎所有的操作系统,这使得 Java 程序可以只编译一次,就可以在各种系统中运行。为构建跨平台的网络应用程序,将 Java 与 Matlab 结合开发,发挥两者优势即利用 Java 的网络运算能力和 Matlab 快速开发复杂算法的效率,通过编写 Java 与 Matlab 的接口程序,将 Matlab 应用于智能预诊应用中。

Matlab Builder for Java 是 Matlab Compiler 一个功能拓展,该工具箱在 Matlab 2006b 版本中被引入,用 Matlab Builder for Java 可以将 Matlab 语言开发的函数封装成 Java 类中的方法并打包成 Java 组件(. jar 文件),其中每一个 Matlab 函数被封装成 Java 类的一个方法,这些方法可以被外部的 Java 应用程序调用,其原理图如图 8.2 所示。Matlab Builder for Java 为 Java 程序使用 Matlab 的强大算法开发功能提供了完整的解决方案,避免了采用传统开发方式编写繁琐算法的时间长、难度大的问题,让程序员可以把精力放在业务逻辑的处理上而不是代码的具体实现上,增强了系统升级和创新的能力。

图 8.2　Matlab Builder for Java 原理图

在上图中,由 Java Builder 将 Matlab 生成的. m 文件编译成 Java 组件的过程如图 8.3 所示。

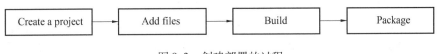

图 8.3　创建部署的过程

具体步骤:

Step 1　编写、测试将要部署的 Matlab 代码。

Step 2　对计算机的系统环境变量进行配置。

首先,Matlab Builder for Java 部署应用程序的计算机需要 JDK 的支持,必须安装 JDK 并对计算机的系统环境变量进行设置。

(1)点击开始——右击"我的电脑",选择"属性"。在弹出的"系统属性"对话框中选择"高级"标签,然后点击下方的"环境变量"按钮。

(2)设置 JAVA‐HOME 变量。

● 点击弹出的对话框中上方的"新建"按钮;

● 变量名:JAVA‐HOME;

● 变量值:JDK 的安装目录,需要设置 javac. exe 的安装目录,若 Java 安装在 C:\Program Files\Java\文件目录内,则变量值为 C:\Program Files\Java\jdk1. 6. 0‐10 \bin;

● 点击"确定"保存设置。

(3)设置 CLASSPATH 变量。

● 点击弹出的对话框中上方的"新建"按钮;

● 变量名:CLASSPATH;

● matlabroot\toolbox\javabuilder\jar\javabuilder. jar 其中 matlabroot 为 Matlab 的安装文件目录,javabuilder. jar 为 Matlab Builder for Java 运行的 Java 关键组件;

● 点击"确定按钮"。

Step 3　Matlab Builder 部署 Java 应用程序。

(1)在 Matlab 命令窗口输入 deploytool,程序会弹出"Deploy Tool"窗口;

(2)点击工具栏上的新建项目图标创建项目;

(3)设定项目名称和保存路径;

(4)为 Java 包中将要创建的类添加类;

(5)为每一类添加要封装的类添加一个或多个. m 文件,作为类的方法;

(6)根据需要为类添加辅助文件;

(7)保存文件。

Step 4　对包进行编译。

在项目的编译过程中会复制项目的地\src 子目录下的 Java 包装类,同时复制项目\distrib 子目录的. jar 文件和. ctf 文件。\distrib 目录下定义了您的 Java 组件。ctf 文件是组件技术文件,在没有安装 Matlab 桌面程序上运行封装有 Matlab 函数的组件时需要该文件。

Step 5　对组件进行测试,根据需要对其进行重编译。

在将组件用于应用程序之前或提供给他人使用之前需要进行测试。在目标开发平台上测试组件后,可以根据需要重新打开项目进行进一步操作。

Step 6　创建一个包含 Java 组件及其他必要文件的包,并发布给程序开发人员,提高团队开发的效率。

Step 7　保存项目。Java Builder 将项目保存到一个. prg 文件中。

利用 Matlab Builder for Java 将 Matlab. m 文件封装成 Java 类,定义了输出模拟信号 $y = \sin(30\pi x) + \sin(80\pi x) + random( )$ 的时域波形图和频谱图,如图 8.4 所示。从图中可看出,FFT(快速傅里叶变换)可以检测出时域信号的频域特征。

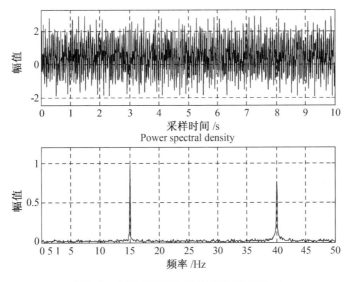

图 8.4　模拟信号原始波形与 FFT 频谱图

8.2.2　JSP 技术数据库技术及数据库连接池技术

Java Web 应用程序与数据库的通信一般通过 JDBC 来实现。不同数据库的厂商通常都会提供与其相对应的 JDBC 驱动程序,以满足 Java Web 应用对数据库的访问。

JDBC 是 Java 数据库连接(Java Data Base Connection)技术的缩写。JDBC 为 Java 程序提供了一整套操作各种数据库的统一接口,使得我们在使用程序时无须关心所操作的各种数据库产品。常用的 JDBC API 封装在 java. sql 这个包中,Java. sql 中有一些接口和类,下面是几种重要类的作用。

(1) Driver 接口与 Driver Manger 类,其中 Driver Manger 类主要负责管理这些 JDBC 驱动。

(2) Connection 接口负责数据库的连接操作。

(3) Statement 接口负责执行静态的 SQL 语句。

(4) Prepared Statement 负责执行动态 SQL 语句。

(5) Result Set 是执行查询 SQL 语句后返回的结果集对象

编者利用上述 JDBC 类,开发了 Java 数据库操作类,类中包含对数据库进行操作的写、改、删、查 4 个方法。此外,为了实现基于 MVC 模式的开发,将该类封装成 Java Bean,实现了 Web 页面代码与业务处理代码的分离,方便了系统的维护。

通常情况下,在每次访问数据库之前都要先建立与数据库连接,这将消耗一定的资源,并延长了数据库的访问时间。为了解决这一问题,编者引入了数据连接池技术。所谓连接池,就是预先建立好数据库的连接,模拟存放在一个连接池由连接池负责对这些数据库连接进行管理。这样当需要访问数据库时,就可以通过已经建立好的连接访问数据库,从而避免了每次访问数据库时建立连接的开销。

JDBC 2.0 提供了 javax. sql. Data Sourse 接口,负责与数据库建立连接,在应用时不需要编写连接数据库代码,可以直接从数据源中获取数据连接。在 Data Source 中预先建立了多个数据连接,这些数据库连接保存到数据库连接池当中,当程序访问数据库时,只需要从数据池中取出空闲的连接,访问结束后再将连接归还给连接池。Data Source 由 Tomcat 服务器提供,不能通过创建实例的方法来获取 Data Source 对象,需要利用 Java 的 JNDI 来获取 Data Source 对象的引用。JNDI 是一种将对象和名称绑定的技术,对象工厂负责生产对象,并将其与唯一的名字绑定,在程序中可以通过名称来获取对象的引用。

在配置数据源时,需要将其配置在 Tomcat 安装目录下的 conf\server. xml 文件中,也可以将其配置在 Web 工程目录下的 META－INF\context. xml 文件中。下面是配置 SQL SERVER2000 的数据源配置文件的 XML 代码:

```
<
Resource name ="TestJNDI" type ="javax. sql. DataSource" auth ="Container"
driverClassName ="com. microsoft. jdbc. sqlserver. SQLServerDriver"
url ="jdbc:microsoft:sqlserver://127. 0. 0. 1:1433;DatabaseName =db_shebei"
username ="sa"password =""maxActive ="40"maxIdle ="300" maxWait ="10000"
/>
```

8.2.3　Ajax 异步刷新技术

Ajax 是 synchronous Java Script and XML 的缩写,意思是 Java Script 与 XML。Ajax 是 Java Script、XML、CSS、DOM 等多种已有技术的组合,它可以实现客户端的异步请求操作。Ajax 的工作原理相当于在用户和服务器之间加了一个中间层,使用户操作和服务器之间加了一个中间层,使用户操作和服务器响应异步化,利用了客户端闲置的处理能力,从而减轻了服务器的负担。图 8.5 显示了 Ajax 的运行原理。

图 8.5　Ajax 的运行机制

Ajax 可以实现在不刷新网页的情况下与服务器进行通信的效果,从而减少了用户的等待时间。与传统的 Web 应用不同,Ajax 在用户与服务器之间引入了一个中间媒介(Ajax 引擎),从而消除了网络交互过程中的处理—等待—处理—等待的缺点。Ajax 的优势具体表现在以下几个方面:

(1)减少服务器的负担。Ajax 的原则是"按需要发送数据",最大限度地减少冗余请求和响应对服务器造成的负担。

(2)可以把以前由服务器完成的工作转移到客户端,利用客户端的资源进行处理,减轻对服务器造成的负担。

(3)无刷新更新页面,从而使用户不在同以前一样在服务器处理数据时,只能在死板的白屏前焦急地等待。Ajax 使用 XMLHttp Request 对象发送请求并得到服务器响应。在不需要重新载入整个页面的情况下,就可以通过 DOM 及时将更新的内容显示在页面上。

(4)可以调用 XML 等外部数据,进一步促进页面显示和数据的分离。

(5)基于标准化并被支持的技术,不需要下载插件或者小程序。

Ajax 技术作为目前炙手可热的技术被广泛应用于股票监测系统、水文监测系统、机械设备的状态监测系统中,编者利用 Ajax 技术开发了机械设备状态监测系统。可以完成机械设备系统中不同测点进行实时的动态监控,并可将状态趋势图进行实时更新,实现了基于 J2EE 的设备状态实时监测。

8.2.4 Jfree Chart 绘图技术

目前的网络应用程序已经不再局限在简单动态网页开发中,越来越多的应用要求它能够像桌面应用程序一样,为用户提供完美的统计图表制作支持。常用的统计图生成方式有两种:一种是基于 Applet 作为容器来显示统计图,另一种做法是生产临时统计图片,并在 HTML 页面中显示这些图片。若采用第一种方式生成统计图,需要在客户端安装 Java 虚拟机,这给用户的使用带来很大的不便。采用第二种方式是比较好的选择,在传统的开发过程中,是利用 BufferedImage 类来绘制统计图,但这种方式的开发效率较低。为此,本节介绍一种 Java 图表引擎 Jfree Chart 来生成 Web 统计图表。

Jfree Chart 是完全基于 Java 语言的开源项目,有了 Jfree Chart 的帮助,开发者可以非常便捷地开发各种统计图,这些图表包括饼图、柱状图(普通柱状图以及堆栈柱状图)、线图、区域图、分布图、混合图、甘特图以及一些仪表盘等,对大部分的企业应用要求 Jfree Chart 都可以满足。Jfree Chart 的官方下载地址为 http://www.jfree.org/JfreeChart/download.html,在使用 Jfree Chart 时必须携带 JCommon 项目。目前最新配套版本是 Jfree Chart 1.5.0 和 jcommon-1.0.24,表 8.1 展示了 Jfree Chart 中几个核心的对象类。

表 8.1 Jfree Chart 中的核心对象类

类名	类的作用以及简单描述
Jfree Chart	图表对象,任何类型的图表的最终表现形式都是在该对象进行一些属性的定制。Jfree Chart 引擎本身提供了一个工厂类用于创建不同类型的图表对象
XXXXXDataset	数据集对象,用于提供显示图表所用的数据。根据不同类型的图表对应着很多类型的数据集对象类
XXXXXPlot	图表区域对象,基本上这个对象决定着什么样式的图表,创建该对象的时候需要 Axis 、Renderer 以及数据集对象的支持
XXXXXAxis	用于处理图表的两个轴:纵轴和横轴
XXXXXRenderer	负责如何显示一个图表对象
XXXXXURLGenerator	用于生成 Web 图表中每个项目的鼠标点击链接
XXXXXToolTipGenerator	用于生成图像的帮助提示,不同类型图表对应不同类型的工具提示类

使用 Jfree Chart 生成统计图的 JSP 代码如下。

```
<jsp:useBean id="connection"   scope="page" class="com.wy.JDBConnection"/>
<%
Connection conn;
Statement stmt;
ResultSet res=null;
String tablename=" data _ sample";
res =  connection.executeQuery("select  *  from "+  tablename);
XYSeries Series0 = new XYSeries("ft1 _ time");
while (res.next())
   {
```

```
Double name = res. getDouble("sample1");
Series0. add(i,name);
i++;
}
res. last();
XYSeriesCollection data = new XYSeriesCollection(Series0);
res. close();
JfreeChart chart = ChartFactory. createXYLineChart("XY Series Demo",
"采样时刻", "信号幅值",data,PlotOrientation. VERTICAL,false, false,false);
Font font = new Font("宋体", Font. CENTER _ BASELINE, 15);
TextTitle title = new TextTitle("时域波形图");
title. setFont(font);
chart. setBorderVisible(true);
chart. setBorderPaint(new Color(0xFF,0x66,0xcc));
chart. setBackgroundPaint(new Color(0xFF,0xF3,0xDE));
chart. getTitle(). setPaint(Color. green);
chart. setBackgroundPaint(java. awt. Color. white);
chart. setTitle(title);
ChartRenderingInfo info = new ChartRenderingInfo(new StandardEntityCollection());   //----
----------map
PrintWriter pw = new PrintWriter(out);
String filename = ServletUtilities. saveChartAsPNG(chart, 600, 200, null,session);
ChartUtilities. writeImageMap(pw,"map0",info,false);
pw. flush();
%>
<img src = "DisplayChart? filename = <% = filename% >"   width = "400" height = "150" usemap
= "#map0">
```

上面的代码实现了将数据库中数据绘制在 JSP 网页上,其绘制的图形如图 8.6 所示。上述代码使用了一个 Servlet Utilities 类,这个类用于输出各种样式的图片,Servlet Utilities 将报表图片输出到 Web 服务器的临时目录下,由系统自动生成图片的名字。HTML 的标签 img 根据

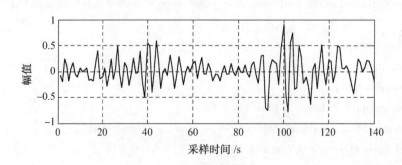

图 8.6　JSP 绘制的时域波形图

filename 将生成的图片显示在网页中,大量地应用 Jfree Chart 来表达智能预诊应用的输出,很好地展现了智能诊断信息。

8.2.5　Joone 开源神经网络技术

智能预诊工具中最核心的模块是人工智能(AI)算法模块,目前通常采用的人工智能(AI)算法有人工神经网络(ANN)、支持向量机(SVM)、模糊推理(Fuzzy Logic)等。采用传统的软件开发方式编写人工智能算法是十分困难的,致使大部分精力被浪费在代码的调试上,而忽视了更高级的业务处理。为了解决算法编写的问题,并为未来的人工智能应用提供参考范例,编者选择了 Joone(Java Object Oriented Neural Network)开源工程,作为智能预诊工具的人工智能算法模块,Joone 是一个 Java 神经网络应用框架,Joone 由相互连接的能够建立新的学习算法和神经网络结构的单元组成。所有这些神经元都有自己的特性,比如持久化、序列化、多线程等特性。这些特性保证了它的变尺度、可靠性及可拓展性。开发 Joone 最初目的是为了满足移动设备(嵌入式系统、PDA 等)AI 应用要求,所以 Joone 在运行时只需消耗很小的内存,而且运算速度极高。编者开发的智能预诊算法是基于 B/S 模式的 J2EE 应用,算法的高运算效率和低内存消耗是一个重要问题,而 Joone 可以很好地完成智能预诊的任务。神经元一般是一个多输入／单输出的非线性阈值器件结构,如图 8.7 所示,图中 Σ 表示求和;θ_j 表示阈值;s_j 表示神经元 j 的求和输出,常称为神经元的激活水平;y_j 为输出;$\{x_1, x_2, \cdots, x_n\}$ 为输入,即其他神经元的轴突输出;n 为输入数目;$\{W_{j1}, W_{j2}, \cdots, W_{jn}\}$ 为其他 n 个神经元与神经元 j 的突触连接强度,通常成为权重,W_{ji} 可以为正或负,分别表示为兴奋性突触和抑制性突触;$f(\cdot)$ 为神经元的 I/O 特性,即神经元的激活函数或者转移函数,其作用是将可能的无限域输入变换到一指定的有限范围内。神经元模型可以表示为

$$s_j = \sum_{i=1}^{n} W_{ji} x_i - \theta_j \quad y_j = f(s_j) \tag{8.1}$$

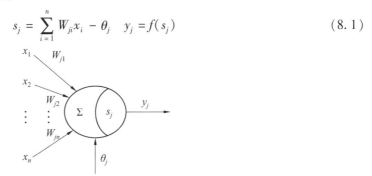

图 8.7　神经元结构

常用的激活函数如下(这里将激活函数 $f(s_j)$ 简写成 $f(x)$):

线性函数
$$f(x) = x \tag{8.2}$$

阈值函数(阶跃函数)
$$f(x) = \begin{cases} 1, x \geq 0 \\ 0, x < 0 \end{cases} \tag{8.3}$$

Sigmiod 函数(S 函数)
$$f(x) = \frac{1}{1 + e^{-x}} \tag{8.4}$$

双曲正切函数
$$f(x) = \frac{1 - e^{-x}}{1 + e^{-x}} = \text{th}(x) \tag{8.5}$$

高斯型函数
$$f(x) = \exp\left(-\frac{(x - c)^2}{2s^2}\right) \tag{8.6}$$

单个神经元的传递机制同样将输出层的误差传递给了下一层输入层。为了解决这一问题,每一层神经元必须有两个相反的机制,即一个用于正向传递输入层到输出层的信息,另一个反向传递输出层到输入层的误差。如图 8.8 所示。

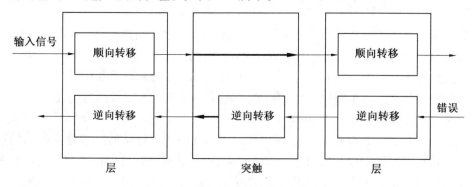

图 8.8　神经网络的双向传播机制

Joone 的组件(神经元和突触)均具有预先建立模型的机制,根据选择的学习算法来调节自己的权重和阈值。传统的神经网络不能控制两种以上的过程指标,但是控制有意义的过程参数确实十分必要的。为了这个目的,Joone 提供了 Monitor 对象,它负责监控每个神经元运算过程中的参数,例如学习动量、学习率、总训练次数、当前的训练步数等,如图 8.9 所示。

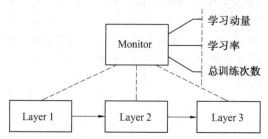

图 8.9　Monitor 对象控制各层参数

此外,Joone 还提供了 Teacher 对象,用来计算神经网络的真实输出与期望输出的误差,并将误差反向传递来调整网络的权值和阈值。为了满足外部应用程序使用神经网络的需求,Teacher 对象提供了 FIFO(First-In-First-Out)机制(图 8.10),这使得任何的外部程序都能得到每次循环的结果,通过编写外部的 Java 程序可以获取这些数值。

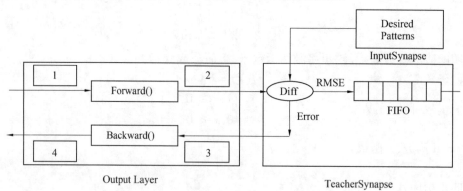

图 8.10　Teacher 对象的 FIFO 机制

　　程序员可以利用 Joone 提供的神经网络运行机制来搭建需要的任何网络,图 8.11(a)是利用 Joone 搭建神经网络的流程。Joone 提供了多种接口将训练样本数据加载到神经网络中,比如 Excel 数据接口、Data Base 数据接口、URL 数据接口、Memory 数据接口等,其中 Memory 数据接口可以直接与 Java 其他模块的应用程序进行通信,因此使用起来最为灵活。初始化神经网络包括神经网络输入层神经元数量、隐含层神经元的数量、输出层神经元的数量、动量因子、学习率等参数的设定。设置好参数后即开始模型训练,模型训练是在 Joone 的 Monitor 对象和 Teacher 对象的监控下进行的,当 RMSE 小于设定的误差或者训练次数达到最大的允许训练次数时,停止训练模型并保存模型。相对于训练神经网络来说,应用神经网络更加简单。图 8.11(b)给出了应用神经网络的流程图,首先利用 Joone 提供的接口将应用计算数据读入到神经网络,然后利用 Joone 提供的序列化工具,将神经网络模型文件以输入流的形式读入神经网络,即开始应用神经网络,神经网络运行结束后将输出运算结果,Joone 提供了以多种形式输出运算结果的接口,包括 Excel 文件、TXT 文件、Memory 数据等。

　　本节采用 Joone 作为智能预诊工具的神经网络的实现技术,不但缩减了算法的开发时间,而且增强了智能预诊的灵活性。Joone 提供的高效神经网络算法及低功耗机制,恰恰是基于 B/S 模式的神经网络应用所必需的。Joone 的神经网络运算过程监控机制,使得神经网络的个性化开发更为容易。

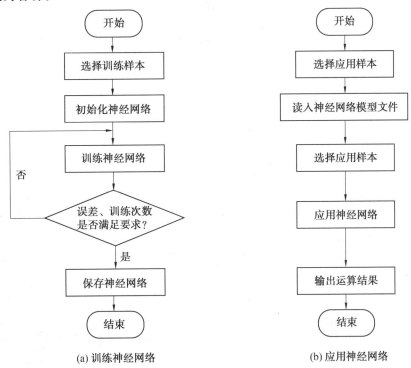

图 8.11　神经网络训练和应用流程图

8.3　基于 J2EE 的智能维护集成工具开发

　　为了满足智能预诊的功能要求,编者开发的基于 J2EE 的智能预诊集成工具是一个多模块、多功能、可配置的集成工具,可以根据不同的使用环境,选配相应的模块,进行远程智能预诊。下面介绍基于 J2EE 的智能维护集成工具的结构设计及功能。

8.3.1　基于 J2EE 的智能维护集成工具结构设计

对机械设备进行基于状态监测的设备管理模式虽然一定程度上改善了设备管理水平,降低了设备的维护费用,但已不能适应企业精益生产的要求,利用基于计算机网络技术的智能预诊工具进行设备的智能维护管理可达到预测设备性能的发展趋势,实现近乎零故障运行的目的。通过计算机网络对企业的设备进行管理,不仅能为企业在设备管理上节约大量的人力、物力、财力、时间,提高企业效率,还可以帮助企业在客户群中树立一个全新的形象,为企业的日后发展奠定一个良好基础。在智能预诊工具框架内开发的基于 J2EE 的智能维护集成工具可对机械设备进行实时状态监测、在线的特征提取、特征选择、性能评价和寿命预测。图 8.12 是基于 J2EE 的智能维护集成工具的总体框架图。

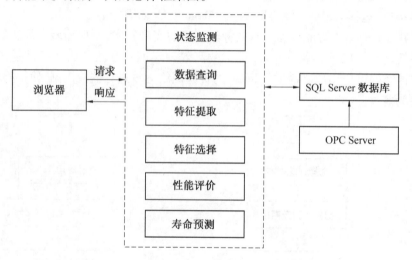

图 8.12　基于 J2EE 的智能预诊系统总体框架图

根据智能预诊框架体系结构,将基于 J2EE 的智能预诊集成工具分为用户模块、数据查询、实时动态监测模块、时域分析、频域分析、小波分析、主元分析(PCA)、模糊聚类、基于神经网络的智能预诊应用模块,如图 8.13 所示。

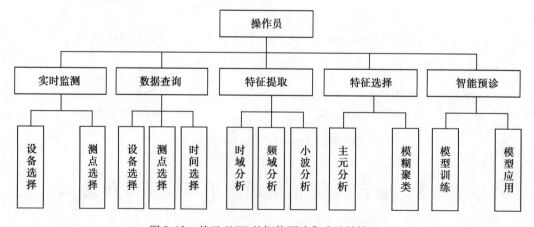

图 8.13　基于 J2EE 的智能预诊集成总结构图

　　基于 J2EE 的智能预诊集成工具主界面如图 8.14 所示。主界面根据应用需要分别显示连续动态监测、特征提取、特征选择、智能预诊与故障诊断模块的内容。当用户点击导航条内"信号分析"功能时,主界面将被分成时域分析、频域分析、小波分析三个功能模块,如图 8.14 所示。这个界面风格可以针对某个页面单独刷新,使得用户具有针对性地使用智能预诊工具中的各种方法,而不是提交一些对操作没有必要的请求,减轻了服务器的负担。基于 J2EE 的智能预诊集成工具的其他功能模块(连续状态监测、特征选择、智能预诊与故障诊断)均在主界面内展开,这种设计思路能够很好地突出系统内各个模块的功能特性,而且在功能之间切换时,响应的速度非常快,并且保证了设计风格上的一致性。

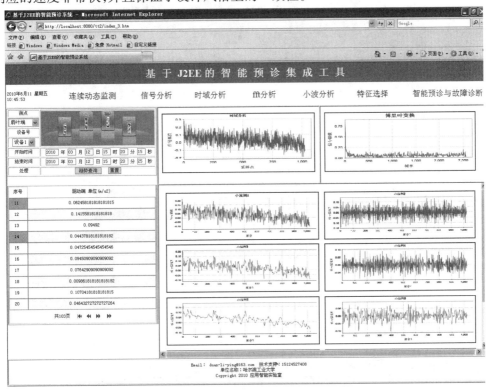

图 8.14　基于 J2EE 的智能预诊集成工具主界面

8.3.2　实时动态监测模块

　　远程状态监测要求直观动态地显示实时状态,包括当前测点的实时值及最新的报警信息。所以,状态监测最重要的就是实时跟随设备现场状态,而采用传统的 B/S 模式是基于请求/响应模式,不能动态的刷新网页,而近年来发展起来的 Ajax 技术,很好地解决了这一技术难题。本系统的状态监测模块由实时指标跟踪和实时趋势跟踪两部分组成。实时指标跟踪部分可以实时显示设备当前多个测点的实时值。

　　图 8.15 为实时指标监测模块。通过下拉选项框选择设备号,就可生成来自设备多个测点当前性能指标表,表中的数据来自于设备在线监测实时数据库。当将此集成工具应用到其他的设备监测系统时,只需进行数据抽象处理,就可以完成实时状态监测部署。实时趋势跟踪对于观察设备性能的发展趋势具有重要意义,被广泛应用于状态监测与故障报警领域。为了实现基于 B/S 模式的设备状态实时趋势跟踪,采用 Ajax 技术与 Jfree Chart 技术相结合的方式,

使软件具有实时刷新的能力。能够自动刷新最新的统计数据,从而保证了展示给用户的永远是最新的统计信息。图8.16 为实时趋势跟踪图,图中横坐标是从当天凌晨起到当前时刻时间,纵轴是设备状态监测实时数据库的监测指标。

图 8.15　实时指标监测模块

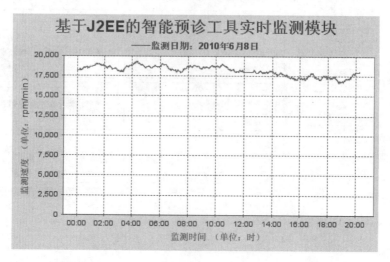

图 8.16　实时趋势跟踪图

8.3.3　数据查询模块与数据表分页

数据查询是根据用户选择的设备号、测点名称、历史时间信息,查询设备系统内测点的历史监测数据,在 Web 页面的数据表格中显示查询结果集,并将数据查询结果集保存在 session 中,为特征提取模块提供底层数据。

当查询到的数据集数据达到一定的数量时,就必然涉及数据表的分页问题,Web 方式下分页的原理是:首先是查询获取的结果集,如果结果比较多就需要用分页的方式来显示数据。因为 Http 是无状态协议,每一次提交都是当做一个新的请求来处理,上一次的查询结果对下一次是没有影响的。本文采用的分页方式:首先根据页面的请求数据,构造 sql 语句来定位查询结果集的游标,然后读取从游标处开始的每 10 条数据作为查询返回的结果集,采用这种方式可以大大节省服务器内存的开销,提高了数据访问的效率。

为了实现对结果集中的历史数据进行分析特征提取,就需要将查询到的结果集保存到 session 中,本文首先构造了一个机械设备信息的 Java Bean 名为 Jzxx,Jzxx 构造了机械设备的属性,并有设置机械设备属性的信息 set 方法和读取信息的 get 方法。之后利用 Jzxx 的 set 方法,将结果集依次存入到 Jzxx 的对象 jzxx 属性当中,之后利用 ArrayList 类的 list 对象的 add 方法,依次将这些属性存储到 list 对象中。最后,利用 session 对象的 setAttribute 的方法将 list 对象,存储到名为“com”的 session 对象中。图 8.17 是数据查询模块的界面,用户选择设备号为设备 1、测点为扇叶端、开始时间为 2010-03-12 15:20:15、结束时间为 2010-03-12 15:20:25,点击“趋势查询”按钮即完成对指定信息的查询,通过点击图 8.17 最下方的翻页指示按钮,可实现翻页查询。

图 8.17　数据查询模块的界面

8.3.4　特征提取模块

1. 时域分析模块

时域分析可以提取信号的时域信息,而这些信息包含了丰富的机械设备状态信息。时域分析模块的任务是将在数据查询模块中查询到的数据集绘制在页面,并计算一些重要时域指标。

图 8.18 是时域分析窗口。图中横坐标代表时域分析的采样点序号标签,纵坐标代表加速度信号的幅值信息。通过使用时域分析模块,用户可以充分了解设备运行过程中的测点指标的时域趋势和时域特性,从而更好地把握设备的性能衰退趋势。

2. 频域分析模块

频域分析是特征提取的重要手段,通过频域分析可以获得信号的频域特征。在机械设备的监测和智能预诊应用研究中,找到故障征兆是最关键的问题。采用频域分析技术对提取齿

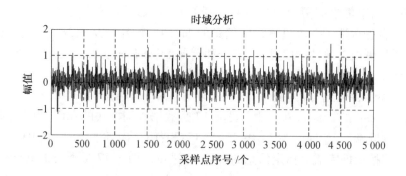

图 8.18　时域分析窗口

轮、轴承机械故障的微小冲击是十分有效的,可以检测出冲击信号的频带范围以及与之对应的能量幅值。频域分析最常用的方法是快速傅里叶变换(FFT),其算法编程对于工程人员来说并不简单,而系统的大环境是 B/S 模式的 J2EE 应用程序,要在 Java 中实现复杂算法是一个困难的任务。除此之外,系统的时频分析模块、特征提取模块的开发就更为困难,仅仅一个小波分析的 Java 实现就可能作为单独的、耗时的课题研究,我们很容易得到一个结论,完成上述的 Java 算法是不符合程序开发原则的。幸运的是 Matlab 软件提供了一系列有用的算法库,其算法经过了长时间的考验和锤炼,而且 Matlab 的运算引擎的执行效率非常高,所以,将 Java 和 Matlab 相结合成为解决这一难题的切入点。利用频域分析模块的 Jfree Chart 相似的算法,将结果绘制在 Web 页面上,效果图如图 8.19。

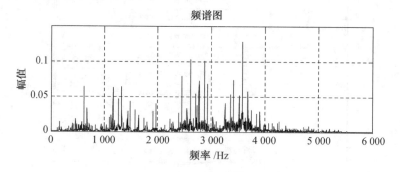

图 8.19　频域分析窗口

3. 时频分析模块的设计

时频分析是非平稳信号分析的重要手段,小波分析是时频分析最常用的方法。小波分析具有对低频信号在频域里有较高分辨率,对高频信号在时域里也有较高的分辨率的特点。具有可调窗口的时频分析能力,弥补了傅里叶变换和快速傅里叶变换的不足。近几年,小波分析并应用到故障诊断领域中,西安交大的屈梁生及北京科技大学的徐科等利用连续小波变换对齿轮的振动信号进行分析,在齿轮的故障诊断中效果十分理想。西安交大的陈涛利用小波包分析等算法分析了齿轮等典型的故障。然而,小波变换的结果不如傅里叶分析那样直观明了,需要专业分析人员进行分析。

智能预诊集成工具中的时频分析模块采用了小波包分析技术,先利用 Matlab 构造了小波包分析算法 wpt. m,其中 wpt. m 算法采用"sym8"小波函数对信号进行三层小波分解,然后将小波包分解后的系数存储到 8 个变量中。并利用 Matlab 2008a 的 Java Builder 功能将 wpt. m生成 wpt. jar 文件,为了在 J2EE 平台下使用所开发的算法,需要将 javabuilder. jar 和 wpt. jar 放在 B/S 项目的 lib 目录里面。wpt8. jsp 是实现时频分析模块功能的 JSP 程序。

　　wpt. jsp 程序与频域分析模块的 fft. jsp 代码基本一致,wpt(int,Object)是小波包分析部分的关键代码,这个方法返回一个 Object 对象,形参 int 表示返回索引,如果 int 为 8,就代表返回 8 个数组,形参 Object 表示输入值封装为一个 Object 对象传入该方法进行计算,在本例中输出为 8 个数组,输入为一个 MWNumeric Array 型数组 Myarray,所以方法的格式为 wt(8,Myarray),小波包分析的输出数据以曲线图的形式展现给用户。输出图形参见图 8.14。

8.3.5　特征选择模块

　　特征选择是从一组特征中选择出一些最有效的特征以达到数据降维的目的的过程。特征选择是智能预诊应用不可缺少的一个环节,特征选择模块设计直接影响着智能预诊的精度和智能预诊的执行效率。本智能维护集成工具的特征选择模块采用了 PCA 和模糊聚类两种方法,达到了将高维数据空间降到低维数据空间的目的。

　　1. PCA 算法设计

　　主成分分析(PCA)是把多个特征空间映射为少数几个综合特征的一种统计分析方法,PCA 采取一种降维的方法,找出几个综合特征来代表原来众多的特征,使这些综合因子尽可能地反映原来变量的信息,而且彼此之间互不关联,从而达到简化的目的。

　　首先对 44 组振动信号进行 5 层小波包分解,并将分解后的 32 个频带的能量值作为 32 个特征,作为特征选择模块中 PCA 算法的输入,其中 PCA 算法设置的保留度为 0.85。图 8.20 给出了计算的输出结果。结果显示,在保留度取 0.85 的情况下,特征编号 28、26、27、5、10、12 就可以基本代表小波包分解后的全部 32 个特征,贡献率依次降低,图中纵坐标轴给出了各特征所占的权重。由此可见,利用 PCA 可以将设备振动信息的 32 个特征压缩成 6 个可以直接表达设备性能信息的特征,这些信息不但可以直接作为故障诊断的依据,而且还可以作为后续模块智能预诊模块的特征输入,增强智能预诊工具的执行效率。

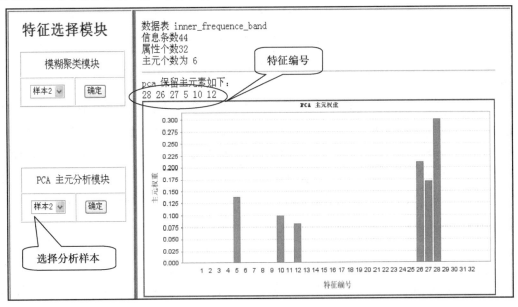

图 8.20　PCA 特征选择结果

2. 模糊聚类算法设计

模糊聚类是指事先不了解一批样本中的每一个样品的类别或者其他的先验知识,把特征相同的属性或者临近的归为一类,实现聚类划分。模糊聚类是特征提取的一个重要方法,可以对特征提取信息进行属性归类,从而达到降维的目的。编者将模糊聚类算法应用到智能预诊中,采用 Matlab 语言开发了算法,并利用 Java Builder 将其编译成 Java 语言可以利用的 .jar 文件。

图 8.21 是模糊聚类算法在 Web 页面的输出结果,从图中可以看出,模糊聚类算法将样本的属性分成了 9 类,第 1 类包含特征属性 1,第 2 类包含特征属性 2、4,……第 9 类包含 12、13、14、15、16 特征属性,通过聚类将特征空间从 16 维压缩到了 9 维,从而实现了对特征数据维度空间的压缩。模糊聚类模块除特征提取功能之外,还被应用到智能故障诊断模块,作为故障分类的算法,进行故障诊断时的实施过程与实施特征选择的过程基本一致。从而可以看出本智能预诊工具具有很强的移植性和重用性。

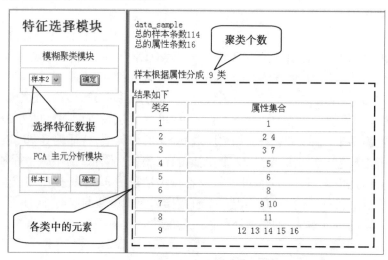

图 8.21　模糊聚类算法输出结果

8.3.6　智能预诊模块

智能预诊模块是智能预诊工具中最重要的模块,是指采用人工智能方法评价机械设备的性能水平以及进行故障诊断。人工智能方法将复杂机械设备系统当做一个黑箱问题来处理,克服了建立机械设备系统模型的难题,在智能预诊领域取得了巨大的成就。然而,智能预诊算法的编写却是一个非常棘手的问题,仅仅开发一个简单的神经网络都可能是一个巨大的耗时课题,况且本系统是基于 B/S 模式的应用程序,对算法执行效率要求非常高。为此,编者引入了开源面向对象的 Java 神经网络——Joone 作为智能预诊模块的人工智能算法。Joone 是由人工智能专家和 Java 专家合作开发的,因而 Joone 在算法的执行效率和可拓展能力方面均达到了相当高的水平,而 Joone 最初的期望是应用于手持设备(如 PDA、嵌入式系统)的神经网络,所以 Joone 天生就具有占用内存小、运行速度快的特点。智能预诊模块包括两部分:一个是智能预诊模型的在线建立,另一个是智能预诊的应用。用户登录到智能预诊模型训练模块,选择归一化的数据,算法对数据进行验证,然后,用户输入模型名称、隐含层神经元个数、动量因子、学习效率、训练次数、训练误差等参数,对输入信息进行验证。验证信息符合要求后,即开始训练模型。当训练次数或训练误差有一个满足要求,即保存训练好的智能预诊模型,并将模型数据存入数据库。

图 8.22 展示了建立模型的界面,此 Web 界面采用了框架结构设计而成,分成上下两个部分。上端为模型参数设定 Web 页面,下层是保存的模型信息 Web 页面。由设定的智能预诊模型参数可知,此神经网络模型名称为 mynet,输入端包含 2 个神经,隐含层包含 3 个神经元,输出层包含了 1 个神经元。模型的学习数率为 0.3,动量因子为 0.8,满足要求的训练误差为0.000 5,最大训练次数为 10 000 次。输入端神经元的个数是有特征属性的个数决定的,本模块使用"异或逻辑"进行算法的检验,输入参数为 2,即"0,0""0,1""1,0""1,1"组合的一种。隐含层神经元数为 3,它的取舍一般靠经验取得。输出层神经元数为 1,即输出"异或逻辑"的输出结果。学习数率为 0.3,动量因子为 0.8,这些参数直接影响神经网络的训练速度。为了实现基于 B/S 模式的智能算法的 J2EE 应用,本文将智能预诊模块的神经网络训练算法类封装成 Java Bean,利用 Java Bean 的 set 进行神经网络模型参数的设置,利用 Java Bean 的 get 方法来获取人工神经网络计算返回的结果,实现了 Web 页面代码与业务逻辑代码的分离,方便系统维护和拓展。

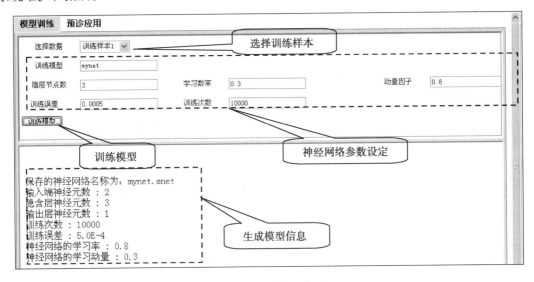

图 8.22　建立模型的界面

在实施智能预诊时,模型以单独文件的形式存在于服务器端。用户选择分析数据,选择训练好的模型信息。点击"预诊实施"即开始执行服务器端的预诊应用 Java Bean,利用 Java Bean 的 set 方法设置预诊应用的数据对象和智能预诊模型的名称。

图 8.23 是预诊结果页面,此界面同样采用了框架结构,Web 页面有上下两个页面组成,上端为预诊参数设定的 Web 页面,下端是预诊结果的 Web 界面。从预诊结果报告可以看出,智能预诊应用采用了刚刚建立的 mynet 神经网络模型。对仿真数据 1 与 0 进行了异或逻辑运算。输出的结果为 0.996 88。而实际上 1 与 0 的异或逻辑为 1,说明智能预诊模型依然存在一定的误差,需要增加模型训练次数或设定较小的训练误差才能实现。

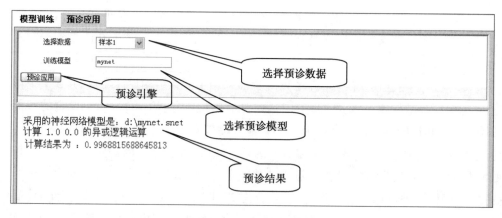

图 8.23　预诊结果页面

习题八

8-1　基于 Web 的远程智能预诊目前存在哪两个问题？

8-2　智能预诊集成工具的 3 个任务是什么？

8-3　智能预诊集成工具由哪几个模块构成？

8-4　基于 J2EE 的智能预诊工具所采用的关键技术主要有哪些？

8-5　简述神经网络的双向传播机制。

8-6　简述基于 J2EE 的智能预诊系统结构。

第9章 基于大数据的智能维护技术

9.1 大数据智能维护

9.1.1 大数据的概念

近年来,随着互联网、计算机和大数据等技术的不断推进以及云计算、三网融合等 IT 与通信技术的迅速发展,不论是样式还是体量都快速增长的数据致使信息社会步入"大数据"时代,给制造业等行业带来了巨大的挑战。美国硅图公司(SGI)首席科学家 John Mashey 于 1996 年最早提出"大数据"的概念,而当今以指数级速度进行增长的各产业数据才真正预示着一个数据爆炸的"大数据时代"的来临。不同时期不同地方的无数研究者都在孜孜不倦的研究大数据的定义和特点并不断赋予其新的时代特性,其中一种在学术界和产业界都比较认同的大数据定义由麦肯锡阐述:大数据是传统数据库软件工具在采集、存储、处理计算、管理方面已没有足够能力分析的大规模数据集合,其数据规模大、价值密度不高、数据种类繁多且流转速度很快。

2001 年,META 集团分析师 Doug Laney 首先定义了大数据的 3 个维度(3V):规模性(Volume)、高速性(Velocity)、和多样性(Variety)。10 年后,IDC 在此基础上又提出第四个特征,即数据的价值(Value)。2012 年 IBM 则认为大数据的第五个特征是真实性(Veracity)。后来,有人将上述所有特征合起来称为大数据的 5 V 特征,也有人从不同的应用视角和需求出发,又提出了黏性(Viscosity)、邻近性(Vicinity)、模糊性(Vague)等多种不同的特征,目前,业界把 3 V 扩展到了 11 V,这些特征的具体含义见表 9.1。

表 9.1 大数据的特征

名 称	含 义
规模性(Volume)	规模可从数百 TB 到数十数百 PB,甚至到 EB 规模
高速性(Velocity)	需要在一定的时间限度下得到及时处理
多样性(Variety)	包括各种格式和形态的数据,如文本、图像、音频、视频
价值密度(Value)	价值密度低,需要通过分析挖掘和利用产生商业价值
真实性(Veracity)	采集的数据的质量影响分析结果的准确性
黏性(Viscosity)	指数据流之间的关联性是否强
邻近性(Vicinity)	获取数据资源的距离
模糊性(Vague)	因采集手段的多样性和局限性,获取的数据具有模糊性
传播性(Virality)	数据在网络中传播的速度
有效性(Volatility)	数据的有效性及存储期限
易变性(Variability)	指数据流的格式变化多样

9.1.2　大数据下智能维护的发展现状

目前,自动化技术、计算机技术和信息化技术蓬勃发展,数控机床、数据采集装置、智能传感器和其他具备感知能力的智能设备在生产系统中得到了越来越多的使用,生产系统从自动化、数字化向智能化发展。20世纪以来的机电装备规模越来越大,使用寿命逐年提升,配备的传感器种类和安装位置越来越多且采样频率显著提高,监测的范围越来越广,基于以上特点,机电装备开始进入"工业大数据"时期。工业大数据具有数据体量大、多源异构性、处理速度快、时序性强和关联性大等特性,其中,多源异构性是其基本属性之一。

在多源异构工业大数据背景下的数据特征挖掘难度大,诊断难度大,导致设备监测难度大、隐蔽性强、不确定性大以及复杂程度增加等新特点,这给传统设备健康状态监测技术带来了极大的挑战。随着大数据技术在机械行业的应用越来越广泛,如何实现设备健康状态监测技术的高精度、高可靠性、和强适应性是一个巨大的挑战,大数据环境下的设备监测与诊断技术已成为目前热点。

传统的处理设备健康监测的方法多通过信号特征提取、特征选择后进行模式识别达到状态识别的目的,这种方式不仅依赖于大量的专家知识和极强的信号分析理论且耗时耗力,很容易受到人为主观因素影响,因此通过深度学习算法处理机械设备数据,从而充分利用多传感器信息,实现多源异构大数据的融合。深度学习作为人工神经网络的分支,具有强大的特征提取能力,并通过构建深层模型,更好的实现高特征维度的监测数据空间到低特征维度的机械设备健康状态空间的层层映射,具备良好的处理非线性、多源异构性的复杂高维数据能力。最近数十年是深度学习的快速发展期,并在众多领域取得了显著的成绩。深度学习方法可以避免传统机器学习方法的一些缺点:深度学习直接利用未经预处理的包含所有信息的原始数据实现网络的训练与测试过程,避免信息丢失问题;与浅层模型相比,深度学习的"深度"更深,其构建含多隐层的学习模型可以显著提高收敛速度并增加优化模型的方法从而实现逐层的特征变换,自适应地捕获隐藏于数据内部的潜在信息,最终提升诊断的准确性。将深度学习方法应用于设备健康状态监测与诊断,是目前解决大数据环境下的智能维护问题的主要思路。

9.1.3　案例——GE公司Predix大数据平台

(1) GE Predix。

当前,工业互联网平台作为我国构建工业互联网生态的核心载体,成为推动制造业与互联网融合的重要抓手。早在2012年GE公司提出工业互联网的概念,随后推出Predix,要将GE公司在工业领域的技术设备硬件优势和远程数据分析软件优势发挥到全球的工业市场,力争抢占先发优势。

由于它将机器、数据、人员和其他资产连接起来,Predix平台使用用于分布式计算、大数据分析、资产数据管理和机器到机器通信的领先技术。该平台提供大量能够帮助企业提高生产率的工业微服务,提供以下优势:

①实现工业应用程序的快速开发。

②最小化开发人员管理系统扩展性和硬件的时间。

③快速响应客户需求。

④为客户自己的资产提供单一控制点。

⑤用作公司和开发人员生态系统的基础,为工业互联网提供支持。

以一台风机为例,介绍如何将其连接至主要的 Predix 组件:Predix 机器(Predix Machine)、Predix 云和 Predix 服务。其基本组成如图 9.1 所示。

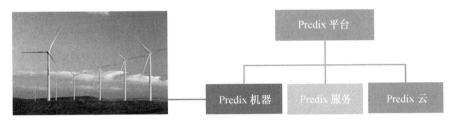

图 9.1 Predix 风机平台基本组成

(2) Predix 机器(Predix Machine)。

Predix 机器是负责从工业资产处收集数据并将其推送到 Predix 云上的软件层,同时运行本地应用程序,如边缘(Edge)分析。Predix 机器安装在网关、工业控制器和传感器节点上。

(3) Predix 服务。

Predix 提供可由开发人员用于构建、测试和运行工业互联网应用程序的工业服务。另外,它还提供了微服务市场,开发人员可以发布自己的服务以及使用第三方提供的服务。Predix 平台可以帮助我们的客户和合作伙伴优化其工业业务过程。

(4) Predix 云。

Predix 云是一个全球范围的安全云基础设施,它针对工业负载进行了优化,而且符合诸如医疗和航空等行业的严格监管标准。

风机和风场处于 Predix 平台的"边缘"。使用 Predix 服务,可以接收和分析来自风机传感器的数据,也可以监视和优化风机的运行,以获得该资产的最大价值。Predix 检测异常情况并在断电发生之前帮助进行预测,进而改进风场可靠性,优化实时维护并减少风机停机时间。

(5) Predix 平台架构。

展示 Predix 平台架构的一个示例是从风机收集数据并将其推送到云上的风场应用程序。其平台整体架构如图 9.2 所示。

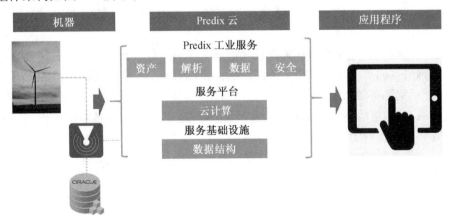

图 9.2 GE Predix 平台整体架构

Predix 机器是一个硬件和软件结合的解决方案,可以使用从传感器收集的数据并使用边缘分析监视工业资产的状态。如果检测到不正常的情况,Predix 机器可以在损坏发生之前将风机关停。通过 Predix 机器,数据科学家可以存储并分析整个风场的数据。他们可以查找一段时间的趋势,识别新的模式,创建新的边缘分析,并将这些信息推送回所有风机。Predix 连接(Predix Connectivity)具有离线支持功能,能为应用程序提供持续数据访问,即使在网络不可用时也不中断。

应用程序开发人员可以使用 Predix 云上的工业服务构建、测试和部署工业互联网应用程序。这个定制构建的云数据基础设施具有增强的安全控制,世界一流的数据处理与联网功能。通过改进分析、实时资产优化或预测性维护,Predix 平台设计用于支持工业业务过程的持续改进。

9.2　挖掘工业大数据价值的核心技术——CPS

无论是德国工业 4.0 战略还是美国 CPS 计划,都将 CPS 作为实施的核心技术,并据此设定各自的战略转型目标。那么,从技术概念上来说,CPS 是什么?

CPS 不是一项简单的技术,而是一个具有清晰架构和使用流程的技术体系。它能够实现对数据进行收集、汇总、解析、排序、分析、预测、决策、分发的整个处理流程,具有对工业数据进行流水线式实时分析的能力,并在分析过程中充分考虑机理逻辑、流程关系、活动目标、商业活动等特征和要求。因此,CPS 是工业大数据分析中智能化体系的核心。

9.2.1　CPS 的定义与内涵

CPS(Cyber–Physical System)在众多翻译中比较合理的是"信息物理系统"或"网络实体系统",即:从实体空间的对象、环境、活动中进行大数据的采集、存储、建模、分析、挖掘、评估、预测、优化、协同,并与对象的设计、测试和运行性能表征相结合,产生与实体空间深度融合、实时交互、互相耦合、互相更新的网络空间(包括机理空间、环境空间与群体空间的结合);进而,通过自感知、自记忆、自认知、自决策、自重构和智能支持促进工业资产的全面智能化。

CPS 实质上是一种多维度的智能技术体系,以大数据、网络与海量计算为依托,通过核心的智能感知、分析、挖掘、评估、预测、优化、协同等技术手段,使计算、通信、控制(Computing、Communication、Control,3C)实现有机融合与深度协作,做到涉及对象机理、环境、群体的网络空间与实体空间的深度融合。

实体空间是构成真实世界的各类要素和活动个体,包括环境、设备、系统、集群、社区、人员活动等。而网络空间是上述要素和个体的精确同步和建模,通过模型模拟个体之间与环境之间的关系,记录实体空间跟随时间的变化,并可以对实体空间的活动进行模拟和预测,在 CPS 的自成长体系下,网络的空间价值和能力将不断得到提升。因此,实体空间和网络空间的关系是相互指导和相互映射的关系(图 9.3)。

以 CPS 为核心的智能化体系,正是根据工业大数据环境中的分析和决策要求所设计的,其特征主要体现在以下几个方面:

(1)智能的感知。从信息来源、采集和管理方式上保证了数据的质量和全面性,建立支持 CPS 上层建筑的数据环境基础;

(2)数据到信息的转化。可以对数据进行特征提取、筛选、分类和优先级排列,保证了数据的可解读性;

(3)网络的融合。将机理、环境与群体有机结合,构建能够指导实体空间的网络环境,包括精确同步、关联建模、变化记录、分析预测等;

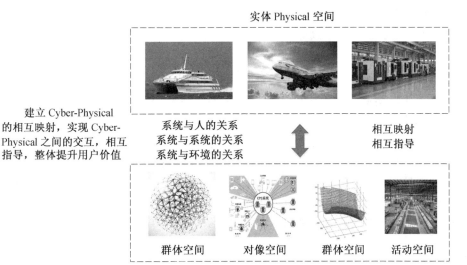

实体 Physical 空间

建立 Cyber-Physical
的相互映射，实现 Cyber-
Physical 之间的交互，相互
指导，整体提升用户价值

系统与人的关系　　　　　相互映射
系统与系统的关系　　　　相互指导
系统与环境的关系

群体空间　　对象空间　　群体空间　　活动空间

图 9.3　CPS 空间关系示意图

（4）自我的认知。将机理模型和数据驱动模型相结合，保证数据的解读符合客观的物理规律，并从机理上反映对象的状态变化。同时结合数据可视化工具和决策优化算法工具为用户提供面向其活动目标的决策支持；

（5）自由的配置。根据活动目标进行优化，进而通过执行优化后的决策实现价值的应用。

9.2.2　工业 4.0 对未来工厂的透明化——突破制造业中的不确定性

在制造业中，有很多可能无法量化甚至决策者也无法知晓的不确定性，这使决策者对他们资产的有效运作和使用情况无法形成合理的判断和结论。这些不确定性存在于工厂的内部和外部。内部的不确定性因素包括加工过程中的精度缺失造成的质量变化，以及由于部件磨损和衰退的累计造成的设备故障。由于不一致的操作，系统意外停机、生产资源的浪费、残品的存在和返工事件所引起的生产周期变化等都可能导致在生产计划与调度（系统或者生产工艺）上出现困难。与此同时，外部不确定因素所产生的阻碍作用通常会从产品开发延续到供应链环节，可表现为：不可靠的下游产能、原材料或部件运输、数量和质量的不可预测性；市场和客户的需求波动；由于生产过程中缺乏对产品状态的准确评估而导致的不完整的产品设计；随机保修索赔和更换要求等。

内部制造的问题可以进一步映射到两个领域：有形问题和无形问题。有形问题的例子包括机器故障、产品缺陷、不良循环时间、较长的延误时间、整体设备效率（OEE）降低等，而这些都是从事后分析中可以得到的非常明显的情况和信息。另一方面，无形的问题包括机器衰退、部件磨损等，如果没有审慎的预测分析和控制策略，这些不确定因素可能会对生产经营产生不利影响。

在每一个领域，问题都会以不可见性和可见性两种形态出现。对于可见性的问题，通常利用最佳做法和标准工作组成的工具来系统地处理。对于一个潜在的对策，公司与设备供应商合作，运用新知识和技术从内部解决问题，并将这些技术整合到他们的设备中作为增值改进。同时，要对不可见的问题尽量做到避免，比如利用故障诊断与健康管理（PHM）技术，使用先进的预测分析方法在故障早期阶段发现并避免问题等。因此，未满足的需求就是对可见空间成果的复制，并进一步明确从解决问题层面到规避问题层面是怎么处理的。利用预测工具和技术将展现出更多的新价值创造机会,这些机会都将利用新的信息(未知的知识)。

工业4.0所需要的就是可以提供具有透明度的工具和技术,这些工具和技术具有拆解和量化不确定性的能力,从而可以客观地估计制造能力和可用性。之前描述的制造策略假定设备的连续可用性及其在每一个使用过程中保持最佳性能,但这样的假设在一个真正的工厂中是不成立的。为了实现工厂透明化,制造业需要大量投入以转型为预测生产。这种革新需要使用先进的预测工具和方法,实现将工厂不断产生的数据系统地加工成有用的信息。这些信息可以帮助解释不确定性,从而使得资产管理者和过程监管者做出更"知情"的决策。

在制造业中积极采用"物联网"的思想为预测生产奠定了智能传感网络和智能机器的基础。在不同的细分市场中利用先进的预测工具已经变得越来越流行了。故障诊测与健康管理就是一个能够充分运用此类预测分析的领域。故障诊测与健康管理涉及制造状况的评估、早期故障的诊断以及未来失效时间推断,主动维护活动因此得以实现,并可以避免灾难性的、代价高昂的机器损坏。

9.2.3　工业4.0需要预测制造系统

可预测制造业的概念由李杰教授在2005年提出。它是以对监控机器设备的数据采集为起点的,通过采用合适的传感器装置,各种信号如振动、压力等都可以被采集,另外,历史数据也可以被用作进一步的数据挖掘。通信协议,如MTConnect和OPC,可以帮助用户记录控制信号;当所有的数据被汇总在一起,就构成了所谓的"大数据"(Big Data)。而信息的转化机制(Transforming Agent)由几个组件构成:整合的平台、预测分析方法和可视化工具。Watchdog Agent中的算法可分为4个部分:信号处理和特征提取、健康评估、性能预测和故障诊断。通过可视化工具,健康信息(如当前情况、剩余使用寿命、故障模式等)可以有效地以雷达图、故障图、风险分析以及健康的衰退曲线等形式表现出来。预测制造系统赋予设备和系统"自我意识"的能力,从而为用户提供更大的透明度,并最终避免了涉及生产力、效率和安全性的潜在问题。

预测制造系统的核心技术是一个包含智能软件来实现预测建模功能的智能计算工具。对设备性能的预测分析和对故障时间的估算将减少不确定性的影响,并为用户提供预先缓和措施和解决对策,以防止生产运营中产能与效率的损失。

预测制造系统为用户提供透明化信息,如实际健康状况、设备的表现或衰退的轨迹、设备或任何组件什么时候失效以及怎样失效等。

一个精心设计和开发的预测制造系统具有以下好处:

(1)降低成本——通过了解生产资产的实际状况,维护工作可以在一个更合适的条件下实施而不是在故障发生后才更换损坏的部件或太早将一个完好的部件进行不必要的更换。这也被称为及时维护。

(2)提升运营效率——当知晓何时设备很可能会失效时,生产和维修主管就能够审慎地安排相关活动,从而最大限度地提高设备的可用性和正常运行时间。

(3)提高产品质量——衰退模式和近乎实时的设备状态估计可以与过程控制结合起来,以实现在设备或系统表现随时间变化同时产品质量的稳定。

随着制造业透明化的发展,工厂管理以准确的信息为基础确定工厂范围内的整体设备效率(OEE)。基于对设备的可预测能力,可以实现有效的管理维护从而降低管理成本。最后,历史健康信息也可以反馈到机器设备的设计部门从而形成闭环的生命周期更新设计。

9.3　基于大数据的深度学习技术

深度学习(Deep Learning)是一种机器学习方法,是人工智能的一部分。深度学习通过模拟人的学习活动,达到获取新知识或技能的目的。随着信息社会进入大数据时代,数据的快速增长既是机遇也是挑战。一方面,大数据可以为深度学习提供大规模的样本集进行训练继而对数据挖掘和选择,有效地分析和处理这些数据;另一方面,大数据的异构性和海量性又会造成维数灾难,同时需要先进的硬件平台支撑以及优化技术。

9.3.1　深度学习理论

2006 年 Hinton 教授提出的深度学习方法在机器学习领域刮起了新的思想风暴。越来越多的学者开始致力于深度学习的研究,经过无数人的努力和数十年的发展,深度学习不论在理论还是在实践方面都创下了不菲的成绩。时隔六年,Hinton 团队通过构建 1 200 层的深度神经网络实现了 imagenet 数据的最高分类结果,成功摘得当年 imagenet 比赛桂冠。同年 3 月份,谷歌开发的人工智能 AlphaGo 通过训练 3 000 万场比赛数据成功挑战当时的人类围棋冠军,隔年 10 月,谷歌新研发的 AlphaGo Zero 只依靠训练的 490 万盘数据以 100∶0 大胜 AlphaGo。深度学习模型通过模拟人类大脑的神经元连接方式建立多隐层的神经网络模型,其进行图像、文本及声音等信号的分析时,通过逐层变换对数据特征进行自适应提取和表达,从而挖掘出信号的隐含有用信息。如图 9.4 所示,与传统方法相比:深度学习能够实现特征的自主学习过程从而简化特征提取、特征选择及建立模型过程,将深度学习称为"深度"模型是与诸如支持向量机(Supportvector Machine, SVM)、BP 神经网络和最大熵方法等"浅层学习"方法比较得来的,浅层学习方法主要根据专家经验实现特征的提取和选择,即使训练所得特征也是基于单层次的网络结构,范化能力差。深度学习的层数多意味着进行非线性变换的次数多,特征通过逐层提取得到,实现高纬特征空间向低纬特征空间的分割和映射,挖掘出大数据中的有用信息,从而更有利于分类或特征的可视化。

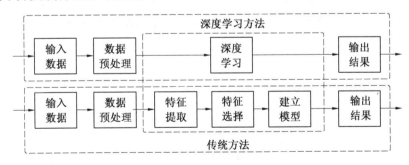

图 9.4　深度学习算法与传统算法的比较

应用较为广泛的深度学习模型为:深度置信网络(Deep Belief Nets,DBN)、生成式对抗网络(Generative Adversarial Networks)、卷积神经网络(Convolutional Neural Network,CNN)、深度神经网络(Deep Neural Networks,DNN)和堆叠自动编码器(Stacked AutoEncoder,SAE)。

目前,深度学习的主流框架主要包括 Caffe、TensorFlow、MXNet、Torch 和 Theano。

(1)Caffe。Caffe 于 2013 年由 Yangqing Jia 基于卷积神经网络编写和维护,是第一个主流的工业级深度学习工具,其开发语言是 C++,速度快,在计算机视觉领域很流行,但其缺点在于灵活性一般,而且对递归网络和语言建模的支持度较差。

(2)TensorFlow。TensorFlow 是由谷歌公司开发的第二代深度学习工具,它使用了向量运算的符号图方法,支持快速开发,且因其开源性和灵活性,深受开发人员喜爱。它的局限性在于速度较慢,内存占用相对较大,而且只能在 Linux 和 MAC OS 系统上开发。

(3)MXNet。MXNet 是另一款开源的深度学习工具,重在灵活性和高效性,同时强调提高内存使用率,其主要的开发语言也是 C++,是一款非常好用的国产开源工具。

(4)Torch。Torch 是 Facebook 力推的深度学习框架,具有较好的灵活性和高效性,主要的开发语言是 C 和 Lua,其核心的单元都已经过优化,使用者不需要花多余的时间在计算机优化方面,可以专注于实现算法。

(5)Theano。Theano 是 2008 年由蒙特利尔理工学院研发,其最大的特点就是灵活性很高,适合学术研究,对递归网络和语言建模都有很好的支持,同时基于开发语言 Python 派生了大量的深度学习软件包,而且是可以在 Windows 系统上运行的深度学习框架,唯一的缺点就是其速度不高。

9.3.2　深度置信网络

深度置信网络(DBN)主要分为贪婪逐层无监督预训练和有监督 BP 反向微调两部分,其由多个限制波尔兹曼机(RBM)堆叠而成,是一个概率生成模型。生成模型在计算 P(Observation|Label)和 P(Label | Observation)组成的联合概率分布的基础上利用堆叠 RBM 的 CD 快速学习算法实现从原始数据中发现更深层次的数据分布特征,采用逐层训练的方式将样本的高维特征映射输出到低维特征空间,主动地学习特征表达并对数据进行解释或者分类。

1.受限玻尔兹曼机

DBN 的重要组成部分——受限玻尔兹曼机(RBM)是一个只有可视层(也称“显层”)v 与隐含层 h 的简单神经网络,如图 9.5 所示。原始数据直接输入显层,隐含层对数据进行特征自适应表达。显层神经元与隐含层各个神经元相互连接,二者自己内部的神经元却相互独立,没有任何连接关系,即隐含层神经元的情况变化只能由显层神经元引起,如此简化了网络结构,每次接收原始数据进行训练时可以直接对每层的所有神经元进行求解,利于实现算法的并行从而提升计算效率。

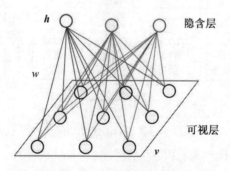

图 9.5　受限玻尔兹曼机网络结构图

RBM 不同于传统的判别模型,而是一个能量概率生成模型,因为 RBM 的主要目的是对原始数据进行无监督学习达到良好的拟合功能,基于统计动力学理论,而能量模型具有强大的模拟概率分布情况不明复杂非线性数据的功能。其次,能量模型具有非常明确的目标函数和目标解,适合进行无监督学习。

可视层状态向量 $\boldsymbol{v} = (v_1 \quad v_2 \quad \cdots \quad v_{n_v})^\mathrm{T}$,可视层偏置向量 $\boldsymbol{a} = (a_1 \quad a_2 \quad \cdots \quad a_{n_v})^\mathrm{T}$;隐含层状态向量 $\boldsymbol{h} = (h_1 \quad h_2 \quad \cdots \quad h_{n_h})^\mathrm{T}$;隐藏层偏置向量 $\boldsymbol{b} = (b_1 \quad b_2 \quad \cdots \quad b_{n_h})^\mathrm{T}$;隐含层和显层的连接权重 $w = (w_{i,j}) \in R^{n_h \times n_v}$,RBM 的参数集: $\theta = (w, \boldsymbol{a}, \boldsymbol{b})$, v 层和 h 层二者间的能量模型可用式(9.1)定义。

$$E_\theta(\boldsymbol{v}, \boldsymbol{h}) = -\boldsymbol{a}^\mathrm{T}\boldsymbol{v} - \boldsymbol{b}^\mathrm{T}\boldsymbol{h} - \boldsymbol{h}^\mathrm{T}w\boldsymbol{v} \tag{9.1}$$

式中, n_v、n_h 为显层、隐含层的节点数。

联合概率分布似然函数定义为

$$p_\theta(\boldsymbol{v}, \boldsymbol{h}) = \exp[-E_\theta(\boldsymbol{v}, \boldsymbol{h})]/Z_\theta \tag{9.2}$$

式中, Z_θ 为归一化因子。

$$Z_\theta = \sum_{v,h} \exp[-E_\theta(\boldsymbol{v}, \boldsymbol{h})] \tag{9.3}$$

条件概率分布似然函数定义为

$$p(\boldsymbol{v} \mid \boldsymbol{h}) = \prod_k p(v_k \mid \boldsymbol{h}) \tag{9.4}$$

RBM 中,隐含层神经元开启的概率为

$$p(h_k = 1 \mid \boldsymbol{v}) = \mathrm{sigmoid}\left(b_k + \sum_{i=1}^{n_v} w_{k,i} v_i\right) \tag{9.5}$$

相应地,隐含层神经元不开启的概率为

$$p(h_k = 0 \mid \boldsymbol{v}) = 1 - p(h_k = 1 \mid \boldsymbol{v}) \tag{9.6}$$

显层与隐含层互相连接,故显层开启的概率为

$$p(v_k = 1 \mid \boldsymbol{h}) = \mathrm{sigmoid}\left(a_k + \sum_{j=1}^{n_h} w_{j,k} h_j\right) \tag{9.7}$$

显层不开启的概率为

$$p(v_k = 1 \mid \boldsymbol{h}) = 1 - p(v_k = 0 \mid \boldsymbol{h}) \tag{9.8}$$

训练 RBM 的目的是迭代更新 θ 来拟合训练样本,让 RBM 表示的概率分布尽可能与可视层输入数据集一致。假设可视层输入数据为

$$X = \{\boldsymbol{v}^1, \boldsymbol{v}^2, \cdots, \boldsymbol{v}^s\} \tag{9.9}$$

式中, $\boldsymbol{v}^i = (v_1^i \quad v_2^i \quad \cdots \quad v_{n_v}^i)^\mathrm{T}$ $(i = 1, 2, \cdots, s, s$ 为样本数)。

训练 RBM 使似然函数最大化为

$$l_{X,\theta} = \prod_{i=1}^s P(\boldsymbol{v}^i) \tag{9.10}$$

直接求解式(9.10)比较复杂,将对数似然函数作为优化的目标函数,即

$$\ln l_{X,\theta} = \ln \prod_{i=1}^s P(\boldsymbol{v}^i) = \sum_{i=1}^s \ln P(\boldsymbol{v}^i) \tag{9.11}$$

采用梯度上升迭代更新 RBM 参数,计算式如下:

$$\frac{\partial \ln l_{X,\theta}}{\partial W_{i,j}} = \sum_{m=1}^s \left[P(h_i = 1 \mid \boldsymbol{v}^m) \boldsymbol{v}_j^m - \sum_r [P(\boldsymbol{v}) P(h_i = 1 \mid \boldsymbol{v}) v_j] \right] \tag{9.12}$$

$$\frac{\partial \ln l_{X,\theta}}{\partial a_i} = \sum_{m=1}^s \left[\boldsymbol{v}_i^m - \sum_s [P(\boldsymbol{v}) v_i] \right] \tag{9.13}$$

$$\frac{\partial \ln l_{X,\theta}}{\partial b_i} = \sum_{m=1}^s \left[P(h_i = 1 \mid \boldsymbol{v}^m) - \sum_v P(\boldsymbol{v}) P(h_i = 1 \mid \boldsymbol{v}) \right] \tag{9.14}$$

RBM 参数迭代更新定义为

$$\theta = \theta + \eta \, \frac{\partial \ln l_{X,\theta}}{\partial \theta} \tag{9.15}$$

式中,$\eta > 0$ 为学习率。

对原始输入曲线的定义为

$$v_j = \frac{v_j^1 + v_j^2 + \cdots + v_j^s}{s} \quad (j = 1, 2, \cdots, n_v) \tag{9.16}$$

依据公式(9.5)获得 RBM 训练提取的隐含层特征:

$$h_j^i (j = 1, 2, \cdots, n_h; i = 1, 2, \cdots, s; n_h \text{ 为提取特征维数}, s \text{ 为样本数})$$

按照公式(9.7)得到由隐含层特征重构的显层数据:

$$h_j^{i\prime} (j = 1, 2, \cdots, n_v; i = 1, 2, \cdots, s; n_v \text{ 为重构数据维数}, s \text{ 为样本数})$$

最终定义重构曲线为

$$v_j' = \frac{h_j^{1\prime} + h_j^{2\prime} + \cdots + h_j^{s\prime}}{s} \quad (j = 1, 2, \cdots, n_v) \tag{9.17}$$

RBM 对原始输入数据不断迭代训练从而求取显层与隐含层互相连接的最佳权值和偏向等网络参数,实现对原始数据有效特征的学习与表达。2006 年以前这个训练过程还是非常漫长的,不过 Hinton 开创性地提出了对比散度(Contrastive Divergence,CD)算法来加快 RBM 的训练过程,对 CD 算法进行 k 次采样就可获得 CD – k 算法,实际工程中通常将 k 设定为 1 就能实现非常好的训练效果,CD 算法结构如图 9.6 所示。

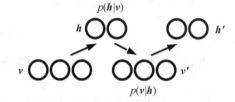

图 9.6　CD 算法结构

CD 算法的原理是对输入 RBM 的原始数据的显层节点 v 的网络参数 w, a 和偏向 b 初始化后交替进行 k 次吉布斯采样,对得到的 k 次采样结果 $P(h \mid v^i), v^i$ 来近似 $l(\theta)$ 对相应参数的偏导值,然后按照公式(9.5)和(9.7)计算隐含层 h 和重构数据 h',最后利用公式(3.11)至(3.13)更新参数 $\theta = \{W, a, b\}$。

$$w = \rho w + \eta \times \left[p(h = 1 \mid v)^{\mathrm{T}} - p(h' = 1 \mid v') v'^{\mathrm{T}} \right] \tag{9.18}$$

$$a = a + \eta \times (v - v') \tag{9.19}$$

$$b = b + \eta \times (h - h') \tag{9.20}$$

式中,ρ 代表动量,η 代表学习率。

2. DBN 结构及训练方式

DBN 以堆叠 RBM 的方式对原始数据进行特征的逐层表达,每一层 RBM 隐含层学习到的特征都会输入到下一层 RBM 的显层,如此不断交替输出学习特征实现无监督训练过程直到迭代停止。以这样的方式 RBM 可以从原始数据中自主学习到大量有效特征并进行特征表达。将输入的高维数据映射到低维特征空间后在获取数据的低维特征之后,只有在最顶层再加一个分类器才可以实现数据的分类识别过程,选取 Softmax 分类器作为 DBN 的分类器。DBN 的结构图如图 9.7 所示,容易发现 DBN 是由多个堆叠的 RBM 组成的无监督训练部分和 BP 有监督反向微调部分组成。

DBN 的训练过程可以划分为以下两步,如图 9.8 所示:

第 1 步:预训练阶段。该阶段是堆叠的 RBM 以无监督的学习方式进行训练的过程,每一个 RBM 都有正向计算和反向重构两个步骤,利用分批训练和多次迭代的方式来找到每层 RBM 的最优网络参数。

第 2 步:微调阶段。堆叠 RBM 将高维特征映射输出低维特征之后,在最上层连接一个 BP 神经网络,BP 网络通过不断缩小输出数据与标签数据的差异来自上而下地有监督微调所有网络参数,从而实现整个网络参数为全局最优。

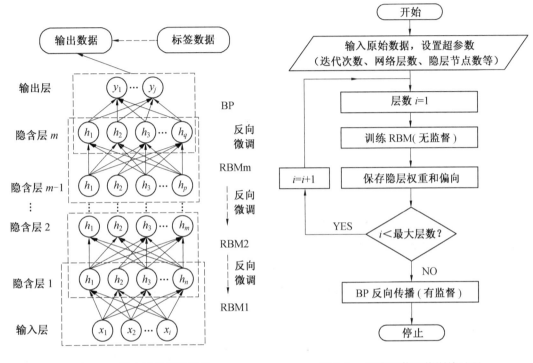

图 9.7　深度置信网络结构　　　　　图 9.8　深度置信网络训练过程

9.3.3　卷积神经网络

Hubel 等在研究猫脑皮层中的神经元时,首次提出卷积神经网络(Convolutional Neural Network, CNN) 的概念。卷积神经网络是多个单层卷积神经网络(卷积层、激活层、池化层)堆叠而成,层与层之间相互连接,然后在最后一层添加全连接层和分类层,可以直接对原始图像进行处理,由于其具备的局部感受野、权值共享和降采样等特点,并且可以高度保存图像信息即使对图像进行了旋转、倾斜、比例缩放或其他形式,因而在图像识别领域得到广泛的应用。

单层卷积神经网络可分为两个步骤:卷积和下采样,但下采样操作可以根据自己的网络需要设置有无。

(1) 卷积层。

CNN 中的卷积操作依据于图像的一种固有特点,即图像对某一子块进行特征自主学习后会将这些学习特征看成探测器部署到所有子块中进行学习,从而得到各个不同子块的激活值。输入特征图每个位置的固定特征都会被各个卷积核探测一遍,从而达到同一输入特征图上的权值共享目的。卷积操作的计算方法为

$$x = f\left(\sum x * k + b\right) \tag{9.21}$$

式中，* 为二维离散卷积运算符；x 为输入特征图；b 为偏置；w_{ij} 为卷积核；$f(\cdot)$ 为激活函数。

（2）激活层。

图像进行卷积处理后的每一层输出的 logits 值需要激活函数对其非线性变换，使得原本线性不可分的多维特征可以映射到一个线性可分性增强的另一空间，从而实现特征空间的转换过程。神经网络中常用的激活函数有修正线性单元 ReLU、Sigmoid 函数和双曲正切函数 Tanh。

（3）下采样。

图像经过卷积操作后得到的特征图片远远多于原始图片集数量，经过卷积层，特征图片个数增加，导致特征维度激增，伴随而来的维数灾难问题会带来运行效率低、冗余特征越来越多等诸多问题，故经常采用聚合统计的方法来处理特征图片实现高维图像的描述解释，此过程即下采样。下采样处理后的特征图片的维度会减少，即图片的分辨率会降低，但仍然可以最大程度地保留高分辨率特征图解释表达出的特征。下采样的计算方法为

$$x = f(\beta \cdot \text{down}(x) + b) \tag{9.22}$$

式中，β 为乘性偏置；b 为加性偏置；$\text{down}(\ )$ 为下采样函数；$f(\cdot)$ 为激活函数。

（4）全连接层。

全连接层是实现与上一层输出特征图的神经元节点进行非线性映射的过程，其所有神经元节点都与上一层的相互连接，实现数据分类，其输出为

$$h(x) = f(w \cdot x + b) \tag{9.23}$$

式中，x 是全连接层的输入；$h(x)$ 为输出；w 为权值；b 为加性偏置；$f(\cdot)$ 为激活函数。

分类过程中极容易出现过拟合现象，即训练准确率几乎达到 100%，但测试集的准确率却非常低，此时模型的泛化能力特别差。为了避免这种情况，流行的做法是在全连接层导入 "Dropout" 方法，简而言之，就是根据一个固定的概率值随机地让某些神经元停止训练，使其具备学习相同分布的不同数据集特征的能力。通常会在卷积神经网络的全连接连接一个分类器实现网络的分类功能，该分类器最好使用具有权值可微性能的分类器，如此便可利用基于梯度的学习方法来训练整个网络，现阶段比较流行的有：项式逻辑回归（Multinomial is Function Networks，RBFN）、Sofmax 等。本书最终决定将 Softmax 回归作为 CNN 的分类器，其由逻辑回归模型扩展而来，对于解决多分类器问题具有出色的效果。

（5）目标函数。

衡量输入信号与神经网络输出信号一致性的函数称为目标函数（Objective Function）或损失函数（Loss Function），其中平方误差函数和交叉熵损失函数是比较流行的两种形式。假使 CNN 网络的输出 Softmax 值是 q，且它的目标分布 p 是 one-hot 类型的热标签向量，那么当目标类别是 j 时，存在 $P^j = 1$，否则 $P^j = 0$。将平方误差函数和交叉熵函数当作目标函数的计算公式分别为

$$L = \frac{1}{m} \sum_{k=1}^{m} \frac{1}{2} \sum_{j} (p_k^j - q_k^j)^2 \tag{9.24}$$

$$L = -\frac{1}{m} \sum_{k=1}^{m} \frac{1}{2} \sum_{j} p_k^j \log q_k^j \tag{9.25}$$

式中，m 代表输入的小批量（mini - batch）的值。

（6）卷积神经网络的训练。

卷积神经网络的训练过程与 DBN 一样,也是由前向传播和反向传播组成。前向传播指输入原始样本到卷积神经网络中,经过多个卷积、池化、激活等操作后获得实际输出;反向传播则通过计算网络实际输出与实际标签之间的误差后将误差值自上而下地反向传播,接着通过随机梯度下降法对网络参数进行调节,一直到迭代次数到达预设值或网络收敛为止停止训练过程。

牛津大学计算机视觉组开发的 VGGNet（Visual Geometry Group Network）卷积神经网络模型,使用多个较小卷积核（3×3）的卷积层代替常用的卷积核较大（5×5 和 7×7 等）的卷积层,堆叠两个 3×3 的小卷积核即可获得和 5×5 的卷积核相同大小的感受野,堆叠 3 个小卷积核即可代替 7×7 的卷积核,其目的是减小网络参数的同时进行更多的非线性映射,增加网络深度从而提高网络的拟合和表达能力,但不可避免的是网络深度越深模型训练时间越长。

9.3.4　基于深度学习的故障诊断

我国工业领域逐渐趋于自动化、大型化、系统化。在无人化工厂的进程下,机械设备的组成越来越复杂,功能越来越完善,设备安全问题逐渐受到人们的重视。通过对机械设备所采集的振动信号进行特征提取从而进行故障诊断是最为常用的方法。然而如今机械设备的发展逐渐趋于高精、高速、高效,伴随着数据采集与存储技术的不断发展,获取的故障信号逐渐呈现"机械大数据"的特点,传统的故障诊断方法很难对海量的故障数据进行处理。深度学习算法是人工智能的分支,因其多隐含层网络与自适应的特征提取能力而能够挖掘数据更深层次的本质特征,利用原始信号的所有特征,不舍弃原始数据信息,相对于传统方法更精确地刻画故障数据从观测值到故障类别之间复杂的映射关系。

1. 深度置信网络主要参数设置

在利用 DBN 算法解决实际问题的过程中,参数设置的过程最为重要,不同的参数设置很有可能导致结果的好与坏,本节主要介绍 DBN 主要参数的设置方式。

（1）DBN 参数初始化。

设置 DBN 参数之前需要对 RBM 网络中的 $\theta = \{w, b, c\}$ 进行初始化,式中 w 为各层网络之间计算的连接权值,b 为显层（数据输入层）的偏置值,c 为隐含层（数据输出层）的偏置值。结合 Hinton 在 2006 年发表的论文以及经验值的设定,采用以下公式对连接权值 w 进行正态分布 $N(0,0.1)$ 初始化,对显层偏置值 b 隐含层偏置值 c 采取初值为 0 的初始化方式。

$$w = 0.1 \times \text{randn}(m, n) \tag{9.26}$$

$$b = \text{zeros}(n, 1) \tag{9.27}$$

$$c = \text{zeros}(m, 1) \tag{9.28}$$

式中,m 为 RBM 结构中输入层的特征维度;n 为 RBM 结构中输出层的特征维度。

对于偏置值 b、c 的设置可以采用上述初始化为 0,也可以与权重初始化方式相同,采用正态随机分布初始化。具体设置需要根据具体计算情况不断改变,不同的设置对结果会产生细微的差别,当需要对程序进行优化时,可以考虑对此项设置进行修改。

（2）DBN 网络结构的设置。

对于网络结构的设置主要分为网络深度和网络各层节点数两部分。深度学习区别于传统神经网络主要在于其网络的深度。所谓深度即为网络的层数的多少,随着隐含层数目的增加可以降低各层节点数之间的差距,从而提高特征提取能力,但是也造成了网络的结构较长,训练时间显著增长的同时可能由于参数设置不当导致训练误差逐层累积,造成训练误差过大或者过拟合的现象。参考 Hinton 的论文以及经验设置,对网络深度设置为五层网络,即由输入层、3 个隐含层、输出层组成。

网络各层节点数的设置对于特征提取能力的影响在前面已经做出讨论,输入层节点数根据待训练的数据的特征维度确定;输出层节点数则根据要求分类的种类数设置;隐含层可以通过恒值型、升值型、降值型、中凸型与中凹型等方式设定网络节点数,至今在设置网络节点数没有较为成熟的研究,部分可参考 BP 神经网络的节点数设置验公式进行设置,但对于不同的情况需要改变节点数的设置。

(3)训练学习率的设置。

不同学习率对 DBN 网络的训练准确率具有明显的影响,若设置的过高,虽然可以加快网络训练的速度,但是可能导致过拟合现象,即对训练集的识别具有较高的准确率而对测试集的识别准确率很低;若学习率设置的很低,虽然可以保证网络训练比较稳定,但是训练时间会很长,当迭代次数设置较少时网络可能不收敛。因此对于不同的网络训练过程,恰当的学习率设置是必要的,然而对学习率的设置方法暂时也没有成熟的规则,根据上文对不同学习率对 RBM 特征提取能力的影响情况,结合经验值设定,可以对学习率设置为 0.1,实际设置需要结合具体情况。

深度置信网络包括两部分学习率,RBM 预训练部分的学习率可根据上文的设置方式;对于 BP 反向微调部分的学习率可采取动态学习率的设置,可以避免固定学习率造成的局部最优值,设置方法可分为指数式下降、等差下降等。

(4)迭代次数的设置。

迭代次数对分类准确率的影响与其他很多参数相关,如权重与偏置的初始化方式、学习率等都有关联性,如对 w、b、c 的初始化方式为正态分布随机初始化,且其他参数设置相同的情况下,提高迭代次数则会对准确率的提高有明显效果,而将 w、b、c 初始化为 0,则提高迭代次数对提高准确率没有明显的效果。学习率的大小直接关系着网络收敛的速度,因此学习率设置较小时,应经过多次迭代才可以使网络逐渐收敛。综上,设置迭代次数时,应综合考虑其他参数的设置、分类准确率、计算时间等综合因素,设置最佳的迭代次数。

(5)其他参数的设置。

动量参数可以加快学习速度,网络训练过程中,权重更新方向不仅仅和梯度有关系,而且和上一次更新的权重有关系,即动量积累了历史的梯度方向,若当前梯度与历史方向相似则加强趋势,若相反则减弱趋势。动量参数的设置可以一定程度的稳定学习率对训练结果带来的影响,根据经验值可设定初始值为 0.5 ~ 0.9。

训练批量可以将原始数据分批进行训练,DBN 采用吉布斯采样方法对原始数据进行分批训练,用以产生多变量概率分布的样本,经过多次操作可以接近于对真实样本的分布,从而更好的对原始数据进行特征提取,训练批量的设置应满足以下几点要求:

① 每一批的数据量应包含数据种类数,每一类必须有一个样本,故设置最小值为分类的类别数。

② 设置训练批量就是为了对原始数据进行分批,故该参数必须能被原始数据样本数整除。

③ 合理的范围。设置过大,对于大数据的一次性输入可能导致内存溢出的问题,同时计算完一次数据集的迭代次数减少,对参数的修正变得缓慢。设置的过小,导致计算极为缓慢。故此在合理的范围内适当的增加批量大小,合理使用内存,减少训练时间并有效提高准确率。

④ 另外对权值衰减、稀疏度设置等可根据经验值设定。

2. 故障诊断过程

基于深度置信网络的故障诊断方法克服了传统的特征提取的复杂过程,直接从经过简单数据预处理之后的高度保留原始数据特征的数据集中进行训练与分类,集无监督训练与有监督微调为一体,更方便、更准确地识别故障结果。利用深度置信网络进行故障诊断的过程见表 9.2。

表 9.2　利用 DBN 进行故障诊断的过程

步骤	主要内容
1	确定故障类型与故障诊断任务
2	对原始数据进行预处理,包括 FFT 变换、归一化,并对处理好的数据按照一定长度划分样本长度,划分训练集与测试集
3	初始化 DBN,设置网络节点数、训练学习率、迭代次数、动量参数等
4	堆叠 RBM 逐层特征提取,初步得到权重矩阵
5	通过 BPNN 反向微调整个网络以优化参数
6	使用 Softmax 分类器对测试集分类

在 DBN 完成对故障数据的训练与分类之后,通过对原始数据与分类结果的可视化对比可以直观地看出 DBN 的分类能力。但由于数据维度高,不能直接进行可视化,因此,需要使用 PCA 方法从各层得到的特征矩阵中选取前三个主要特征绘制三维散点图,从而观察 DBN 的分类能力。

9.4　基于大数据的刀具磨损状态智能诊断

数控系统在智能制造装备系统中占据极其重要的地位,且向无人化、集成化和自动化的方向不断发展,其加工效率、加工成本和加工质量与刀具的健康状态息息相关,因此研究刀具健康监测技术显得尤为重要。随着自动化技术、传感技术和信息化等技术的飞速发展,刀具健康监测系统可以轻而易举地获取海量数据,获取的磨损状态信号呈现工业大数据多源异构的特性。传统的处理刀具健康监测的方法多通过信号特征提取、特征选择后进行模式识别达到刀具状态识别的目的,这种方式不仅依赖于大量的专家知识和极强的信号分析理论且耗时耗力,很容易受到人为主观因素影响,因此通过深度学习算法处理刀具数据,从而充分利用刀具健康监测系统的多传感器信息,实现刀具多源异构大数据的融合。

9.4.1　刀具监测方法

刀具从损坏形式上常分成磨损和破损两类。在金属工件切削过程中,刀具与工件之间会互相摩擦,二者的相互作用必然会导致刀具不断磨损甚至产生破损失效的情况,一旦刀具磨损程度非常严重或破损影响加工质量和效率时就有必要更换新的刀具,从而获得加工质量合格的产品并保证加工系统的安全性和可靠性。

按照测量方式的不同,刀具的检测方法分成直接(测量)法和间接法两种。直接测量法包括光学测量法、射线测量法和接触法等,其优点是可以准确识别刀具外观、表面质量和几何尺寸的变化,但是直接测量法通常需要中断加工过程,造成生产效率下降,上述原因严重限制了直接测量法的应用。

相对于直接测量法,间接测量法能够在刀具切削过程中通过传感器实时测量与刀具状态有关的特征变量,进而根据特定的映射关系获取刀具状态,主要方法有切削力监测法、主轴电机功率监测法、振动监测法、工件表面粗糙度法、声音信号和声发射信号监测法等。间接测量法克服了直接测量法的缺点,并且传感器安装便捷,能实现刀具磨损状态的实时监测,不对加工过程的连续性产生影响。因此,通常使用更适于工业现场环境的切削力、振动、切削温度和声发射监测法对刀具状态进行监测,每种信号都有各自的优缺点,其总结见表9.3。

表9.3　监测信号特点

监测方法	特点
声发射	频率高(50 ~ 1 000 kHz),灵敏度较高,安装条件较苛刻,抗环境干扰能力强
声音	阵列传声器,频率为20 ~ 20 000 Hz,容易受到环境噪声的污染,但安装简单
切削力	反应迅速、灵敏度高、稳定性好和可靠性强,但安装困难
振动	安装方便,但易受加工系统和环境振动的影响
切削温度	安装方便,经济性好,受到切屑和切削液的影响大
工件纹理图像	测量简单,但对安装有一定要求,且不容易在线测量
电流和功率监测	安装方便,成本较低,对加工条件要求不高,且不干扰加工过程,但精度不高

9.4.2　刀具监测数据信号采集系统

通过上一节分析,本节选用振动、声音与红外热图像相结合的多传感器信号监测方案对铣刀进行监测实验。铣刀多源异构信号采集的总体方案如图9.9所示。机床是信号的来源,加速度传感器采集主轴两个互成90°方向的振动信号,声音传感器安装在靠近工件的位置对噪声信号进行采集,三路传感器信号通过 NI DAQ PXI4472 采集卡转化为数字信号存入PC机中;红外热图像由红外摄像仪拍摄,电脑主机通过调用摄像头 IP 地址访问图像拍摄端口存储图像和接收 PXI 传输的结构化信号,然后对多源异构信号进行处理、分析和数据同步。

采用的数控铣削设备是美国 HAAS(哈斯)公司的四轴立式铣钻数控加工中心,如图9.10所示。该加工中心的三轴加工行程为 X/765 mm × Y/406 mm × Z/508 mm,主轴转速为0 ~ 8 100 r/min,无级可调。

(1)刀具及加工材料。

选择的加工刀具是硬质合金材质的立铣刀,刀柄和刀片之间可以拆卸实现刀片的简单更换。刀杆是产自 DEREK 公司的 AHU - C12 - 12 - 1T 单刃铣刀杆。本节实验所用刀片的型号为 JDMT100308 PTH30E 的硬质合金刀片,如图9.11所示。使用的工件为未热处理的 45# 钢,材料硬度大概是 HBS220,尺寸大小:100 mm(长) × 100 mm(宽) × 60 mm(高),如图9.12所示。

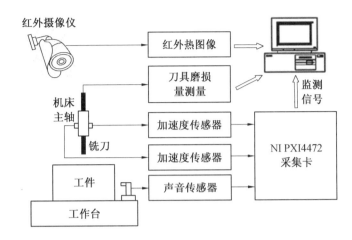

图 9.9　铣刀多源异构信号采集的总体方案

图 9.10　哈斯公司的四轴立式铣钻数控加工中心

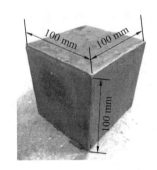

图 9.11　硬质合金面铣刀实物图　　　　图 9.12　工件实物图

（2）振动传感器。

在与主轴轴线互相成90°方向的非旋转部位上安装两个加速度传感器,如图9.13所示,传感器选择了法国Vibrasens公司的VS109.1型,分别采集X轴(工件进给方向)和Y轴的振动信号,其性能参数见表9.4。

表9.4   加速度传感器性能参数表

量程	灵敏度	频率范围	质量
±50 g	100 mV/g	0.5 ~ 20 Hz	80 g

(3)声音传感器。

声音传感器选择了美国PCB公司的阵列传感器和集成前放(型号130E22),其主要性能参数见表9.5,安装方式如图9.14所示,利用磁铁底座固定在工作台上接近工件处。

表9.5   声音传感器性能参数表

直径	响应	频响(±2 dB)	灵敏度(S)	动态范围	温度范围
1/4 in	自由场	10 ~ 20 kHz	45 mV/Pa	(< 30, > 122 dB)	+ 14 ~ 122 ℉ - 10 ~ + 55 ℃

 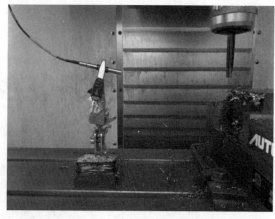

图9.13   振动传感器安装图   图9.14   声音传感器安装图

(4)红外热成像摄像机。

刀具表面温差热图像照片由海康威视的 DS - 2TD2636 型号的热成像双光谱网络筒摄像机(图9.15)采集,其分辨率为 1 920 × 1 080,焦距为 6 mm,最大图像尺寸为 384 mm × 288 mm。

(5)OLS3000 激光共聚焦显微镜。

通过 OLS3000 激光共聚焦显微镜测量后刀面磨损量,如图 9.16 所示。其性能参数如下:分辨率指标,x、y 为 0.12 μm,最佳测量范围为 1 ~ 1 500 μm;z

图9.15   红外热成像摄像机

为 0.01 μm,最佳测量范围为 0.5 ~ 3 000 μm。放大倍数为 120 ~ 14 400 倍。

(6)PXI 机箱及采集卡。

采用美国 NI 公司出品的采样率高达 102.4 KS/s 的 PXI - 4472 数据采集卡获取传感器数据,其配备了 IEPE 信号调理模块,具有将振动信号转换为 0 ~ 5 V 的模拟电压值的功能。配套的 PXI 机箱是一套装有 PXI - 8106RT 系统的 PXI - 1024Q 型 3U 低噪声机箱,如图 9.17 所示。

图 9.16　OLS3000 激光共聚焦显微镜

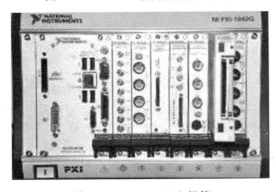

图 9.17　PXI – 1024Q 机箱

9.4.3　基于深度学习融合算法的刀具监测

利用多个深度置信网络对刀具的振动和声音原始信号进行分析,通过堆叠 RBM 自动提取特征,判断刀具磨损状态;再用刀具的红外热图像作为 CNN 卷积神经网络的输入,同时利用热编码方式创建与输入图像一一对应的刀具不同磨损状态的标签,卷积神经网络通过卷积池化等操作实现图像特征的自动表达。两种深度神经网络均不需要传统健康状态监测技术的手工提取特征的方法(如经验模态分解、小波包分解、Hilbert – Huang 变换等),充分体现了深度学习算法的优越性。

1. 基于 DBN 的结构化信号处理技术

刀具的结构化信号包含振动信号和声音信号两种,其数据集的构造方式一样,故本节只选取振动信号进行说明。首先选取两把铣刀 5 个不同磨损状态下的振动信号共 20 000 个样本,每种状态 4 000 个样本,其中随机选取 80% 作为训练集,剩余的 20% 视为测试集。根据采样频率、转速计算对数据的样本划分长度为 $60/1\,500 \times 10\,000 = 400$,即样本长度大于 400 时可以保留一个周期完整的特征,根据相关文献与资料确定 2 048 个数据点为原始样本划分的长度。对原始振动数据进行 FFT 变换将复杂的信号转化为由正弦信号叠加而成的频域信号,其可以在保留原始信息的前提下更好的对刀具磨损信息进行表达。

　　网络深度采用经典的六层,输入层的节点数与输入样本维度保持一致,本节设置为1 024,最后一层的输出节点数为刀具磨损状态的种类数,即为5。频域样本网络结构设置为(1 024,500,200,50,5)。对 DBN 模型的权重进行正态随机分布初始化,阈值初始化为0。RBM 根据前述讨论的结论,设置预训练的迭代次数、动量项和学习率分别为0.3、0.1 和 100。通过共轭梯度下降法对 BP 神经网络进行反向微调,总迭代次数设为3 000 次,得到的振动信号和声音信号的训练准确率和测试准确率结果分别如图9.18 和图9.19 所示。

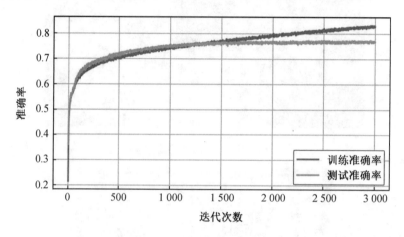

图 9.18　振动信号训练测试准确率

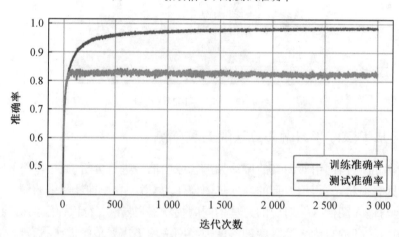

图 9.19　声音信号训练测试准确率

2. 基于 CNN 的刀具红外热图像处理技术

　　选用 CNN 深度神经网络处理刀具红外热图像,基于人的视觉特性,其可以对红外热图像特征进行逐级学习表达,在卷积时通过不同特征图的组合可以大大提高特征的表达能力。而且卷积神经网络的局部连接方式及具备的权值共享特点可以减少模型的参数数量,降低热图像分类模型的复杂度。CNN 处理图像时可以从原始图像中直接挖掘有效特征,且能不断调整更新学习过程。

　　利用摄像头获取两把铣刀每种磨损状态 4 000 个刀具红外热图像样本,总共 20 000 个样本,每个样本图像为 875 × 656 × 3 像素大小,每个像素值范围在 0 ~ 255 之间,3 为输入的通道数,其中一张原始的红外热图像样本如图9.20所示。训练集抽取总样本的80%,即16 000张红外热图像,剩下的4 000张热图像当作测试集。

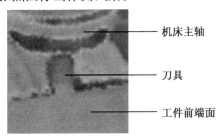

机床主轴

刀具

工件前端面

图9.20 刀具红外热图像

卷积神经网络含有堆叠式的3×3的卷积核,这样既能加深网络深度,也能实现以较少的参数,获取较大的感受野,从而抑制过拟合。将红外热图像输入CNN网络,对每个输入图像样本进行裁剪等比例缩放为200×200×3的RGB图,堆叠两个卷积核大小为32×3×3的卷积层,通过卷积运算对热图像进行特征表达,得到32张低层次特征。再通过3×3的池化层对提取到的低层次特征进行取样,继续添加两个64×3×3的卷积层,再经过2×2的池化层进行特征降维,再添加两个128×3×3的卷积层,得到128张高层次特征表达图。利用2×2的池化层实现特征降维到8×8,最后通过全连接层实现128×8×8的特征图谱到1 000个神经元的映射,实现与输出层5类磨损状态的映射,整个结构示意图如图9.21所示。

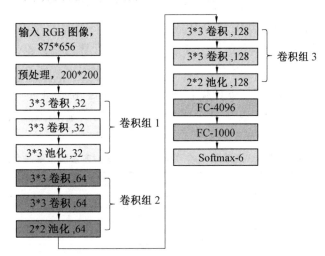

图9.21 CNN结构示意图

3. 基于D-S证据理论的深度学习融合算法

D-S证据理论是一种应用广泛、对不确定性数据具有良好处理效果的数学方法,但其对某一问题进行不确定性推理时需要满足问题的判别结果是互相独立不影响的,而本书采集的刀具多源异构信号源正好相互独立,适合用D-S证据理论来处理。故本书针对刀具的多源异构信号,考虑不同算法处理不同类型信号的优越性,考虑用深度置信网络处理结构化信号进行特征表达分类,用卷积神经网络处理非结构化信号,形成相应独立诊断结果后用D-S证据理论实现各子分类器结果的融合,从而充分利用多传感器信息,得到全局最优决策,整体框架如图9.22所示。

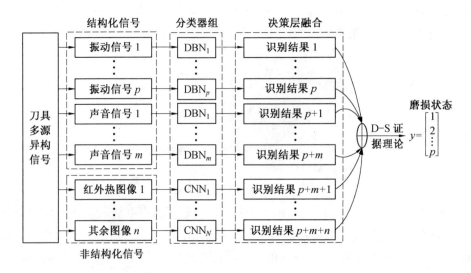

图 9.22　基于 D - S 证据理论的 DBN - CNN 深度学习算法融合多源异构大数据

D - S 证据理论融合各个识别结果的主要步骤如下：

（1）构建辨识框架 Θ。实现的目标是刀具磨损状态识别，故辨识框架是磨损状态空间：

$$\Theta = \{初期磨损\ S1，中期磨损\ S2，后期磨损\ S3，剧烈磨损\ S4，破损\ S5\}$$

（2）构造证据体。将 DBN 处理振动信号的识别方法 1、DBN 处理声音信号的识别方法 2 和 CNN 卷积神经网络处理红外热图像的识别方法 3 视作 D - S 证据理论融合的 3 个证据体。

（3）求解每个证据体的基本概率分配函数，根据需要计算每个证据体下的各个子集的似真空间。

（4）对 3 个识别结果运用 D - S 证据合成规则进行合成，得到融合后的信任度。

（5）按照信任函数最大的决策规则（4）中的融合识别结果做出最终决策。

按照上述步骤，基于 D - S 证据理论得到的融合结果见表 9.4。

表 9.4　基于 D - S 证据理论的刀具磨损状态识别方法决策层融合结果

样本序号	S1	S2	S3	S4	S5	不确定度	融合结果	实际结果
1	0.896 1	0.100 20	0.003 7	0.000 0	0.000 0	0.001 2	S1	S1
2	0.954 8	0.044 7	0.000 5	0.000 0	0.000 0	0.000 5	S1	S1
⋮	⋮	⋮	⋮	⋮	⋮	⋮	⋮	⋮
2 000	0.021 9	0.532 3	0.419 1	0.026 4	0.000 2	0.105 1	S2	S3
2 001	0.002 3	0.096 0	0.818 6	0.083 2	0.000 0	0.000 7	S3	S3
⋮	⋮	⋮	⋮	⋮	⋮	⋮	⋮	⋮
4 000	0.000 0	0.000 0	0.000 0	0.000 0	0.000 0	1	S5	S5

通过 D - S 证据理论的决策层融合以后 5 种磨损状态下的 4 000 个测试样本的识别正确率为 92.69%，而证据体 1（DBN 处理振动信号）、证据体 2（DBN 处理声音信号）和证据体 3（CNN 处理图像）的识别准确率分别是 77.02%、82.56% 和 91.43%，融合结果高于任何一个局部识别结果，充分验证了基于 D - S 证据理论的 DBN - CNN 深度学习模型在融合刀具多源异构工

业大数据方面的有效性,其有效利用多源信号中包含的不同形式的刀具磨损信息,取长补短,相互补充,实现多源异构信号的深度融合,达到对刀具健康状态进行监测的预期目标。

习题九

9-1　为什么说 CPS 是工业大数据分析中智能体系的核心?

9-2　制造业制造过程中的不确定性有哪些?

9-3　深度学习、机器学习和强化学习的区别与联系。

9-4　典型深度学习模型有哪些? 各自有什么特点?

9-5　请通过查阅文献,给出刀具磨损状态监测的几种不同方法,并说出每种方法的特点。

9-6　为什么多源异构大数据下的刀具磨损状态监测的正确率比单一信号监测的识别正确率高?

参考文献

［1］卢磊.机械加工过程中的早期故障微弱信号处理方法研究［D］.哈尔滨:哈尔滨工业大学,2016.

［2］YAN Jihong, HU Yuanyuan, GUO Chaozhong. Rotor unbalance fault diagnosis using DBN based on multi-source heterogeneous information fusion［C］. North west, Sun City Resort, South Africa. The Second International Conference on Sustainable Materials Processing and Manufacturing, 2019.

［3］LI Lin, YAN Jihong, XING Zhongwen. Energy requirements evaluation of milling machines based on thermal equilibrium and empirical modeling［J］. Journal of Cleaner Production, 2013, 52: 113-121.

［4］YAN Jihong, LI Lin. Multi-objective optimization of milling parameters — the trade-offs between energy, production rate and cutting quality［J］. Journal of Cleaner Production, 2013, 52: 462-471.

［5］闫纪红,李柏林.智能制造研究热点及趋势分析［J］.科学通报,2020,65(08):684-694.

［6］孙家广.工业大数据［J］.软件和集成电路,2016(08):22-23.

［7］马世龙,乌尼日其其格,李小平.大数据与深度学习综述［J］.智能系统学,2016,11(06):728-742.

［8］宋保维.系统可靠性设计与分析［M］.西安:西北工业大学出版社,2008.

［9］罗国勋.质量管理与可靠性［M］.北京:高等教育出版社,2005.

［10］郝静如.机械可靠性工程［M］.北京:国防工业出版社,2008.

［11］刘品.可靠性工程基础［M］.北京:中国计量出版社,2008.

［12］谢里阳.机械可靠性基本理论与方法［M］.北京:科学出版社,2009.

［13］郭永基.可靠性工程原理［M］.北京:清华大学出版社,2002.

［14］曹晋华,程侃.可靠性数学引论［M］.北京:高等教育出版社,2006.

［15］赵宇,杨军,马小兵.可靠性数据分析教程［M］.北京:北京航空航天大学出版社,2009.

［16］索弗特瑞.可靠性实用指南［M］.陈晓彤,译.北京:北京航空航天大学出版社,2005.

［17］劳沙德.系统可靠性理论:模型、统计方法及应用［M］.郭强,译.北京:国防工业出版社,2010.

［18］ALESSANDRO BIROLINI. Reliability engineering: theory and practice［M］. 6th. Berlin: Springer, 2010.

［19］康锐,李瑞莹,王乃超,等.可靠性与维修性工程概论［M］.北京:清华大学出版社,2010.

［20］盛兆顺.设备状态监测与故障诊断技术及应用［M］.北京:化学工业出版社,2003.

［21］秦树人.工程信号处理［M］.北京:高等教育出版社,2008.

［22］赵涛.设备维护管理［M］.天津:天津大学出版社,2008.

［23］徐保强,李葆文,张孝桐,等.规范化的设备备件管理［M］.北京:机械工业出版社,2008.

［24］郭东强.现代管理信息系统［M］.北京:清华大学出版社,2006.

［25］刘凤英.管理信息系统［M］.北京:经济科学出版社,2007.

［26］孟祥瑞.管理信息系统［M］.上海:华东理工大学出版社,2005.

［27］王欣.管理信息系统［M］.北京:中国水利水电出版社,2004.

［28］金星.共因失效系统的可靠性分析方法［M］.北京:国防工业出版社,2008.

［29］张建国.机械产品可靠性分析与优化［M］.北京:电子工业出版社,2008.

［30］李舜酩.机械疲劳与可靠性设计［M］.北京:科学出版社,2006.

［31］钟秉林.机械故障诊断学［M］.北京:机械工业出版社,2006.

［32］周浩敏.测试信号处理技术［M］.北京:北京航空航天大学出版社,2009.

［33］张贤达. 现代信号处理［M］. 北京:清华大学出版社,2002.

［34］盛兆顺. 设备状态监测与故障诊断技术及应用［M］. 北京:化学工业出版社,2003.

［35］王宏禹. 非平稳随机信号分析与处理［M］.北京:国防工业出版社,2008.

［36］高晋占. 微弱信号检测［M］. 北京:清华大学出版社,2004.

［37］胡广书. 数字信号处理理论、算法与实现［M］. 北京:清华大学出版社,2003.

［38］LIAO L X,LEE J. Design of a resonfigurable prognostics plat from for maehine tools［J］. Expert Systems with Application,2010(37):240-242.

［39］白广元.Jave Web 整合开发［M］.北京:机械工业出版社,2009.

［40］李士勇.智能控制［M］.哈尔滨:哈尔滨工业大学出版社,2011.